市政工程新技术及工程实例丛书

国内外重大地下工程事故与修复技术

（第二版）

白　云　胡向东　肖晓春　主编

中国建筑工业出版社

图书在版编目（CIP）数据

国内外重大地下工程事故与修复技术 / 白云，胡向东，肖晓春主编．—2版．—北京：中国建筑工业出版社，2019.5
（市政工程新技术及工程实例丛书）
ISBN 978-7-112-23365-6

Ⅰ．①国…　Ⅱ．①白…②胡…③肖…　Ⅲ．①地下工程－工程质量事故②地下工程－修复　Ⅳ．①TU94

中国版本图书馆CIP数据核字（2019）第035695号

本书共分9章，全面系统详细地介绍了国内外8个重大工程事故过程、原因和修复过程。这些重大工程案例涉及软土深基坑工程、软土旁通道工程、盾构隧道工程，不仅有建设期发生灾难的情况，也有运营初期发生事故的实例。编著者相信，通过对这些重大地下工程事故的深刻剖析，从技术和风险管理角度上讲，将有助于国内同行提高对地下工程建设的认识。

本书可供城市地铁隧道、越江越海隧道、取排水隧道和公共事业等隧道设计与施工的工程技术人员、施工人员、科研人员及大专院校有关专业师生作技术参考。

责任编辑：王　梅　刘瑞霞　辛海丽
责任校对：芦欣甜

市政工程新技术及工程实例丛书
国内外重大地下工程事故与修复技术
（第二版）
白　云　胡向东　肖晓春　主编
*
中国建筑工业出版社出版、发行（北京海淀三里河路9号）
各地新华书店、建筑书店经销
北京建筑工业印刷厂制版
北京建筑工业印刷厂印刷
*
开本：787×1092毫米　1/16　印张：$15\frac{3}{4}$　字数：379千字
2019年6月第二版　2019年6月第二次印刷
定价：**55.00**元
ISBN 978-7-112-23365-6
（33659）

（邮政编码　100037）

第二版前言

现代土力学的奠基人太沙基（Karl Terzaghi ）说:“一个记录完整的工程案例和十个天才般的理论具有同样的重要性”（“A well documented case history should be given as much weight as ten ingenious theory.”）。正因为总结地下工程案例，对于促进地下工程技术的进步和避免类似事故的发生具有不可替代的作用，我们于 2012 年编写了本书的第一版。出版三年来，经过广大读者的阅后批评和同济土木学院地下系本科生的使用意见反馈，我们在第一版基础上，对本版做了大幅度的修改，具体修改内容如下：第 3 章添加了巴西圣保罗地铁系统和地铁 4 号线事故的社会及地理背景介绍，添加了技术研究院（IPT）对事故的调查；第 4 章增加了案例的社会及地理背景情况介绍，调整了章节的排版，在原因分析和修复方案部分做了大量的修改；第 6 章增加了荷兰的社会和地理背景，在原因分析和修复方案部分做了大量的修改。分为“涌水冒砂”和“降水井管堵塞”进行原因分析，并提出了新的修复方案；增加了第 7 章日本国仓敷隧道事故案例和第 8 章德国 Rastatt 隧道事故案例。

在第一版前言中的第一段就提及埃及开罗的地铁盾构区间段事故，当时原因正在调查中，我当时的猜测由以下几个可能或综合因素引起：管片误拼装、螺栓未紧固？千斤顶未顶紧？同步压浆压力过大？……实际情况是，隧道现场人员根本就没有用螺栓，也许是他们忘了，也许因为在他们看来，既然螺栓将来也要拿出来的，为何现在还要拧上去呢？他们显然不懂盾构掘进产生的扭矩也会使衬砌接头张开，而此时没有了螺栓约束将会导致灾难。由此可见，人类不仅会犯重复错误，也会犯低级错误，这恰恰是很多隧道事故产生的真实原因，也说明通过行业内人员的努力，绝大多数事故确实是可以避免的，希望本书的再版将有助于国内同行举一反三，借他“山”之失败圆我“山”之成功。

本书第二版前言由白云编写，第 1 章由肖晓春博士编写，第 2 章由胡向东博士编写，第 3 章由白云编写，第 4 章由白云编写，第 5 章由白云、肖晓春编写，第 6 章由白云编写，第 7 章由白云编写，第 8 章由朱思成博士编写，第 9 章由白云编写。

第一版前言

正打算写一段前言，看到了英国同事刚发来的一则工程事故信息。这起事故发生在埃及开罗的地铁盾构区间段，2009 年 9 月 3 日（星期四）晚，位于开罗最古老区域之一的 Bab Al-She′riya 区 Al-Geish 街的路面突然出现了一个直径 15 ～ 20m、深 20m 的巨大空洞，导致停在该位置的一辆小汽车落入洞内，邻近的 10 栋建筑中的 80 户家庭作了紧急撤离，所幸无人员伤亡。初步了解的事故起因是：本次地层空洞是由一块刚出土压平衡盾构盾尾的邻接块管片（10 点位置）掉落引起的。事故原因正在调查中，我猜测由以下几个可能或综合因素所引起：管片误拼装、螺栓未紧固？千斤顶未顶紧？同步压浆压力过大？……

其实，近几年国内外地下工程事故是层出不穷的，如何减少这些恶性地下工程事故？这不仅是业内人士最为关心的话题，也是政府官员们时时关注的问题。人们首先要问的问题是，为何科学技术在不断进步，而地下工程的事故却与时俱增？要回答这个问题，就必须先谈一下当今地下工程的特点。

当今地下工程的特点可以概括为 3 句话：地下工程越挖越深，地下结构尺寸越做越大，周边环境越来越复杂。同时，我们还容易发现，地下工程的数量和规模也呈非线性增长趋势，这从客观上要求地下工程必须以比以往更快的速度完成，从而导致从事地下工程的人力资源严重不足，事故恶性程度越来越高。在今天的高度信息化社会，一旦发生地下工程事故，可能会在一个小时内传遍全球，以前在很多国家即使发生地下工程事故，也没有多少人知道。

我们不得不承认，目前的地下工程施工技术还有不少缺陷、行业内很多人缺乏正确的地下工程风险管理理念，在风险管理上流于形式，遇到风险首先想到的是推卸责任，更糟糕的是，好了伤疤忘了痛，有些事故反复发生，在国际隧道行业，我们喜欢讲这样一句话：“最坏的不是地下工程事故本身，更坏的是没有从事故中吸取教训”。

也许是出于对公司的信誉考虑，或是因为人的本能，事故责任单位和有关人员一般并不愿意公布所有的事故细节，这也给行业内有关人士吸取经验教训带来不便。本书的 3 位作者花了大量的时间和精力，从国内外数以百计的地下工程事故中，遴选出事故恶性程度高、资料收集相对齐全、事故类型较为典型的案例，从工程概况、事故与抢险过程、原因分析、修复方案和教训与提高等诸多方面给予总结。希望本书的出版有助于业内人士吸取教训，安全优质地建造更多的地下工程，让地下工程为人类的可持续发展提供更多的作用。

本书前言由白云编写，第 1 章由肖晓春博士编写，第 2 章由胡向东博士编写，第 3 章、第 4 章由白云编写，第 5 章由白云、肖晓春编写，第 6 章由白云编写，第 7 章由白云编写。

目　　录

第 1 章　新加坡地铁隧道工程事故案例……1

1.1　概述……1
1.2　工程概况……2
1.3　事故发生与抢险过程……6
1.4　事故原因调查与分析……10
1.5　修复方案的比选与论证……23
1.6　修复方案的实施……29
1.7　事故教训与启示……38

第 2 章　苏联圣彼得堡地铁隧道案例……40

2.1　工程概况……40
2.2　事故发生与修复过程……44
2.3　事故原因分析……54
2.4　修复方案……56
2.5　教训与提高……66

第 3 章　巴西圣保罗地铁隧道工程事故案例……69

3.1　背景……69
3.2　圣保罗地铁 4 号线事故……71
3.3　工程概况……74
3.4　隧道塌方机理……80
3.5　技术研究院（IPT）对事故的调查……89
3.6　教训与提高……96

第 4 章　中国台湾高雄地铁工程事故案例……99

4.1　工程概况……99
4.2　事故与抢险过程……102
4.3　事故原因分析与隧道管片补强方案……107
4.4　教训与提高……115

第 5 章　上海地铁 4 号线工程事故案例……116
5.1　工程概况……116
5.2　事故与抢险过程……117
5.3　原因分析……118
5.4　修复方案比选与论证……118
5.5　修复方案的实施……131
第 6 章　荷兰电车隧道工程事故案例……179
6.1　概述……179
6.2　工程概况……180
6.3　事故发生……186
6.4　涌水冒砂原因分析……187
6.5　降水井管堵塞原因分析……196
6.6　修复方案（新方案）……199
6.7　教训与提高……210
第 7 章　日本仓敷隧道事故案例……213
7.1　概述……213
7.2　工程概况……214
7.3　事故发生与抢险……215
7.4　事故发生机理分析……217
7.5　修复方案……223
7.6　教训与提高……225
第 8 章　德国 Rastatt 隧道工程事故案例……227
8.1　概述……227
8.2　工程概况……228
8.3　事故发生与对策……234
8.4　事故后续及影响……237
8.5　事故原因分析……239
第 9 章　总结……243
9.1　技术总结……243
9.2　管理总结……243

第 1 章　新加坡地铁隧道工程事故案例

1.1　概　　述

众所周知，新加坡是一个资源贫乏面积狭小的岛国，东西方向 42km，南北向 23km，面积约 710km^2。可是新加坡人民“不求最大但求最佳”，在建国初期国父李光耀先生就提出通过建设世界一流的基础设施和世界一流的服务体系来吸引外来资本落户。在一流的基础设施中，城市轨道交通（Mass Rapid Transit System 简称 MRT）无疑扮演着重要角色。新加坡的地铁建设始于 20 世纪 70 年代，尽管起步较晚，但起点却很高。新加坡地铁开发的业主——新加坡陆路交通管理局（Singapore Land Transport Authority 简称 LTA）一方面借鉴了英国的标准与规范，同时良好的语言环境与开放的市场吸引了世界范围的优秀人才与企业参与到新加坡的轨道交通建设中。

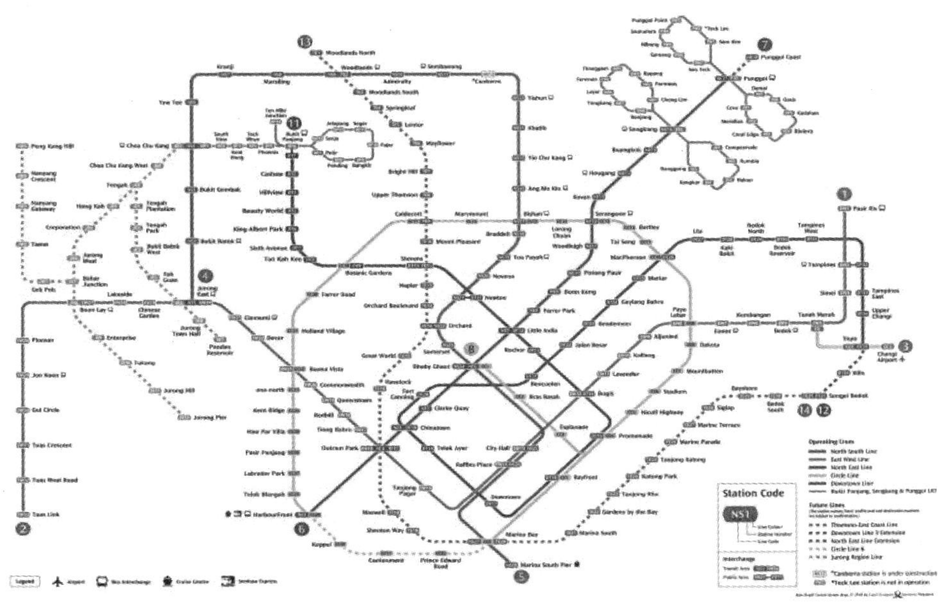

图 1-1　新加坡轨道交通网络图（截至 2018 年底）

截至 2018 年底，新加坡投入运营的轨道交通里程已达到 178.6km，包括南北线（45.3km）、东西线（56.7km）、东北线（20km）、环线（35.7km）、滨海市区线（20.9km）。正在建设的有汤申—东海岸线（43km）。远期规划的还有 80km，包括裕廊区域线（24km）、跨岛线（50km）以及部分线路的延长线（6km）。未来运营的总里程将超过 300km，满足 650 万人口的方便出行。

和所有其他国家和地区轨道交通发展的历程一样，新加坡的轨道交通建设也是经验与教训并存。在不断探索适合新加坡自身特点的新方法、新材料、新工艺和新理论的过程中，也付出了一定的代价和学费。其中 Nicoll 快速道坍塌事故就是新加坡地铁建设史上最严重的一次工程事故。2004 年 4 月 20 日下午 3:30，新加坡地铁环线 C824 标段紧邻 Nicoll 快速道的一段明挖区间隧道在开挖至第十道支撑（约 33m 深度）的时候出现了坍塌事故。事故造成了约 100m 左右区间隧道围护体系彻底崩溃，四人死亡，紧邻事故段的 Nicoll 大道下陷以及周边一些城市生命管线严重损毁。本章将主要介绍这次事故的总体情况、事故原因调查与分析、修复方案比选与实施以及事故带给我们的教训与启示等。

1.2　工程概况

1.2.1　地铁环线总体情况

毋庸置疑，在新加坡规划的地铁网络中，环线将是最重要的一条线路，它将与所有其他的放射线进行换乘。环线总长 33.6km，共设 29 座车站，其中 3 座车站预留将来开发。工程静态总投资 67 亿新币（约 335 亿 RMB）。整条环线分 5 期分步实施，计划工期为 2001 年～ 2009 年，本章所述的 C824 标段为第一期。项目的开发业主为 LTA，地铁环线一期的线路情况见图 1-2。

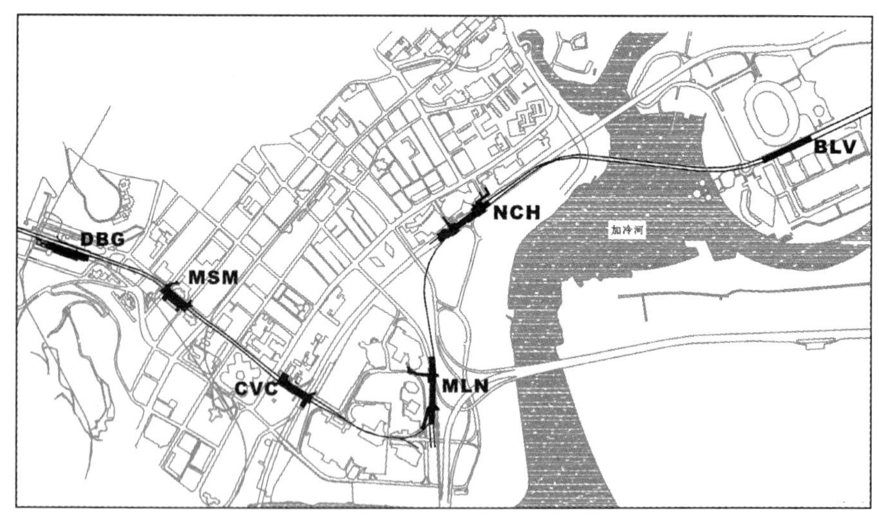

图 1-2　地铁环线一期线路分布情况

1.2.2　C824 标段总体情况

C824 标段线路总长约 2.8km，包括 Nicoll Highway 车站（地下三层）和 Boulevard 车站（部分地下三层），以及相关区间隧道。区间隧道中有 800m 位于 Kallang 河底，采用盾构掘进施工，盾构始发井位于 Boulevard 车站的端头，接收井位于 Kallang 河的西侧，为直径 34m 的圆工作井，其他区段均采用明挖法施工。C824 标段的总体布置见图 1-3。

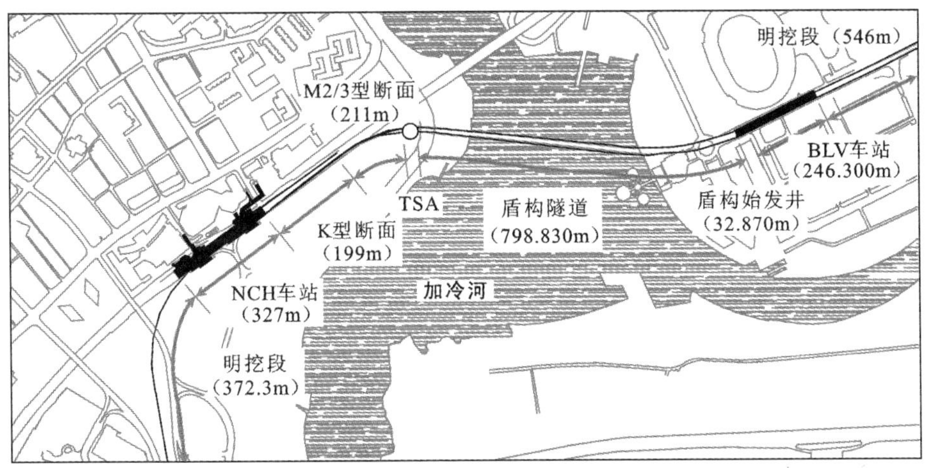

图 1-3　地铁环线 C824 标段的总体布置情况

C824 标段是设计施工总承包合同，该合同于 2001 年 5 月 30 日授给由日本西松建设公司（Nishimastu）和新加坡本地的 Lum Chang 公司组成的联营体（以下简称 NLCJV），中标价为2.73 亿新币（约合 13.65 亿 RMB 元）。合同工期为四年半，到2006年1 月 30 日竣工。联营体将永久工程设计委托给美国的茂盛咨询公司（Maunsell），Maunsell 也同时负责对临时工程设计进行审查。地下连续墙施工分包给法国地基公司（Bachy），Kori 公司负责钢支撑安装，Hiap Shing 公司负责土方开挖，L&M 负责施工监测等。C824 标段参建各方及联营体总体架构见图 1-4。

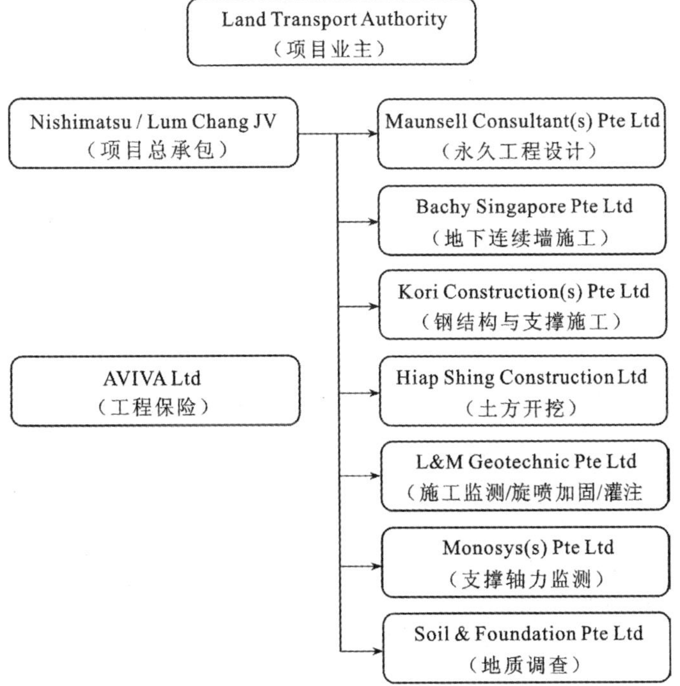

图 1-4　地铁环线 C824 标段的总体组织架构与逻辑关系 [1]

事故区段为园工作井的西侧100m范围，此范围内有一根66kV的电缆斜穿基坑。出于经济考虑，围护体系根据不同的地质条件设计为不同的断面形式（即不同的地墙插入深度和支撑道数）。事故范围主要为M2和M3型断面。按照NLCJV的职责划分，该区段属于Nishimastu全权负责，因此此次事故对作为联营体一方的Lum Chang影响甚微。事故区段的平面布置见图1-5。

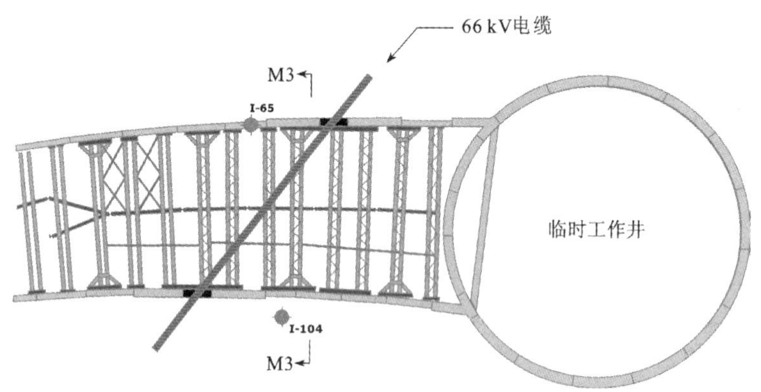

图1-5　事故区段的平面布置图

1.2.3　事故区段的地层特性与断面形式

图1-6为工程失事区段的卫星地形图片，从图片可以看出C824的路线紧邻Nicoll快速道，在Nicoll快速道的北侧是与之平行的Beach路。Beach路南侧的全部陆地是通过两次围海造地形成的。在20世纪40年代围海造地形成了Beach路和Nicoll快速道之间的陆地，Nicoll快速道的北侧则是20世纪70年代围海造地形成，也就是说工程失事的区段至今仅仅沉降固结了40年，可谓一片年轻的热土。

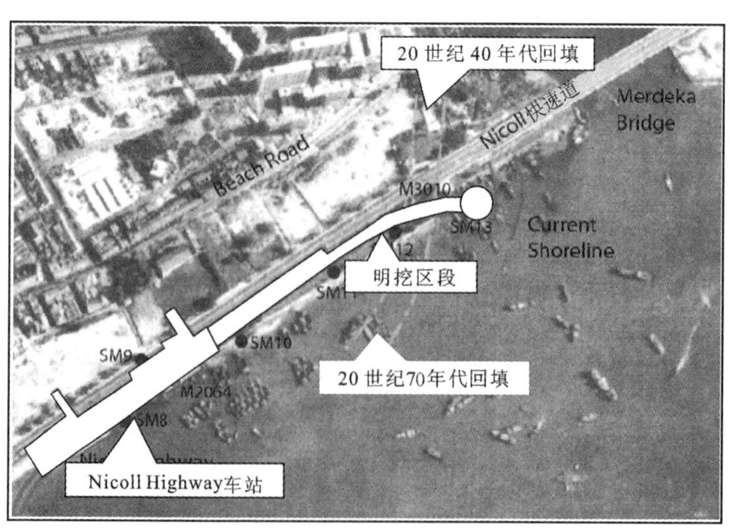

图1-6　C824标段失事区段地形卫星图[2]

失事的区段最大挖深约 33m，宽度约 20m，在当时是新加坡开挖深度最大的基坑。围护体系采用 800mm 厚的地下连续墙，从上到下共设十道钢支撑，中间设立柱桩。在第 9 道和第 10 道支撑之间有一层 1.6m 旋喷加固层作为暗撑，在最终开挖面的底部设计 3.0m 厚的旋喷加固层作为施工阶段的底板。施工顺序为标准的明挖顺作，开挖至底标高后现浇两个矩形箱涵供将来列车通行需要。箱涵底部的钻孔桩将为区间隧道提供永久支撑。工程的典型区间断面见图 1-7。

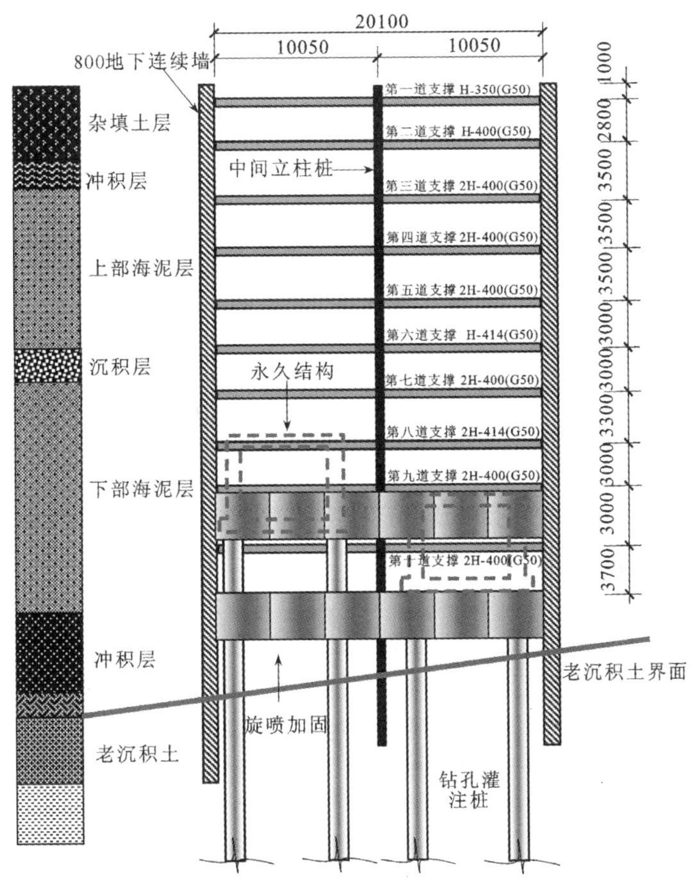

图 1-7　失事区段的典型断面（M3-M3）[2]（单位：mm）

地层分布从上到下依次为: 4 ～ 5m 厚的填土层; 5 ～ 30m 厚的海泥层（Marine Clay 以下简称 MC），在海泥层的中部有一层厚度不等的冲积层，海泥层的底部则是相对坚硬（SPT 值大于 50）的老沉积土（Old Allunium 以下简称 OA）。地下连续墙一般要插入到老沉积土 3 ～ 5m。在该事故区段这层老沉积土不是水平成层的，在 Nicoll 大道的一侧相对较浅。由土层分布的情况来看，整个开挖都是在海泥层内进行的，这层土总体表现为软弱、欠固结和透水性差，从而也导致基坑开挖过程中围护体系的变形具有显著的时空效应。总包在进行围护体系设计中考虑到老沉积土界面的起伏较大，将整个明挖区段划分为若干个不同的区间断面进行设计，及不同的地下墙厚度和深度，以求最佳的经济效果。坍塌的区间为 M2 和 M3 型断面，K 型断面也曾出现过险情。

1.3 事故发生与抢险过程

1.3.1 事故发生前的一些前兆

海恩法则指出，“每一起严重事故背后，必然有29次轻微事故和300起未遂先兆，以及1000起事故隐患”。这一法则强调重大事故往往都有从量变到质变的发展过程。Nicoll大道的坍塌事故也不例外。在2004年4月20日大坍塌之前就曾经历过若干次小事故，遗憾的是这些险情并没有让承包商引起足够的警惕，而最终酿成惨剧。

（1）盾构始发井事故

2003年8月5日，在盾构始发井的开挖至第7道支撑时，位于角部的S530斜撑的混凝土牛腿突然碎裂，随后地下墙背后出现明显的沉降槽，最大土体沉降超过400mm，土体测斜仪的最大读数超过500mm。相邻幅地下墙的接头出现开裂。事故发生后立即停止了继续开挖，重新浇筑了更大尺寸的牛腿，并对第6道支撑进行了重新加力，同时加大了对这一区域的监测频率。针对这一事故业主认为由于墙后土水压力荷载取值偏小而导致支撑结构过载，而承包商则认为设计不存在问题，经过历时3个月的反复讨论后承包商承诺将加大监测频率并辅以一系列的应急预案，就这样开挖又重新开始。

（2）K型地下墙断面事故

K型墙断面紧邻重要建筑物和管线，开挖深度也较大，被业主（LTA）视为高风险的断面。该断面于2003年6月开始开挖，到2003年7月挖至第3道支撑的时候出现纵向滑坡而停工，9月又重新开始开挖。到2003年12月附近的I-63测斜孔达到警戒值，2004年1月初地下墙的测斜值突然大幅增加而越过设计变形极限值。由于地下墙的变形过大导致S286A号支撑的牛腿出现裂缝，同时附近的地下墙接头也出现开裂，情形与前述的事故如出一辙。施工因此立即停止，并采取一系列的阻险措施，包括在第1至6道支撑各加装一根斜撑，在开挖面上浇筑300mm厚的素混凝土作为临时支撑。对墙后的土体进行化学灌浆等。

（3）M2和M3型地下墙断面事故

在M2和M3型断面开挖过程中也同样出现地下墙变形超出设计变形的情况，承包商则通过反演分析对变形控制的标准进行放松，而确保开挖继续下去。在这期间基坑旁边建构筑物也不同程度地受到了一些影响，主要包括地面沉降、建筑墙体裂缝以及构筑物的损坏等情况，屋主投诉不断。

1.3.2 事故发生过程与阻险措施

（1）钢围檩屈服

截止到2004年4月20日，明挖段M2型和M3型断面已经开挖到第10道支撑的标高，上午8:00有两组工人在基坑底下作业分别进行开挖面平整和支撑安装准备工作。上午8:45左右现场工人听到了异常的响声，这种响声每十分钟就传来一次。9:15联营体的现场工程师Andy Wong在进行现场检查时又听到两声，Andy Wong发现S338北侧围檩的加劲槽钢和翼缘出现屈服（见图1-8）。十分钟后又发现S335南侧的围檩屈服。10:00左右现场工程师向施工经理和LTA的相关人员报告了现场情况，并要求监测单位提供I-104测斜孔的最新读数，但监测单位反馈最近三天没有测读数，4月17日读数是349.81mm。10:30承包商的项目经理、现场经理和现场工程师对现场进行了联合检查，发现围檩屈服的情况更加严重，响声更频繁。

图1-8 失事前围檩的屈服情况[1]

（2）应急预案

对现场进行了联合检查之后承包商意识到了事情的严重性，立即研究应急预案和对策。首先考虑尽快把第10道支撑装上，但是支撑施工的分包商认为要让第10道支撑真正发挥作用可能需要至少四～五天时间，大量的作业人员在基坑底下的安全没有保障，因此该提议遭到了分包商的拒绝。接下来又考虑在开挖面上浇200mm厚的素混凝土垫层作为临时支撑，在围檩的上部浇筑C50的混凝土作为对围檩上部的加强，在下部加焊槽钢作为补强。大家认为该方案实施快捷而且很快能见到效果，得到了一致同意。

（3）体系崩溃

下午1:00～2:00承包商开现场协调会，在会上分析了最新的地下墙变形和支撑轴力的读数。I-104的读数从4月17日的349.81mm发展到4月20日的440.55mm，三天时间地下墙变形增加了90mm，见图1-9（*a*）。支撑轴力的实时监测数据表明从上午10点开始第9道支撑的轴力开始下降，而第8道支撑的轴力则相应上升，见图1-9（*b*）。在开会的同时现场正在实施应急预案，对开挖面进行了适当地平整，1:30左右混凝土罐车来到了现场，开始对围檩进行混凝土补强浇筑，但是由于围檩下垂厉害混凝土根本就立不住。

下午2:00～3:00，承包商在现场办公室又召开内部会议，在会上项目经理将现场出现的险情以及采取的应对措施向项目副总指挥进行了汇报。

下午3:00，LTA在现场办公室召开紧急会议，承包商在会上说明了现场的情况和采取的应急预案，并表态应急预案应该能控制住险情。

下午3:30，在基坑地下作业的一名工人Wattana发现第九道支撑（S355）的围檩和支撑已经完全脱开了，当看到这一情况时，开始向基坑上面跑，同时听到后面有坍塌的响声，停了2分钟左右，坍塌又继续，当这名工人到达地面时整个现场已经被腾起的烟尘所笼罩，这就是地铁工程界所说的Nicoll快速道塌方事故（Nicoll Highway Collapse）。整个坍塌的区段长约100m，四人死亡，塌方的过程中有煤气管线断裂并起火，66kV电缆损毁而导致新加坡部分区域断电等。塌方前后的现场图片见图 1-10。

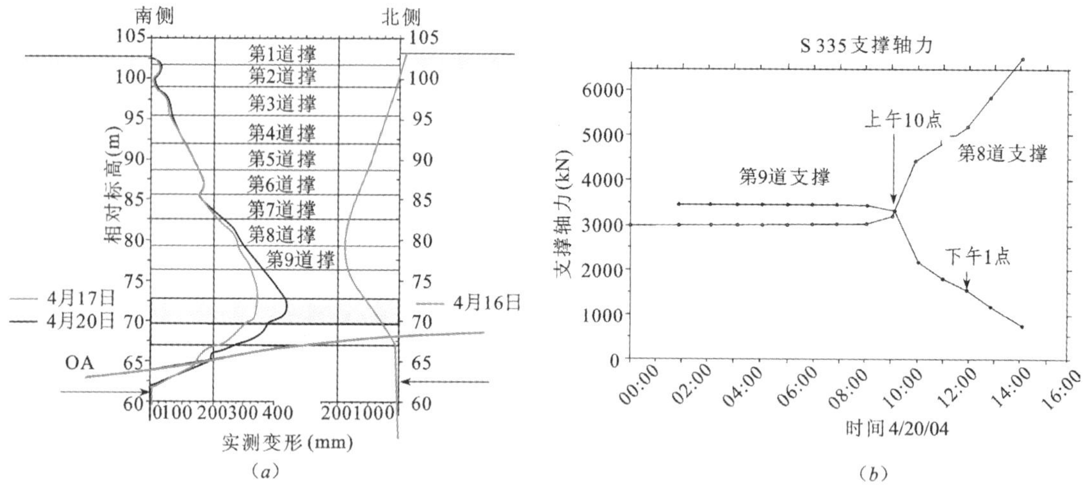

图 1-9　失事前地下墙的变形与支撑的轴力变化[3]

（a）地下墙变形；（b）支撑轴力

（a）

（b）

图 1-10　失事后的现场图片[1]

（a）坍塌前；（b）坍塌后

从对失事过程的分析可以发现：事故首先从第 9 道支撑的围檩屈服开始，接着是第九道支撑失效，荷载部分转移到第 8 道支撑导致第 8 道支撑的围檩屈服，接着第 8 道支撑失效，在两道支撑失效的情况下地下连续墙出现断裂，围护体系彻底崩溃，两侧的墙后土体下陷。

1.3.3　事故发生后的临时恢复

Nicoll 快速道坍塌事故除了导致约 100m 长的明挖隧道彻底损毁外，对周边的环境也产生了较严重的破坏。如 Nicoll 快速道下陷导致新家坡主干高速路交通中断，Nicoll 快速道是新加坡的一条主干交通道，交通中断直接影响到整个新加坡的交通情况。66kV 电缆损毁导致部分地区的供电中断，这些地区是高档写字楼集中的商务区。一些城市管线（如煤气，上水下水等）也发生损毁并失去使用功能，这些都产生了较严重的社会负面影响和重大损失。如何尽快对损毁的周边环境设施和结构进行临时恢复以将对社会的影响程度降到最低同样十分关键。

事故后的坍塌区域形成了一个大的漏斗，最大深度约 15m。漏斗的深部采用泡沫混凝土进行充填，回填至一定标高后对坡面进行适当加固便于施工机械下到坑底作业。对掩埋的障碍物如钢支撑、施工设备和地下连续墙进行尽可能地清理，然后回填到原地面并在原围护墙的外侧再施工新的围护墙，对道路交通及其他城市管线进行恢复。整个临时恢复的过程参见图 1-11。

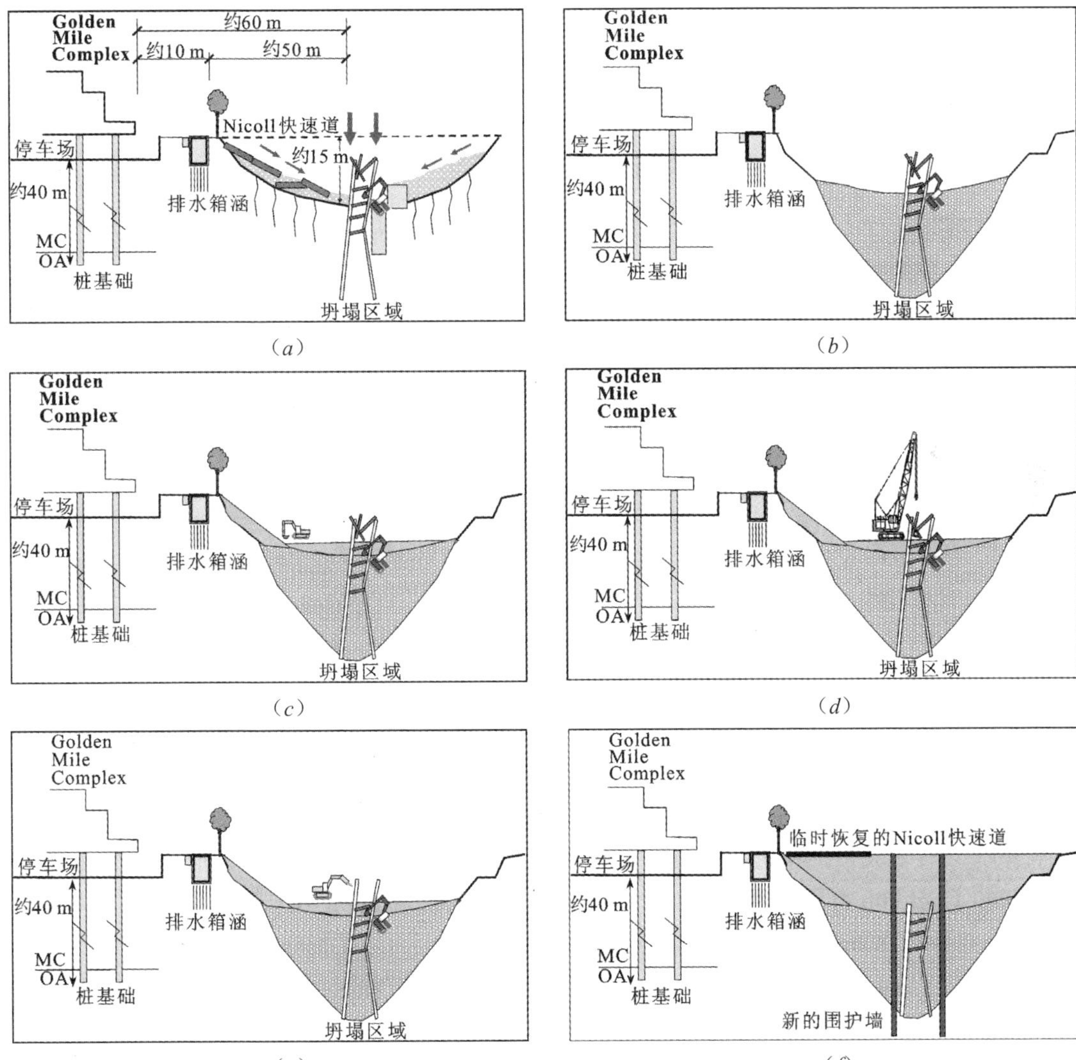

图 1-11 坍塌后采取的临时恢复措施

(*a*) 坍塌发生后的断面；(*b*) 对深部区域采用泡沫混凝土回填；
(*c*) 对坡面进行稳定；(*d*) 清除部分钢支撑及障碍物；
(*e*) 凿除地下连续墙清除下陷的设备；(*f*) 施工新的围护墙、回填并恢复交通

1.4 事故原因调查与分析

事故发生后对事故发生的原因调查与分析工作随即展开。通过为期一年的全面深入调查，最终形成了各方认可的一致意见和权威的调查分析报告。调查结果表明，围护体系设计的严重错误、反演分析中存在技术瑕疵以及施工监测不力等是导致事故发生的主要原因。其中围护体系设计中的严重错误又主要体现在两个方面：①在土—结构相互作用的有限元模拟分析中，对饱和软土采用排水条件下的参数，使得水土荷载较实际情况偏小，进而低估了围护体系的变形和内力，使围护体系设计偏于不安全；②支撑与围檩的连接细部设计中错误地选用了局部屈曲失稳的悬伸长度，导致结构偏于不安全，以及后来又用槽钢代替胫板在极限承载力增加不大的情况下，体系的延性却大大降低，短短数小时内体系彻底崩溃，应急预案来不及反应。

1.4.1 有限元模拟开挖分析中的错误

目前对深开挖围护体系的设计主要有传统的荷载—结构模型和考虑土—结构相互作用的连续介质模型（有限单元和有限差分法）。中国普遍采用传统的荷载—结构模型进行设计，有限元分析结果作为校核。而另一些国家和地区则明确规定用有限元的计算分析结果作为围护体系设计的依据，新加坡就属于这种情况。LTA 的特殊合同条件明文规定，深开挖围护体系的设计要基于有限元模拟分析的结果进行。

（1）土—结构相互作用分析方法与假定

C824 标段临时围护体系设计中，对土—结构相互作用采用了有限单元法进行模拟分析，采用的有限元分析软件是 PLAXIS 7.2。该软件以模拟土体的非线性特性见长，包括土体非线性变形，地下水渗流场，土—结构的相互作用分析等，在新加坡地下空间开发设计分析中被广泛采用。相对传统的一维梁－弹簧模型而言，二维的有限元分析模型能更好地模拟反应基坑在各个开挖阶段的土体和结构的物理力学表现。但是正确应用该类有限元分析软件需要恰当处理好以下问题：①分析模型的边界条件和初始条件；②土体本构模型选择，需要输入的模型参数及其物理力学意义；③施工过程和顺序在模型中的恰当反应；④对计算结果的合理解释与应用。

软件 PLAXIS 7.2 中提供了多种特性的材料和相关的本构模型，从材料特性上分有：可排水介质、不排水介质和无孔介质三种材料，本构模型有 Mohr-Coulomb 和土体软化模型等。Mohr-Coulomb 有四个基本输入参数，分别为杨氏模量 E 和泊松比 γ，黏聚力 c 和内摩擦角 φ。对于排水条件下黏聚力和内摩擦角应输入有效应力强度指标 $c=c'$，$\varphi=\varphi'$，不排水条件下则是总应力强度指标 $c=c_u$，$\varphi=0$。在该事故的调查报告中把按照排水条件输入参的分析方法称为方法 A，后者称方法 B。

（2）方法 A 与方法 B 的比较

C824 的围护体系设计是采用的方法 A，这点也成为调查专家组关注的焦点。正如前面所介绍的，在开挖深度范围内大部分为海泥，该土层具有含水量高，强度低和透水性差的特点。对该土层采用排水强度指标会导致高估土体强度，从而使计算的围护体系的变形和内力较实际情况偏低，最终导致围护体系的设计偏于不安全。为了更好地论证这一点，事故调查专家组又按方法 B 进行了平行的模拟分析，在方法 B 中除了黏聚力 c 和内摩擦角 φ 按不排水条件考虑外，其他输入参数与方法 A 相同。图 1-12 和图 1-13 分别给出了按不同分析方法得出的地下连续墙的变形和弯矩的分布情况。不同分析方法的结果对比分析表明，方法 B 得出的地下墙变形是方法 A 的两倍左右，而方法 B 得出的地下墙弯矩多处超出包罗图，峰值点超出达两倍多。

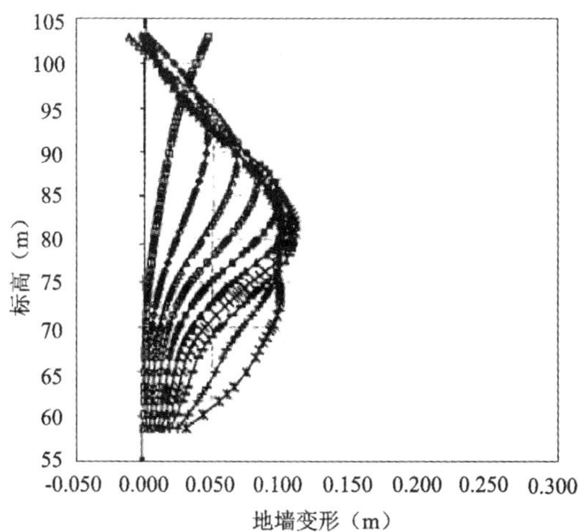

开挖到S1，相对标高100.9；开挖到S2，相对标高98.1；
开挖到S3，相对标高94.6；开挖到S4，相对标高 91.1；
开挖到S5，相对标高87.6；开挖到S6，相对标高84.6；
开挖到S7，相对标高81.6；开挖到S8，相对标高78.3；
开挖到S9，相对标高75.3；开挖到S10，相对标高72.3。

（*a*）

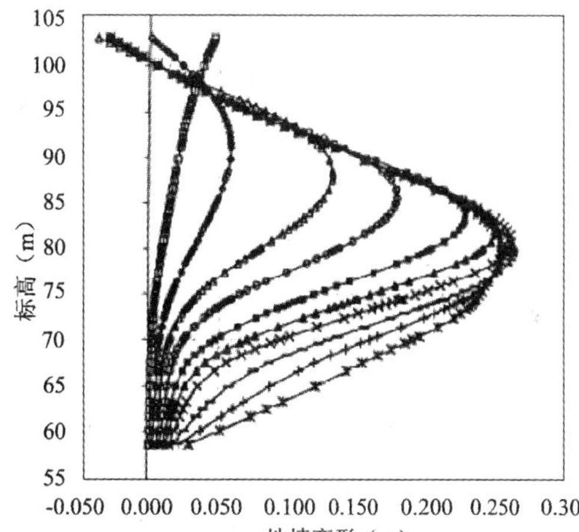

开挖到S1，相对标高100.9；开挖到S2，相对标高98.1；
开挖到S3，相对标高94.6；开挖到S4，相对标高 91.1；
开挖到S5，相对标高87.6；开挖到S6，相对标高84.6；
开挖到S7，相对标高81.6；开挖到S8，相对标高78.3；
开挖到S9，相对标高75.3；开挖到S10，相对标高72.3。

（*b*）

图 1-12　不同分析方法地下连续墙的变形分布

（*a*）方法 A 的分析结果；（*b*）方法 B 的分析结果

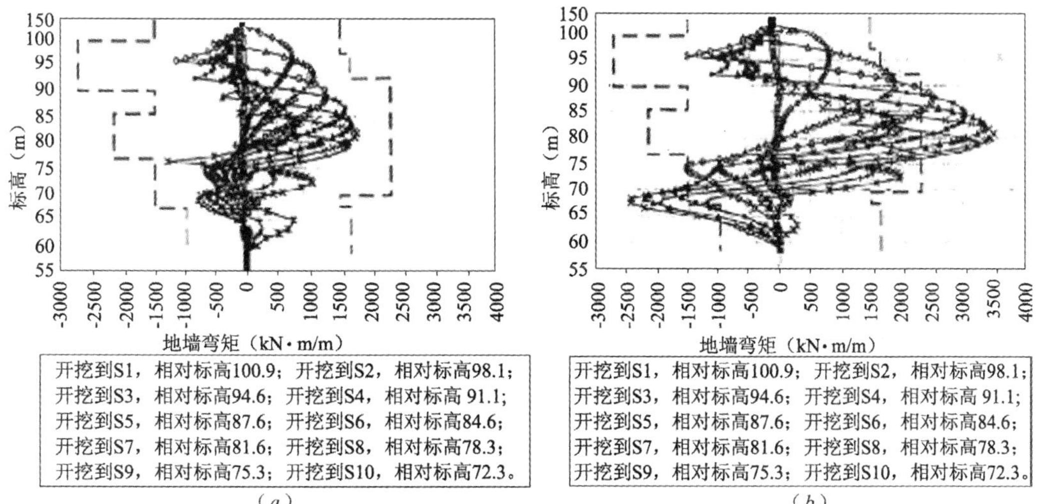

图 1-13　不同分析方法地下连续墙的弯矩分布

（*a*）方法 A 的分析结果；（*b*）方法 B 的分析结果

表 1-1 列出了按两种方法得出的支撑设计轴力，其中按方法 A 计算出的第六道和第九道支撑设计轴力偏小，其中第九道设计轴力偏低达 10%左右。

不同分析方法支撑荷载结果对比　　表 1-1

支撑道数	支撑荷载（方法 B）	支撑荷载（方法 A）	支撑荷载比例（方法 B/ 方法 A）
1	379	568	67%
2	991	1018	97%
3	1615	1816	89%
4	1606	1635	98%
5	1446	1458	99%
6	1418	1322	107%
7	1581	2130	74%
8	1578	2632	60%
9	2383	2173	110%

（3）设计错误所产生的后果

事故调查专家组一致认为对 C824 标段的土质条件采用方法 A 进行土—结构相互作用分析是一个严重的设计错误，正确的方法应该是方法 B。采用方法 A 的结果进行围护体系设计除了导致前述的后果外还包括：①两层作为暗撑的旋喷桩加固土层会因为地下墙变形过大而提前屈服，当开挖进行到相应标高时，暗撑已经不能发挥应有的作用。②南侧的地下墙在坍塌前已经出现了塑性铰。图 1-14 是对后果①的解释，原设计中上部 1.5m 厚的旋喷加固区应该在安装第 5 道支撑前发挥作用，下部 2.6m（设计图纸为 3m）厚的旋喷加固层则是在开挖至第 8 道支撑时开始发挥作用。而方法 B 的计算结果表明上部加固区在挖至第 3 道支撑时就已经发挥作用，开挖至第 5 道撑时已经完全破坏，而下部的加固区在开挖至第五道撑时开始发挥作用，到第 7 道撑时已经完全破坏。从理论上讲，两道暗撑的提前失效使得下部开挖的风险大大增加。

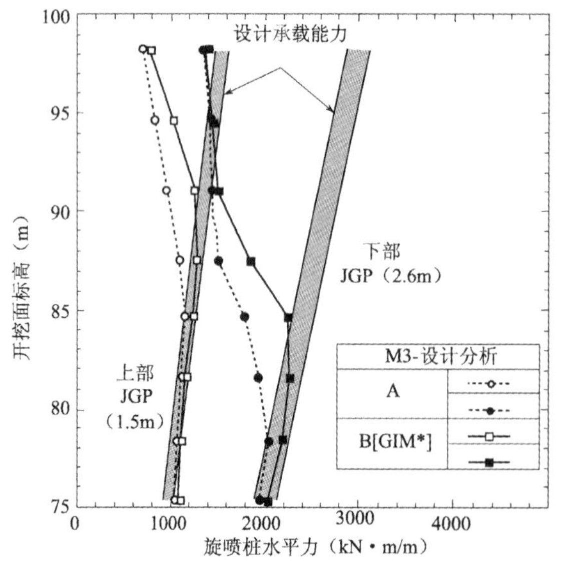

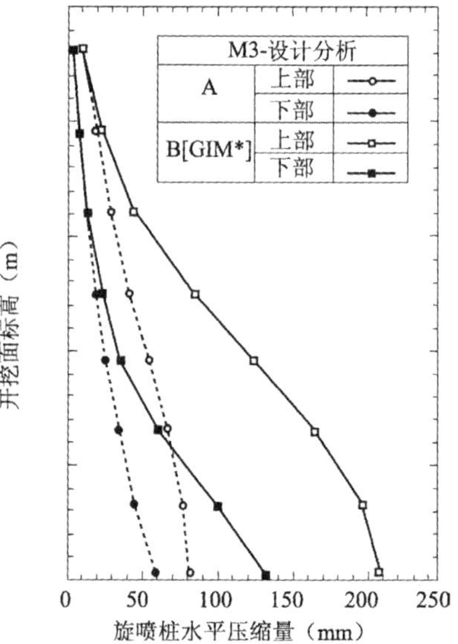

图 1-14　不同计算方法对旋喷桩发挥作用效果比较

监测数据表明，到2004年4月17日南侧地下墙的最大水平位移已经达到350mm（见图1-9*a*）。通过对地下墙变形曲线的拟合并两次求导可以推导出地下墙的真实弯矩分布情况。计算结果表明实际的最大弯矩已经超出了地下墙的设计弯矩包络图，说明地下墙已经开始出现塑性铰[6]，进一步的发展则是地下墙被折断，这就是围护体系大崩溃的开始。

1.4.2 支撑与围檩连接细部的设计错误

在新加坡的深开挖施工中，钢支撑是一种常用的临时支护形式，大多数情况下支撑和围檩联合使用抵抗围护墙后的土水压力。在有些情况支撑也直接作用在围护墙上，而不采用围檩。图1-15为Nicoll大道基坑开挖的支撑现场图片，从图中可以看出支撑的具有多种形式，有单根工字钢，也有双榀工字钢组合支撑，有安装围檩也有不安装围檩的。鉴于体系的大崩溃是从第九道支撑与围檩的连接处屈曲开始的，所以支撑与围檩的连接细部设计与施工也因此成为专家组调查的重点。

图1-15 基坑钢支撑与围檩体系

（1）局部屈曲稳定分析中的错误

按照2000版的BS5950规范①，工字钢腹板局部屈曲稳定极限荷载的表达式为，

$$P_x = 25\varepsilon t p_{yw}\sqrt{\frac{b_1 + nk}{d}} \tag{1-1}$$

式中 P_x——局部屈曲稳定极限承载力；

$\varepsilon=\sqrt{275/P_y}$（$P_y$为设计强度）；

t——腹板厚度；

p_{yw}——翼缘设计强度；

b_1——局部稳定悬伸长度（Stiff Bearing Length）；

n——端部约束条件系数；

$k=T+r$（T为翼缘的厚度，r为根部转角半径）；

d——两焊缝净距。

式（1-1）表明P_x与b_1有直接的相关性，悬伸长度越大则屈曲稳定承载力越高。BS5950规范还给出了b_1的计算表达式和简图（图1-16），$b_1=t+1.6s+2T$。

① 英制的钢结构规范。

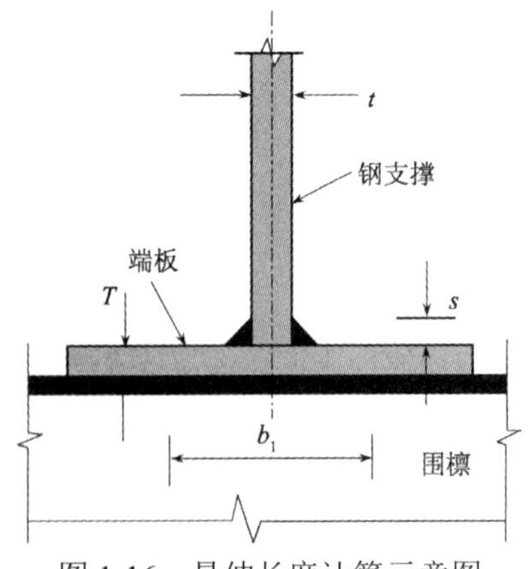

图 1-16　悬伸长度计算示意图

在联营体的计算报告中，H400×400×21×13×172kg/m 型钢局部稳定屈曲校核所选用的悬伸长度为 400mm，也就是工字钢翼缘宽度，而按照上述规范方法计算应该为 69mm，这导致计算报告大大地高估了局部屈曲稳定极限荷载。为了探讨 b_1 对稳定承载力的影响程度和敏感性，专家组又进一步对三种情况按照规范方法进行了比较分析。这三种情况分别为：①连接处不加胫板；②用 12mm 厚的钢板作为胫板；③用 200×80×24.6kg/m 的槽钢代替胫板。三种情况围檩和支撑的型号均为 H400×400×21×13×172kg/m S275，支撑的端板为 20mm 厚钢板。不同的连接形式见图 1-17，不同情况下局部屈曲稳定荷载见表 1-2。

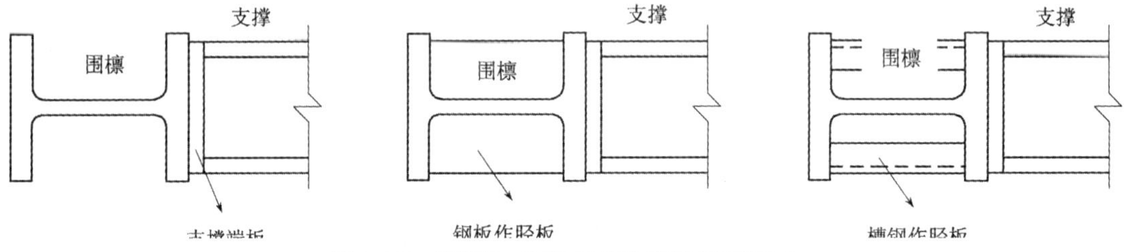

图 1-17　围檩与支撑不同的连接细部形式

不同连接形式的屈曲稳定荷载比较　　表 1-2

悬伸长度（b_1）（mm）	稳定屈服荷载（kN）		
	无胫板	钢板作胫板（193.5×12mm）	槽钢作为胫板（200×80×24.6kg/m）
400（计算报告中采用）	2199	3129	3920
69（根据 BS5950 规范）	1015	1946	2737

对比分析的结果表明，悬伸长度对局部稳定屈服载荷影响甚为显著，如果按计算报告中的 400mm 计算较规范大大地高估了围檩与支撑结点的稳定屈服性能。如果用槽钢代替胫板则屈曲稳定荷载有一定程度的提高。

（2）局部失稳的破坏模式

为了进一步探讨围檩与支撑连接处局部失稳的破坏模式，调查专家组又委托相关单位对围檩与支撑连接处的整个屈服破坏的过程进行了有限元模拟和物理试验模拟分析。图 1-18 和图 1-19 分别给出了不同情况下的现场和数值模拟结果的局部屈曲失稳情况。

根据数值模拟分析的结果图 1-20 给出了支撑轴力与变形关系曲线。从曲线可以看出，用槽钢代替钢板（12mm）对连接进行加强，屈曲稳定的极限荷载有一定提高，但是峰值过后随荷载增加曲线迅速跌落，表现为突然失稳，专家们称之为脆性破坏。

为了便于校核，在数值模拟分析的同时又平行地进行物理模拟试验，物理模拟试验的图片和物理试验得出的支撑轴力与变形曲线见图 1-21。图 1-20 和图 1-21 呈现出相同的趋势，即两种连接形式峰值基本相当，而用槽钢代替胫板的连接表现为峰值后迅速跌落，两种模拟结果相互印证。

(a)

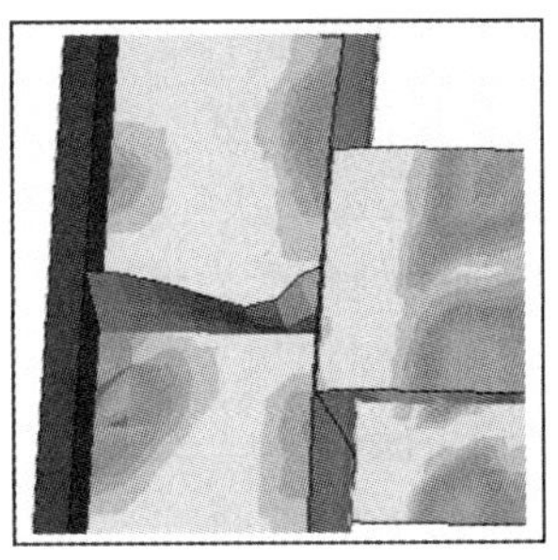

(b)

图 1-18 以钢板作为胫板情况的屈曲失稳

(a) 现场实际屈曲情况；(b) 有限元分析结果

(a)

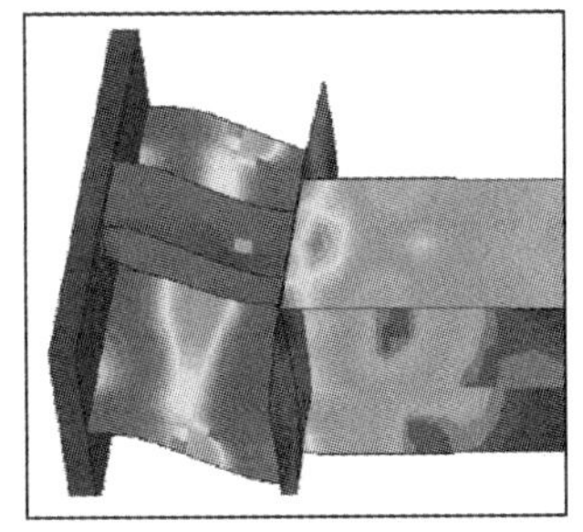

(b)

图 1-19 以槽钢作为胫板情况的屈曲失稳

(a) 现场实际屈曲情况；(b) 有限元分析结果

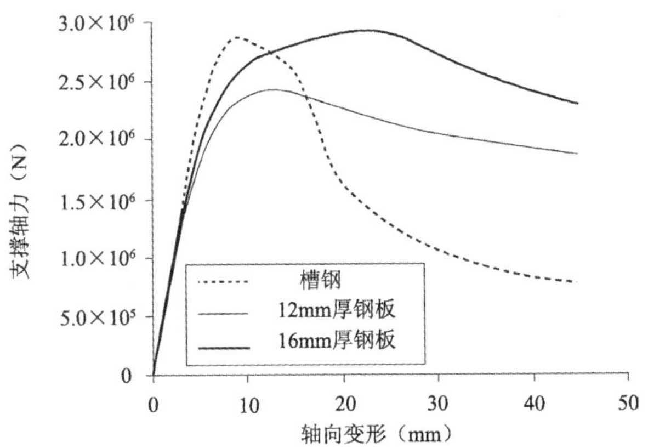

图 1-20 支撑轴力与变形曲线（有限元分析结果）

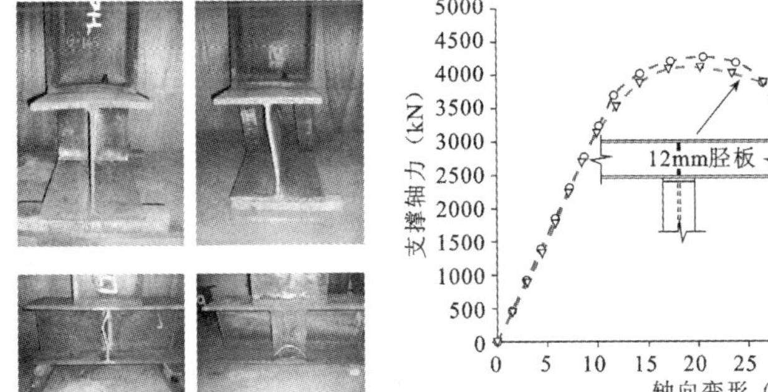

图 1-21 不同连接形式物理试验模拟

（3）省略“八”字撑的后果

按照支撑设计报告和图纸，开挖的深部范围第七至十道支撑设有“八”字撑，“八”字撑的布设形式见图 1-22。“八”字撑有三个方面的作用：①增加支撑的整体性与稳定性；②改善支撑与围檩连接处的受力情况；③改善围檩的受力情况。从设计图中可以看出单根工字钢的支撑“八”字撑可以分担一半的支撑轴力，双榀组合支撑“八”字撑可以分担 1/3 的支撑轴力。遗憾的是现场并没有完全按图纸施工，下部的大部分支撑的“八”字撑被省略，图 1-23 为第 9 道实际安装的支撑的平面布置，体系坍塌前最先屈服的 S335 支撑就是没有“八”字撑的。这使得在支撑与围檩的连接处实际承受比设计更大的荷载，原本就设计天生不足的支撑体系更是雪上加霜。

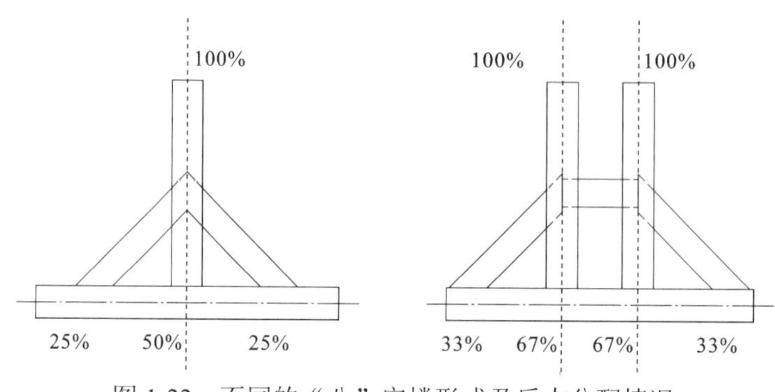

图 1-22　不同的“八”字撑形式及反力分配情况

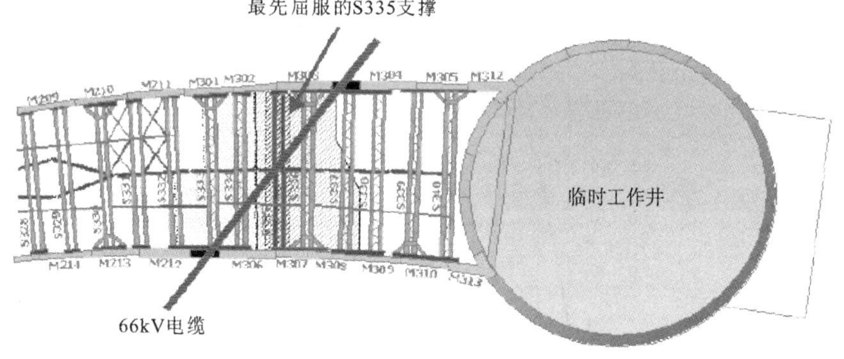

图 1-23　第 9 道支撑平面布置情况

1.4.3　反分析中的技术瑕疵

（1）反分析的总体情况

地下工程由于凭借有限的地质钻孔调查无法准确地揭示地下的真实状态，加之地下水的动态特性和土体的强蠕变性使得整个体系表现出一定的时空效应，因此地下工程设计与施工被公认是一个灰色领域。为弥补以上的不足并有效地控制施工过程中的风险，当今的地下工程施工都普遍采用信息化施工即施工监测与反演分析。

在新加坡地铁环线 C824 标段合同特殊条款 6.1.4.3 对反分析有明确的规定[1,3]，当施工监测数据达到或超过设计警戒值时承包商要进行反分析。反分析的主要目的包括：①对设计假定包括采用的设计参数进行重新评估；②对现场实测值与设计预测值间的差异给出合理解释；③基于修正后的模型对下阶段施工状态进行预测；④对后继施工的安全性作出判断，为设计和施工方案优化提供依据；⑤基于修正后的模型给出后续施工各阶段的警戒值等。

C824 标段事故调查分析报告表明，到事故发生为止总包（NLCJV）先后进行了五次反分析，这五次反分析包括：盾构始发井发生事故[1,2]后进行了第一次反分析；K 型断面地墙变形超过警戒值后进行了两次反分析；M3 型断面（即事故发生的断面）共进行两次反分析。专家认为五次反分析的问题是共同的，都存在一定的技术瑕疵，没有发挥反分析应有的功能，事故调查专家们一致同意将反分析存在技术瑕疵视为事故发生的原因。鉴于篇幅有限本章着重介绍 K 型和 M3 型断面的反分析情况。

（2）K 型断面的两次反分析

在诸多的设计断面中，K 型断面是工程各方最为关注的，原因就是该断面开挖范围最宽而且海泥层最厚。在 2004 年 1 月 12 日，开挖到第 6 道撑时，地下连续墙后土体测斜孔 I-63 读数达到 282mm 超出了设计给出的变形限值指标 222mm，LTA 要求 NLCJV 对该断面进行反分析。考虑到该断面的风险最高，在 NLCJV 按方法 A[2] 进行反演分析的同时 LTA 也采用不同的岩土分析软件 SAGE-CRISP 按方法 B[2] 进行同步分析，同时也要求 NLCJV 基于设计采用的 Plaxis 模型用方法 B 进行分析，以便于对照分析。为了获得理想的与实测变形曲线拟合效果，NLCJV 在反分中对输入参数进行一定的折减。从计算模拟的第 11 步开始对下部海泥层和冲积层的有效内摩擦角分别折减到 14.4° 和 13°，对旋喷桩的计算参数折减 40%，对地下连续墙的抗弯刚度折减 50%。在该参数体系下预测的最大变形为 422mm，最大正 / 负弯矩分别为 3163kN·m/m 和 3465kN·m/m，基于反分析的结果将设计变形限值指标放松至 422mm，在辅以一定应急预案的情况下开挖重新开始。到 2004 年 3 月 25 日，开挖进行到第 7 到支撑时，I-63 读数又超过调整后的变形限值指标，第二次反分析也因此开始，同样对有关的输入参数作进一步的折减以达到所要的拟合效果。两次反分析输入参数的折减情况见表 1-3。按不同分析方法以及两次反分析结果的对比见表 1-4。

K 型断面两次反分析输入参数对比 **表 1-3**

工况	旋喷桩		地墙	上部海泥层			下部海泥层			F_2			备注
	$E(10^5)$	c	$EI(10^6)$	E	E_{incr}	φ	E	E_{incr}	φ	E	E_{incr}	φ	
原设计	1.5	300	8.36	8000	640	22	8000	640	24	8000	800	22	
第一次反分析	0.9（40%）	180（40%）	4.18（50%）	8000	640	22	4800（40%）	384（40%）	14.4（40%）	4800（40%）	480（40%）	13（40%）	第 11 步开始折减
第二次反分析	0.9	180	2.926（65%）	8000	640	22	3200（60%）	256（60%）	9.6（60%）	4800（40%）	480（40%）	13（40%）	第 13 步开始折减

注：原设计和反分析中旋喷桩的 φ 取 0。

K 型断面地下连续墙计算分析结果　　　**表 1-4**

分析方法	时间	地墙最大变形（mm）	地墙最大弯矩（kN・m/m）	最大支撑轴力（kN）
方法 A（Plaxis）	2001 年 11 月	221	2212	1336
方法 B（Plaxis）	2003 年 10 月	552	5030	2081
第一次反分析	2004 年 2 月	422	3465	2434
SAGE-CRIPS	2004 年 2 月	430	3971	—
第二次反分析	2004 年 4 月	522	3198	2552

（3）M3 型断面的两次反分析

和 K 型断面一样 M3 型断面也进行了两次反分析。在 M3 型断面范围内安装了两个测斜孔 I-65 和 I-104，其中 I-65 安装在北侧的地下墙内，I-104 安装在南侧墙后土体内，参见图 1-5。

2004 年 2 月 23 日当开挖到第 6 道支撑，I-65 测孔读数达到 159mm，超过设计限制值 145mm，LTA 因此要求停止开挖并进行反分析。NLCJV 按照原模型进行反分析，并没有对该断面的地层情况进行补充调查，下部旋喷层实际施工只有 2.6m，而反分析模型中还是按原设计中的 3m 考虑，由此可见反分析模型并未真实反应现场实际情况。与前几次反分析一样对输入参数进行折减以达到需要的拟合效果，模型输入参数的折减情况见表 1-5。本次反分析的结果表明，地墙的最大变形将达到 253mm，该值因此被建议为新的设计限值。预测到的最大弯矩为 2339kN・m/m，与地墙设计弯矩包络图对比，在 RL78.00 ～ 83.00m、RL88.00m 等多处超出地墙的极限承载力。反分析报告还预测到在第 4、5、8 和 9 道支撑轴力会增加，第 5 道支撑轴力将增加量高达 52%。尽管计算表明地墙已经超出了极限承载力，支撑轴力在大幅度增加，可是反分析并未对围护体系设计进行重新评估，而是选择了加强观测作为应对措施，施工又重新开始。

M3 型断面两次反分析输入参数对比　　　**表 1-5**

工况	JGP		地墙	上部海泥层			下部海泥层			F2			备注
	$E(10^5)$	c	$E_l(10^6)$	E	E_{incr}	φ	E	E_{incr}	φ	E	E_{incr}	φ	
原设计	1.305	300	8.360	8000	640	22	800	640	24	8000	800	24	
第一次反分析	1.044（20%）	240（20%）		6400（20%）	512（20%）	17.6（20%）				6400（20%）	640（20%）	19.2（20%）	从第 3 步折减
	1.044（20%）	240（20%）	4.180（50%）	6400（20%）	512（20%）	17.6（20%）	400（50%）	320（50%）	12（50%）	6400（20%）	640（20%）	19.2（20%）	从第 11 步折减
第二次反分析	1.044（20%）	240（20%）		5600（30%）	448（30%）	15.4（30%）				5600（30%）	560（30%）	16.6（30%）	从第 3 步折减
	0.783（40%）	180（40%）	5.374（45%）	5600（30%）	448（30%）	15.4（30%）	2800（60%）	224（65%）	8.4（65%）	4800（40%）	480（40%）	14.4（40%）	从第 9 步折减
	0.783（40%）	180（40%）	3.583（70%）	5600（30%）	448（30%）	15.4（30%）	2000（75%）	160（75%）	6.0（75%）	4800（40%）	480（40%）	14.4（40%）	从第 11 步折减

注：原设计和反分析中旋喷桩的 φ 取 0。

就在第一次反分析报告准备正式提交时，2004 年 4 月 1 日当开挖进行到第 9 道支撑，I-104 测到的最大读数为 302.9mm，再次超出了第一次反分析建议的限值 253mm。该断面的第二轮反分析开始了。鉴于施工进度紧迫，现场并没有因此停工。和前面四次反分析一样，在第一次反分析基础上进一步折减参数以达到拟合的效果。输入参数的折减情况见表 3，其中下部海泥层的有效内摩擦角折减到 6°，冲积层的折减到 9.9°。本次反分析的结果表明在标高 RL75.00 ～ 84.00m 和 RL65.00 ～ 68.00m 范围内实际弯矩已经超出地墙承载力。支撑轴力较上次的反分析结果有又有大幅度增加。

值得注意的是从 2004 年 3 月，当 M3 断面第二次反分析正在进行的时候，两个测孔 I-65 和 I-104 的读数开始出现不对称发展的情况，I-104 孔读数大幅增长，而 I-65 孔读数则增幅缓慢。这预示南北两侧的物理力学特性是不对称的，这点在事故后的补充地质调查得到了验证，可是这点并没有在反分析中被重视和考虑。

（4）反分析存在的问题与产生的后果

纵观本工程中进行的五次反分析所呈现的一些共性问题，即采用试参数拟合曲线法，通过不断折减计算模型输入参数以得到模型计算地墙变形曲线与现场实测曲线较好的拟合效果，调查专家组认为本工程中的反分析存在以下问题:

① 在反分析前没有对地层条件进行补充调查，而是简单地对输入参数进行折减，对参数折减没有寻求任何物理力学根据，部分折减后的参数与实际情况不符，例如下层海泥层的有效内摩擦角从 24° 折减到 6°，冲积层有效内摩擦角从 16° 折减到 9.9°，这些都与土层的实际特性不符。又如地墙的抗弯刚度从 8.35×10^6 整体折减到 3.58×10^6，这与地墙局部开裂的事实不符。这种不寻求物理力学解释的曲线拟合是一种纯粹的数学行为。

② 反分析的模型沿用原设计模型，有些方面没有反应现场施工的实际情况。例如在 M3 断面下部旋喷加固层厚度原设计为 3m，实际施工为 2.6m，反分析模型中仍然采用 3m。再有 M3 型断面两侧的地墙变形出现明显不对称现象，而反分析仍采用对称模型等。

③ 反分析结果显示地墙弯矩和支撑轴力增加，并且局部超出地墙极限承载力的情况下，并没有对围护体系的设计进行全面安全评估，也没有给出在当前状态下体系的总体安全系数，已经存在的安全隐患也因此没有被更深刻地揭露。

④ 没有根据反分析的成果给出相应的安全防范措施，却反其道而行之，进一步放松地下墙变形控制的标准以保证开挖继续进行，使得整个体系的危险性急剧增加。

由于反分析中存在的以上种种问题，专家们认为这些反分析是有技术瑕疵的，没有能真实反应体系的状态，更没能有效地阻止险情的发生。调查专家们因此把反分析存在技术瑕疵当作为事故发生的诸多原因之一。

1.4.4 施工监测不力

（1）施工监测的总体情况

和其他超深基坑开挖施工一样，施工监测也是该工程的一个重要方面，将为体系的安全性评估和反分析提供准确可靠的数据资料。在新加坡陆路交通管理局（LTA）设计准则 C 部分第 19 章对施工监测必要性和目的也作了说明 [3]：①对设计中采用的假定进行评判；②对预测的结构体系的行为表现进行确认与记录；③为地下工程施工对周边环境影响评估提供充分的信息；④确保工程在各阶段的安全，并为何时应该启动应急预案提供依据。在专家组的调查分析中，施工监测也是他们所关注的重点之一。在事故区段施工监测的内容主要包括：①沉降观测点，观测地表或结构的垂直沉降；②振玄式孔隙水压力计，量测土层不同标高孔隙水压力；③测斜孔，观测地下连续墙或土体的水平位移；④压力盒和应变计，自动量测支撑轴力。事故区段测点的平面布置如图 1-24 所示。

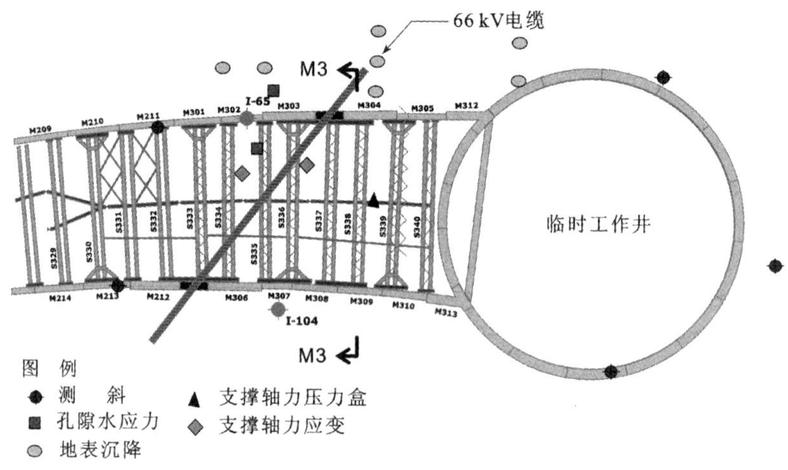

图 1-24　事故区域施工监测平面布置（部分）[3]

针对施工监测，LTA 在特殊条款中明确规定了三种限值，分别为最大允许值、最大设计值和警戒值。最大允许值是整个施工全过程不能被超过的限值；最大设计值为 Plaxis 有限元分析模拟从开始开挖到最后回填完成全过程中得出的最大值；警戒值为最大设计值折减 80%。在本工程中最大允许值与最大设计值相同。合同条款也明确规定当监测读数达到或超过上述限值时应采取的标准流程。当任何读数达到或超过设计限值时 NLCJV 应该立即报告 LTA 并停止施工，对现场的情况进行安全评估，并出台相应的安全措施以确保该区段在下阶段施工的安全。

C824 的监测工作由 NLCJV 分包给 L&M 和 Monosys(S)，其中 Monosys(S) 负责支撑轴力监测，包括压力盒和应变计两种监测方法，除此之外的监测工作由 L&M 负责。

（2）主要监测数据情况

便于参考与引用，该部分给出事故区段 M3 断面一些重要测点的数据情况，包括地墙变形和支撑轴力等。图 1-25 为地下墙和墙后土体的实测水平位移曲线。I-65 安装在地下墙内，I-104 孔安装在地墙后的土体内。图 1-26 为地墙最大变形值的时程曲线，两次反分析后设计限值的调整情况也反映其中。

从图 1-26 中可以看出两测孔在 2004 年 4 月 20 日塌方前的最大读数分别为 175.01mm（I-65）和 440.55mm（I-104）。在开挖第 1 ～ 7 道支撑期间，两测孔的读数吻合较好，呈对称状态，从开挖第 8 层开始，I-104 的读数大幅度增长，而 I-65 读数稳定在 180mm 左右。I-104 的读数在 2004 年 2 月 25 日到 3 月 4 日，3 月 9 日到 3 月 26 日，4 月 17 日到 4 月 20 日这三个时间段有显著增加。尤其是最后一个时间段，短短 3 天时间内读数由 350mm 激增到 440mm。这种不对称的变化与事后对该断面的补充地质调查情况相吻合。专家组认为尽管

I-104 孔埋设于墙后的土体中，其读数却真实地反映了测孔附近地下墙的变形情况，在反分析中将实测变形量折减 15% 当地下墙变形的做法是错误的。

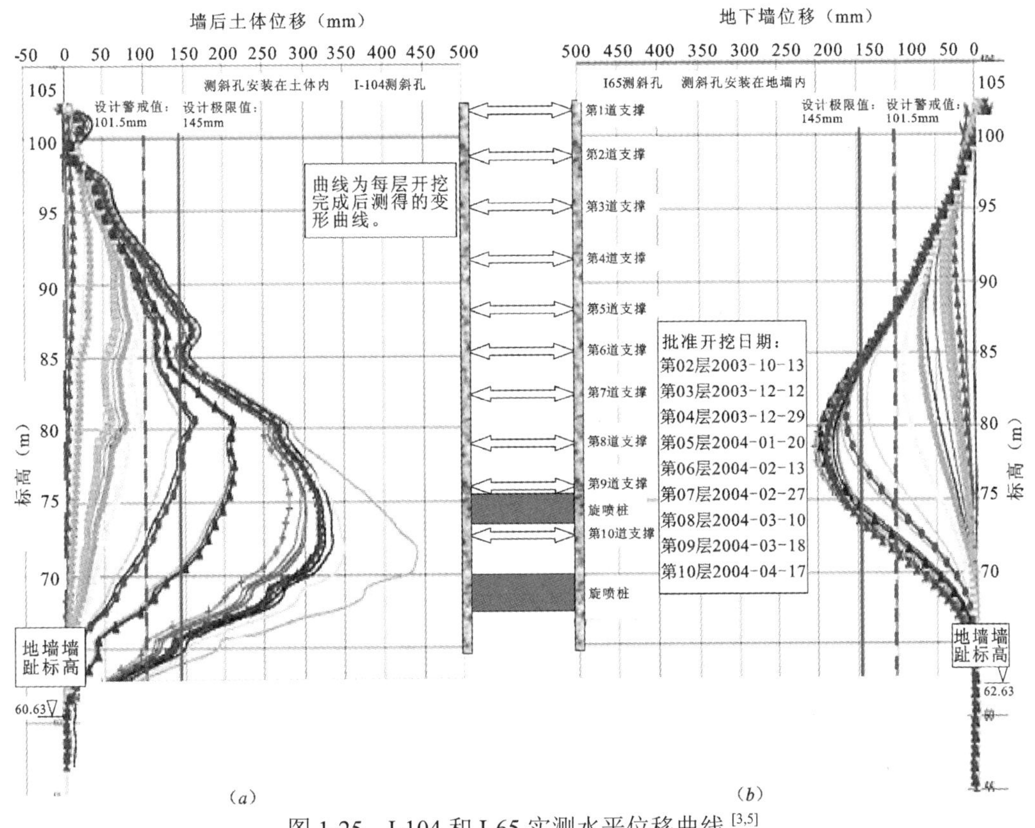

图 1-25 I-104 和 I-65 实测水平位移曲线[3,5]

（*a*）南侧 I-104 测斜孔；（*b*）北侧 I-65 测斜孔

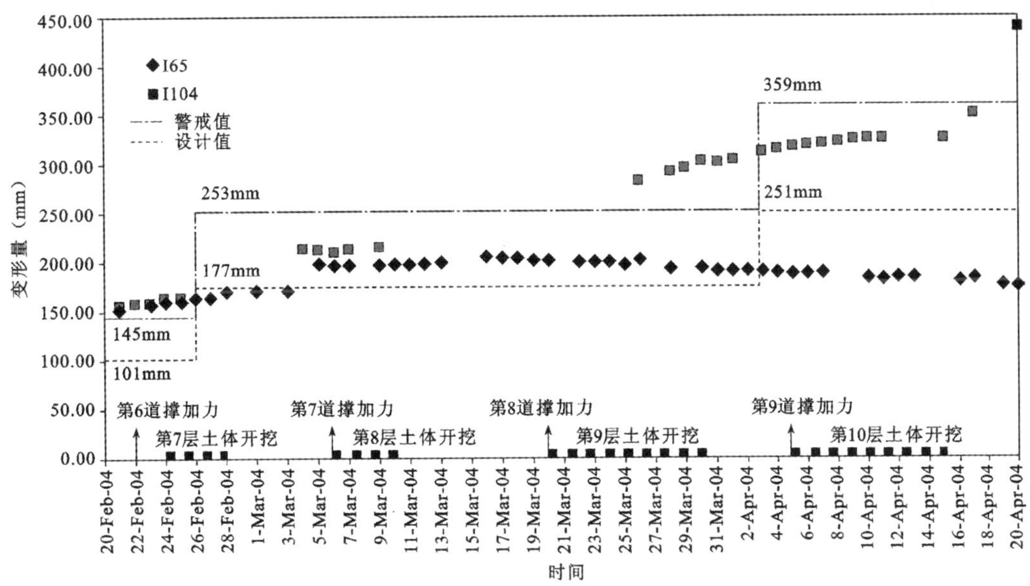

图 1-26 I-104 和 I-65 测斜最大读数时程曲线[3]

本工程中支撑轴力监测采用压力盒和应变计两种方式，S335 支撑第 1 ～ 5 道安装的是压力盒，读数总体上是正确的，第 6 ～ 9 道安装应变计，读数都有一定程度的错误。第 6 道支撑（S335-6）本该装四只应变计只安装了两只，通过将读数乘 2 倍得到轴力。S335-7 道支撑的应变计是在预加力后安装的，因此预加力没有计入。除此之外四只应变计中三只出现故障，按一只应变计的读数计算轴力，更有仅有的一只应变计在应变换算为轴力的公式中系数输入是错的。S335-8 支撑四只应变计中有一只不能用，而且换算系数也是错误的。S335-9 支撑四只应变计中有一只不能用。尽管上述错误，专家组还是认为这些支撑轴力的变化趋势是可以参考的，图 1-27 给出了 S335 支撑在第 7、8 和 9 道支撑实测轴力变化曲线。

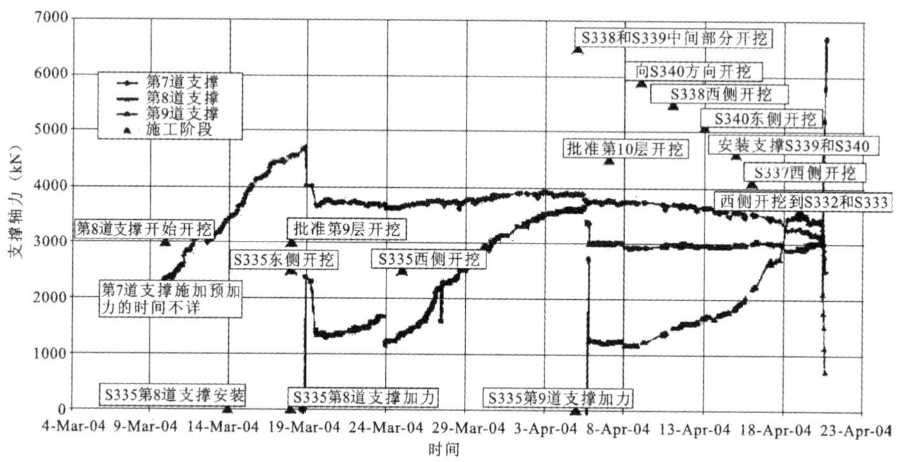

图 1-27 第 7、8 和 9 道 S335 支撑实测轴力变化曲线 [3]

文献 [1] 中给出了塌方前后 S335-7 ～ 9 支撑轴力的变化情况。S335-8 设计的预加力为 7400kN，于 2004 年 3 月 18 日加完预加力，而应变计测得的结果仅为 2400kN，第二天轴力降低至 1500kN。4 月 30 日后轴力又开始增加，在第 9 道支撑安装前达到 3600kN，第 9 道支撑安装后又降到 3000kN，但在塌方前激增到 6600kN。S335-9 设计的预加力为 6100kN，2004 年 4 月 5 日施加预加力，但应变计仅测得 2730kN，当天晚上轴力就降到 1250kN。随后轴力迅速增长，4 月 18 日轴力增长停止，19 日略有回落，随后又缓慢增长，轴力的发展趋势与同层其他支撑有所不同。在 S335-9 下部区域开挖的关键时间段监测数据缺失。4 月 20 日上午 9:00 测得轴力为 3500kN，1h 后轴力迅速下降，在接下来的 4h 内，轴力呈直线下降，与此同时 S335-8 轴力则急速增加。由此可推测在这个过程中 S335-9 逐渐屈服并丧失承载能力，荷载转移到 S335-8。

（3）施工监测中存在的问题及后果

事故调查专家组对施工监测的情况进行详细深入的调查分析后认为施工监测存在以下方面的问题：

① 施工监测队伍的人员配备存在问题，不少人员甚至是关键岗位如 L&M 的项目经理都没有相关的工作经验。

② 一些测点的布设与安装不符合要求，例如 S335-7 ～ 9 道支撑的轴力应变计均存在

问题，而且应变与轴力的换算公式也有错误，这些直接导致测得的读数不能真实地反映实际情况。在4月20日坍塌前，S335-9已经严重屈服，但测得的轴力读数仍然远低于支撑的承载力。这些读数不但没有起到预警提示的作用，反而给现场人员以误导。

③ 对于一些敏感和高风险的区段，理应引起高度重视并增加监测频率，但实际却与之相反。例如M3断面从2004年2月开始就多次超过警戒值，可是监测频率不但没有增加，反而诸多数据缺失。I-104测孔在2004年2月26日～3月3日、3月10～3月25日、4月12日～14日、4月18日～19日均没有读数。

④ 对于异常的数据没有作出合理的解释和报告，而是任其发展，一周一次的监测例会也没有对危险区段引起应有的重视，没有发挥监测例会应有的作用。例如支撑预加力施加完毕后测得的轴力远低于施加力，在后期M3断面两侧变形发展呈现不对称趋势等，这些现象都没有给出解释。尽管M3断面多次超过警戒值，而监测例会的会议纪要表明：会上很少讨论该断面的有关情况。

以上种种问题使得现场的施工监测与之应该发挥的作用相去甚远，也没能起到阻止事故发生的作用，同样专家组也把施工监测不力作为事故原因之一。

1.5　修复方案的比选与论证

1.5.1　修复方案比选总体概述

地铁重大工程事故的修复工作往往表现出如下突出特点：①对事故损毁程度的准确估判比较困难，在确定修复方案前首先要对结构的损毁程度进行评估，准确确定完好区段和损毁区段的分界点，由于损坏的结构完全被掩埋地下，给评估工作带来很大的困难。②地层经过扰动，地下障碍物异常复杂。地铁工程事故发生往往与地层塌陷和损毁结构掩埋相伴而行，扰动后的地层物理力学特性更加复杂，事故过程中已经施工的混凝土与钢构件，甚至是大型施工设备，以及抢险用的填充物被掩埋后成为地下障碍物，修复方案对此要有充分地考虑。③工程的周边环境变得更加脆弱敏感，事故发生过程中周边部分建构筑物有的可能严重损毁并已经失去使用功能，有些即使仍然具备使用功能但也遭受重创。修复方案中要妥善处理未完工程的继续施工及修复工程的实施与这些建构筑物的保护。④修复段与完好段的对接也是修复工程需要处理好的重大风险点。⑤如果选择改线修复，则要对废弃的区段进行相应的处理，要保证废弃结构和地层的稳定，并不影响环境。⑥工期异常紧张，地铁工程各个区段通常为串联关系，如果局部出现事故往往会影响整条线路的投产运营，修复工程通常都是迫在眉睫。

针对Nicoll大道的塌陷事故的修复，专家组提出了两种修复方案，即原位修复和改线修复。通过对两种修复方案在实施过程中的难度与风险、对周边环境的影响、工期与造价等多方面的综合比较而最终选定改线修复方案。

1.5.2　原位修复方案

前面详细介绍了事故发生的过程和损毁情况及事故发生的主要原因，工程主体段约

100m彻底损毁，同时一些邻近建构筑物如Nicoll大道、Merdeka桥以及一些城市管线也有受到不同程度的破坏，这些都是需要修复的对象。与其他事故工程修复相比较而言，由于损毁的区段是明挖隧道，所以对损毁部分容易判断。主体工程原位修复方案主要包括损毁段的恢复和其他区段继续施工前的加固补强。原位修复方案的总体平面布置参见图1-28。

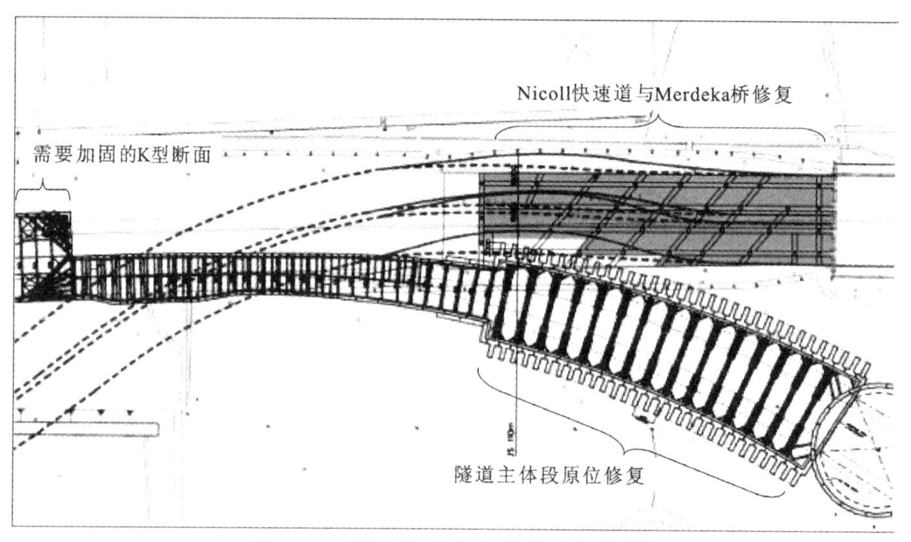

图1-28 原位修复方案总体布置图[11]

（1）塌方区段的修复

原位修复顾名思义就是维持原有的设计线路不变，将损毁的区段就地恢复。主体修复段即为M2型断面与圆工作井之间的一段，长度约100m。修复方案仍然采用明挖顺作法，围护体系采用地下连续墙和钢支撑。

考虑到地下墙施工要尽可能躲开坍塌后掩埋的障碍物，地下墙设在原地墙设计位置后退3m处，因此基坑断面的开挖宽度就达到28m。地下墙采用1.2m厚的“T”字幅，幅宽3.2m左右，典型“T”字幅见图1-29。墙趾标高为RL45.00m，插入原状沉积土5m以下，地墙深度为58m。最终开挖面标高RL68.50m，开挖深度为34.40m。自上而下设8道钢支撑，支撑的竖向间距为4.0m或4.5m，水平间隔为6.0m左右，支撑的平面布置见图1-28，典型的开挖断面图参见图1-30。

（2）K型断面的补强措施

原位修复方案除损毁段的重建外还涉及其他区段的继续施工问题，文献[1～3]均提到在M3型断面大坍塌之前其他区段（如K型断面，盾构始发井等）也先后出现过险情，分析结果表明险情发生的根源都是相同的，因此这些区段在继续施工之前都需要采取一定的加固措施。在这些断面中K型断面又尤为突出，因为该断面的宽度最大为22.35m，而且在开挖的深度范围内海泥层厚度最大，又邻近高层建筑（Goldenmile Tower）。大塌方发生时该断面第6道支撑已经安装，在进行第7道支撑开挖施工，这期间也出现过多次险情[4]。

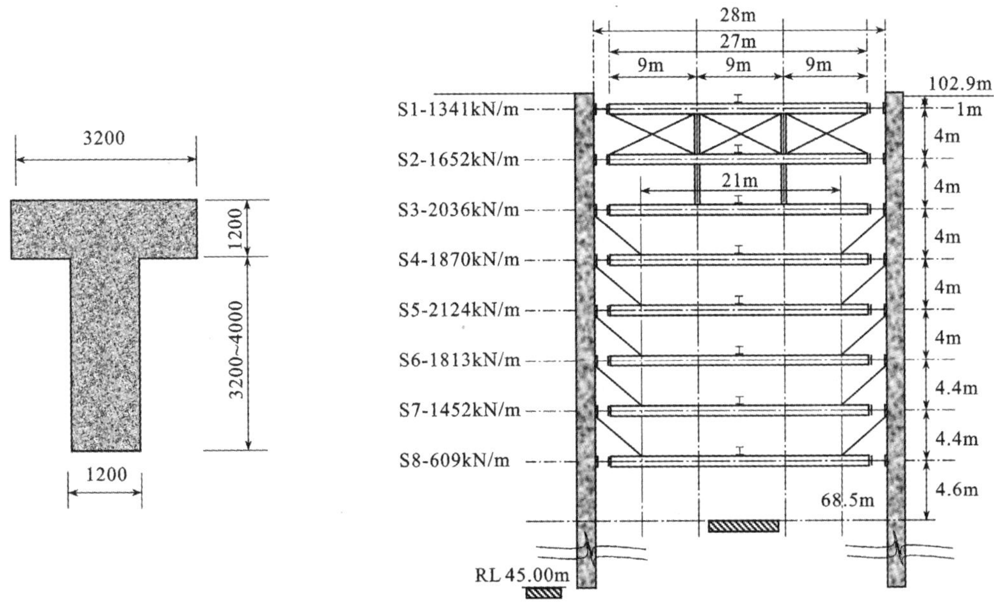

图 1-29 典型“T”字幅地下墙（单位：mm）

图 1-30 原位修复横断面图

K 型断面围护体系的加固措施包括两项：①加大现有围护体系的刚度，在原地下墙的后面施工一道直径 1.2m 的钻孔桩连续壁。考虑施工误差，新的连续壁离开原地下连续墙 50cm，顶部设 2600mm 宽 ×1000mm 深的顶圈梁，确保连续壁与地下墙形成整体，这样围护墙的刚度就大大增加，见图 1-31。②在已经完成的底部 1.8m 厚的旋喷加固层的基础上再向下增加 2.5m 厚的旋喷加固层，这样原设计中的 1.8m 厚的旋喷加固层就变成 4.3m。这层旋喷加固层既是底板下面的一道暗撑，限制墙底位移，也可有效防止坑底隆起。

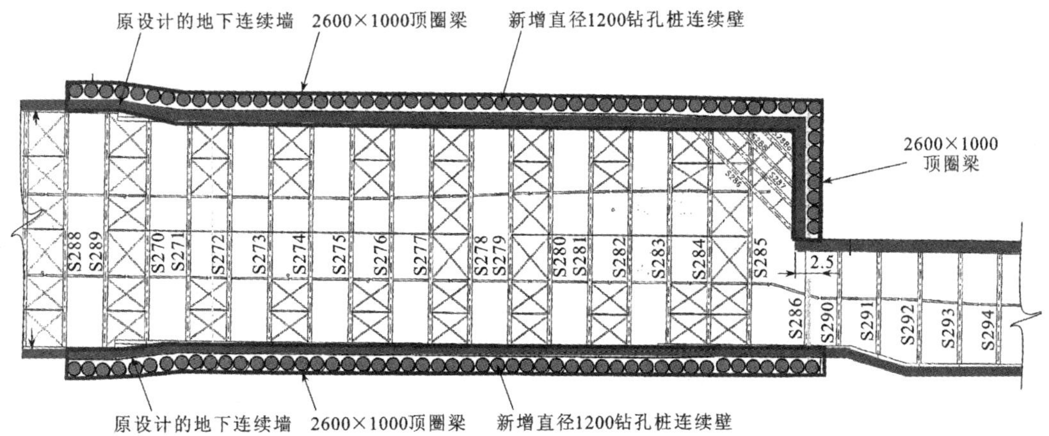

图 1-31 K 型断面的补强方案

（3）其他区段的补强措施

相对 K 型断面而言，其他区段断面窄，地质条件相对较好，离重要的建筑楼群也相对较远。为确保继续开挖施工的安全，主要采取的措施是加强施工过程中的监测，调整施工顺序，做到“短进尺，勤支护”，尽量减少土体开挖后无支撑暴露的时间，从而达到有效地控制围护体系与环境变形的目的。

1.5.3　改线修复方案

改线修复则是另外一种思路，即完全放弃损毁区段以及部分相邻区段，用另外一段新的区间结构来代替废弃的区间。在一些世界著名的地铁工程事故中，往往因为改线修复方案风险相对较小而通常被采用。

（1）改线修复的总体情况

改线修复方案的总体布置见图1-32。从原Nicoll Highway车站的西侧约300m到原Boulevard车站侧始发井的西侧的区间段全部被废弃，在原线路的南侧用一段新的区间段代替。被废弃的区段包括原Nicoll Highway车站、折返段、圆工作井、区间隧道等结构。新线路区间段包括：新Nicoll Highway车站、盾构始发井和接收井、园区间隧道以及新老结构的对接等。

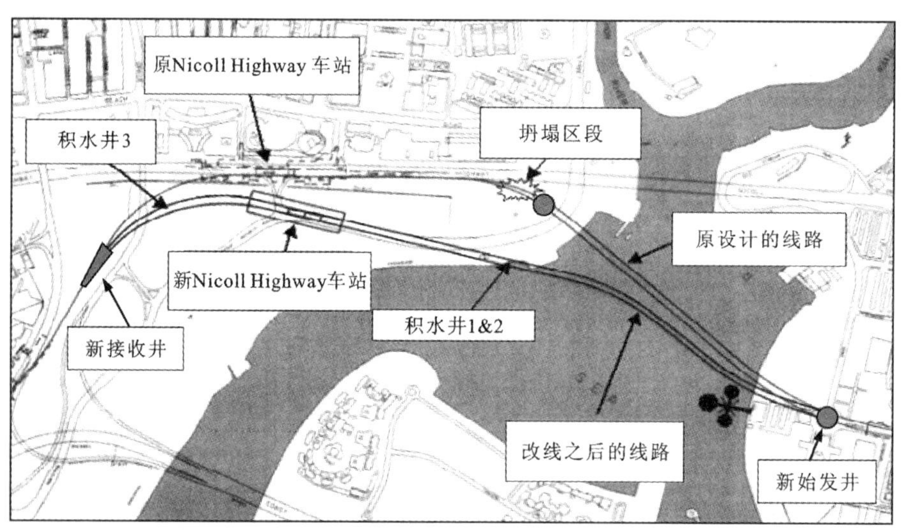

图1-32　改线修复方案的线路布置[11]

（2）改线后的圆隧道

改线后的圆隧道采用盾构掘进施工，地层主要是软土，并无特别的风险和难点。与常规的隧道推进相比，不同的就是始发井和接收井施工。新的始发井和接收井也是将来新老隧道的对接点，需要对原隧道的结构物进行切除和适当处理才能进行新井施工。盾构机出始发井和进接收井的一小段都需要对原隧道结构进行切除。隧道推进完成后与原隧道的对接是另一个难点，改线修复方案的始发工作井见图1-33。

（3）改线后的Nicoll Highway车站

改线后的Nicoll Highway车站向南侧移了100m左右，地层条件与原车站基本相同。新的车站为地下二层结构，采用逆作法施工，用1.5m厚的地下连续墙作为围护，地墙深度为50m，插入到原沉积土以下5m。地下墙为车站的永久结构，即国内所说的“两墙合一”。

基坑的最大挖深为 20m，宽度为 24m，自上而下设 3 道钢支撑，车站顶板上方设两道，站厅层和底板之间设一道。为限制地墙的墙趾位移，底板下部设计 7m 厚的地基加固层，这层加固也相当于一道板底下的暗撑。改线后新 Nicoll Highway 车站的断面见图 1-34。

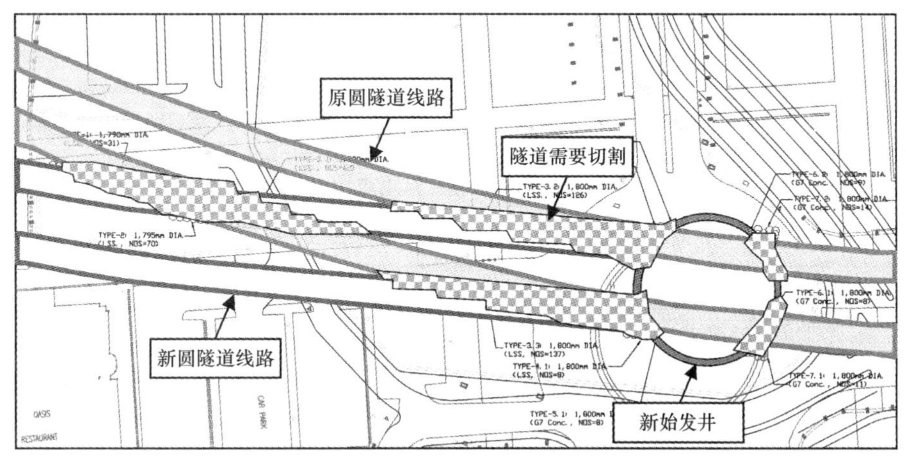

图 1-33 改线修复方案的始发井布置

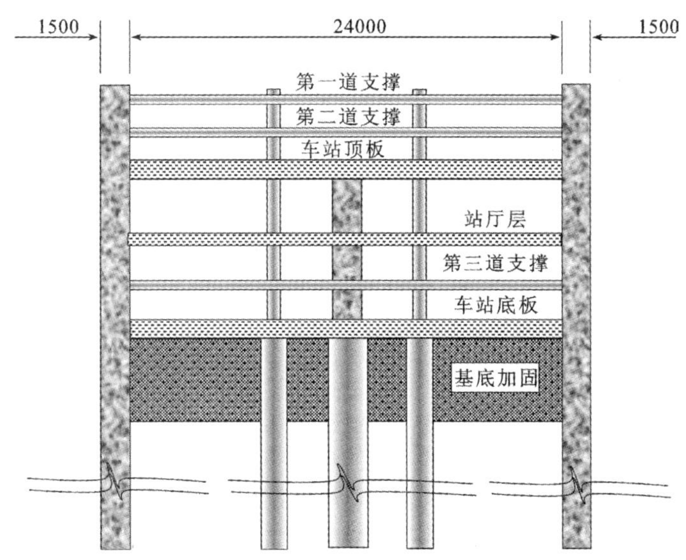

图 1-34 新 Nicoll Highway 车站断面（单位：mm）

（4）废弃区段的处理

既然事故段及两侧相邻的部分已经被新的区间结构所替代，那么对废弃的区段要进行适当的处理以保证废弃结构和地层的稳定，并且不影响环境。对于该废弃段的处理主要是用液态土进行回填。液态土具有较好的流动性，可以像浇筑混凝土一样进行泵送浇筑施工，一旦稳定后强度较好，渗透性较低。对隧道的回填通常是在隧道的两端设置端封墙，然后对端封墙之间的隧道进行液态土回灌。车站和明挖隧道的回填是从底向上逐层进行，待产生强度后再移走临时支撑，直到地面，然后将地下连续墙凿除到地面以下 2m，最后对地表进行恢复原状。

1.5.4 两种方案比选

方案的比选往往要综合考虑风险、技术难度、工期和总投资，有些情况下还要考虑政治影响等多方面的因素。本章仅仅从施工风险和技术难度方面对两种修复方案进行比较。根据方案的具体特点又分别从围护体系施工、围护体系的变形控制、地层加固、新老结构对接、圆隧道施工、对环境的影响、对使用功能的影响等方面进行对比。对比的情况参见表 1-6。

原位修复与改线修复方案对比 **表 1-6**

对比项目	原位修复方案	改线修复方案
围护体系施工	事故段的围护结构采用 1.2m 厚，深 58m 的 T 字幅地下墙，土层经过扰动，槽段的稳定性较差，容易出现坍塌。成槽的过程中难免会遇到深层障碍物，障碍物的处理将异常困难，风险很大。幅宽较窄，接头较多，渗漏的可能性增加。 K 型断面在原地墙后侧施工钻孔连续壁作为补强措施，对钻孔桩的垂直度要求较高	新 Nicoll Highway 车站采用 1.5m 厚，深 50m 的地下连续墙作为围护，在事故影响范围以外，成槽深度范围内为软土，施工相对容易
围护体系变形控制	对于事故段，“T”字幅地下墙刚度较大，对基坑开挖的变形控制有利，开挖过程中清理障碍物比较耗时，土体无支撑暴露的时间较长，在软弱地层中对变形控制不利。 对于 K 型断面新的连续钻孔灌注壁与老地下连续墙共同工作，刚度大大增加，对地墙的变形控制有利。另外在原设计 1.8m 厚底板旋喷加固基础上又额外增加 2.5m 厚旋喷加固层，能有效限制墙趾位移和坑底隆起	采用 1.5m 厚地墙作为围护，刚度较大。底板下部设 7m 厚的加固层，能有效地限制墙趾位移和坑底隆起。车站采用逆作法施工，对变形控制有利
地层加固	在原加固层的下部额外施工 2.5m 厚的地基加固层。由于断面已经开挖至第六道支撑，因此机器就位和现场布置较为困难	7m 厚的地基加固层施工无特殊困难
新老结构对接	新老隧道结构对接施工相对简单	需要对原隧道进行局部切除，要进行恰当的加固处理，对接施工风险较大
圆隧道施工	无	需要施工新的盾构始发井和接收井，盾构出洞后和进洞前部分要进行原隧道结构局部切割和清除。 盾构主要在软土中掘进，无特殊技术困难。 盾构机通过车站的方法是，待车站底板完成后整体平移，重新始发，车站施工与盾构掘进相互交叉影响，有一定的进度风险
对环境的影响	明挖施工离重要建构筑物较近，对地层的位移和沉降十分敏感	离重要的建构筑物相对较远，对环境的影响主要表现为在施工阶段要进行复杂的道路翻交和管线搬迁与保护
对使用功能的影响	原线路、车站及区间隧道设计均从整条环线的功能布置与分配出发。线路经过人流密集商业街区，市民搭乘方便	相对原设计车站改为了地下两层，离人流密集的商业街区距离增加，取消了位于车站东侧的折返段，较原设计方案部分功能打了折扣

最后在综合考虑多方面的因素的基础上选择了改线方案，并重新将改线修复方案的合同编号定为 C828。2005 年 1 月修复工程正式启动。

通过对两种修复方案的主要技术要点对比，现归纳如下：

① 原位修复方案主要包括对塌陷的 100m 区段的修复重建和其他区段（尤其是 K 型断面）补强加固后的继续施工，该方案的技术难点主要包括“T”字幅地墙施工成槽困难，开挖过程中深层障碍物的处理，以及对邻近敏感建构筑物的保护等。

② 改线方案中新车站施工和圆隧道掘进均属于常规施工方法，但是新的始发井和接收井的施工都需要对原隧道结构进行深层切割与清除，以及新老隧道的对接将是该方案中的技术难点。另外，盾构推进过程中要在新车站整机过站，隧道施工与车站施工相互交叉影响，对施工进度有一定的风险。

③ 在综合考虑与比较施工风险、技术难度、工期和总投资等诸多因素的基础上，最后选定改线修复方案。

1.6 修复方案的实施

改线修复方案的总体布置见图 1-32。从原 Nicoll Highway 车站的西侧约 300m 到原 Boulevard 车站侧始发井的西侧的区间段全部被废弃，在原线路的南侧用一段新的区间段来代替。被废弃的区段包括原 Nicoll Highway 车站、折返段、圆工作井、区间隧道等结构。新线路区间段包括：新 Nicoll Highway 车站、盾构始发井和接收井、区间盾构隧道以及新老结构的最终对接等项目。修复工程于 2005 年 1 月正式启动，工程的合同编号由原来的 C824 更名为 C828，仍然由日本的西松公司承建，截至目前工程已经全部完成。

1.6.1 对原隧道管片切除与清理

在整个修复工程中，部分原隧道对改线的工程而言成为一种深埋的障碍物，需要进行切割清理。这些部位有改线后的盾构始发井和接收井，盾构机始发后新老隧道重叠范围内等。对原隧道的管片进行切割清理将是整个修复工程的难点与重点之一。

本工程中对隧道管片切割采用一种专用设备——全回转钻机。其工作原理是在下压力和扭矩的共同作用下驱动套管转动，利用管口的高强刀头对土体、岩层及钢筋混凝土等障碍物的切削作用，将套管钻入地下。在钻进过程中，可以利用重锤破碎障碍物，并用冲抓斗将套管内的杂物取出。通过连续、叠交钻孔，形成一个切削断面。由于采用全套管跟进钻孔，套管起到支护土体、防止土体坍塌的作用，障碍物清理完成后，在套管顶拔过程中，通过在套管内回填具有一定强度的水泥土或者低强度等级混凝土支护孔壁，所以该工法对环境影响较小。

（1）清障设备

整套全设备回转设备包括全驱动装置、钢套管、冲抓斗，为了实现对切割后的大体积混凝土进行破碎，还配有十字重锤或铅锤，下面以 RT260H 型 360° 全回转钻机为例进行介绍。

① 全回转动力设备

全回转动力设备主要是为套管 360° 回转以及刀头切割障碍物提供动力，包括上下抱箍夹紧系统和一套竖向顶升系统。驱动系统的构成参见图 1-35。上抱箍夹紧系统为主要紧锁系统，在液压驱动下将套管卡紧，便于给套管提供驱动扭矩和向下的压入力。套管的管径最大可达 2600mm，当套管的管径较小时，可以在抱箍系统的内侧加钢垫块。下抱箍夹紧系统为辅助紧锁系统，在套管顶拔过程中上、下夹紧装置交替对套管紧锁，以防止套管出现下落的情况。竖向顶升系统主要用于对套管进行顶拔。驱动系统所能提供的最大压入力为机身的自重，当压入力不够的情况下可以额外增加压重块。在套管回转过程中，为防止机身跟着套管一起回转配专用的反扭矩锁将机身卡紧。

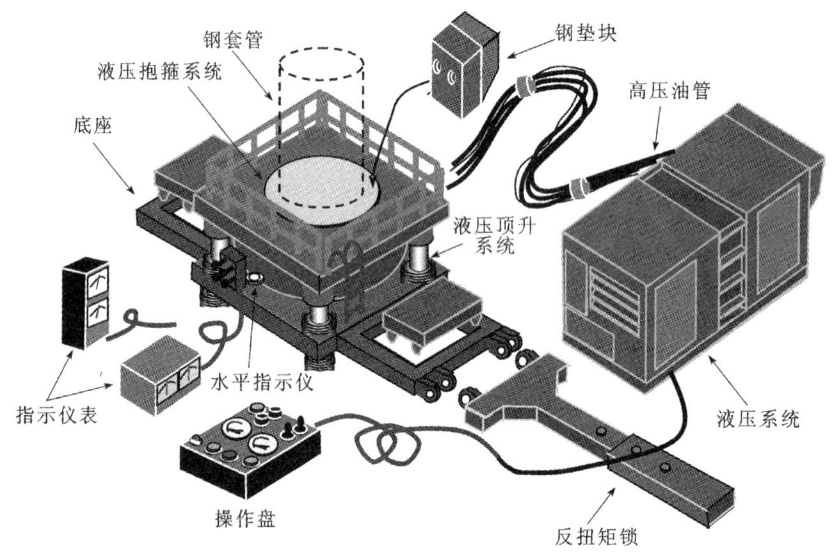

图 1-35　全回转动力设备系统图

在设备的工作能力范围内驱动装置可以任意调节套管的回转扭矩、回转速度、压入力以及夹紧力。回转速度设高、中、低三挡速度，可以根据套管直径、地质条件以及扭矩的变化情况等选择最适宜的回转速度。水平调整油缸采用专用的液压回路，所以在套管回转时也可以调整其垂直度。

全回转驱动设备的限界尺寸为: 6.75m×4.78m×3.60m，液压系统与驱动设备分离，通过高压油路供应，设备的其他参数指标见表 1-7。

RT-260H 型全回转钻机性能参数　　**表 1-7**

性能指标 单位	套管直径 （m）	回转扭矩 （kN·m）	对应转速 （r/min）	顶拔力 （kN）	压入力 （kN）	压拔行程 （mm）
参数大小	≤ 2.6	5100/3001/1736	0.6/1.1/1.9	3805	1190	750

② 套管

套管有两方面功能：一方面将顶部驱动设备提供的扭矩和压入力传递给刀头，同时在钻进的过程中还起到支护孔壁，防止孔壁坍塌的作用。套管为厚度 48mm 的钢质桶式结构，根据需要钻进的深度情况分长度不同的若干节，常用的套管长度有: 6m、3m、2m、1m 四种。最底部一节长度一般为 2m，在管口布置刀头。每节套管的中间为桶身，两头为套叠式接头。接头设螺孔和剪力键，相邻两节靠螺栓和剪力键连接传递荷载，见图 1-36。

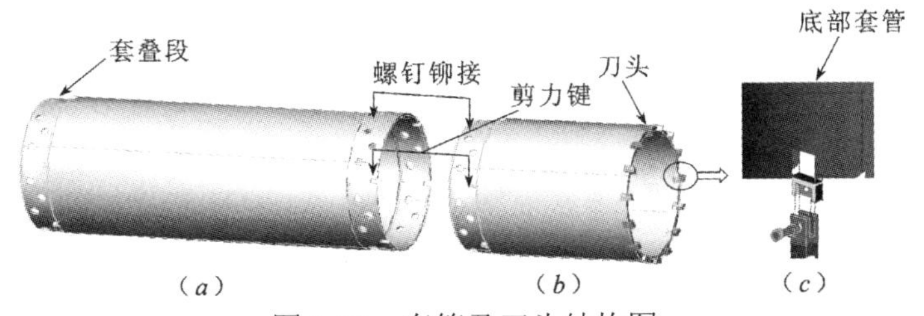

图 1-36 套管及刀头结构图

(a) 标准段；(b) 底部套管；(c) 刀头细部

刀头为切割障碍物的关键部件，材质为合金钨钢。刀头按布置的角度不同分为外齿、中齿和内齿。针对不同的地质条件及切割对象刀头有不同的布置形式。鉴于修复工程中切割的深层障碍物主要为高强钢筋混凝土管片、高强螺栓以及钢轨等，选择了两外齿一内齿的间隔布置形式，一周共 24 把刀头。为了便于冲抓斗对切割的管片进行抓取，在底部套管的内侧壁加焊了 8 把刀头，以扩大切割的间隙，便于抓斗抓取大块切割物。

套管主体材质为 16Mn 钢，两端接口材质为 24Mn 钢。套管管壁分三层，内外两层各为 20mm 的钢板，中间层为 8mm 的钢网片，管壁的结构形式见图 1-37。

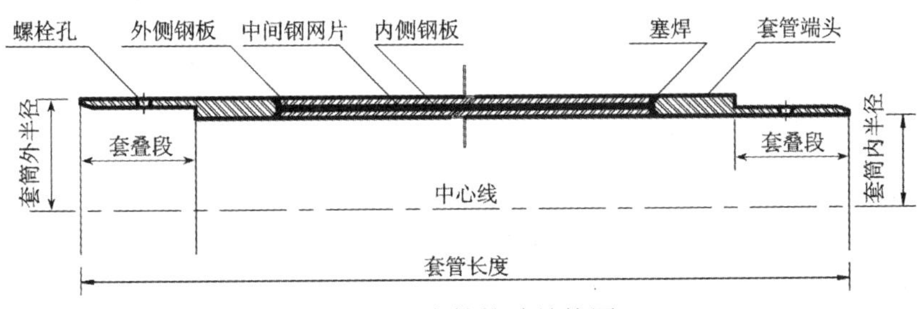

图 1-37 套管管壁结构图

③ 冲抓斗

冲抓斗是套管钻进后进行桶内土体和障碍物清理的重要设备，对于全回钻清障而言，冲抓斗是必配的设备之一，抓斗的结构形式见图 1-38。随着套管的钻进，套管内的土体和被刀头切割后的地下障碍物需要通过抓斗抓取出来。抓斗有两扇可以活动的斗叶，在整个冲抓过程中斗叶在闭合与张开两种状态之间转换。

需要说明的是，为了实现冲抓斗的加速下落，需要配备专用吊车。该吊车应该具备，用单根钢丝绳承受抓斗与抓取物的重量，可以设定和自动

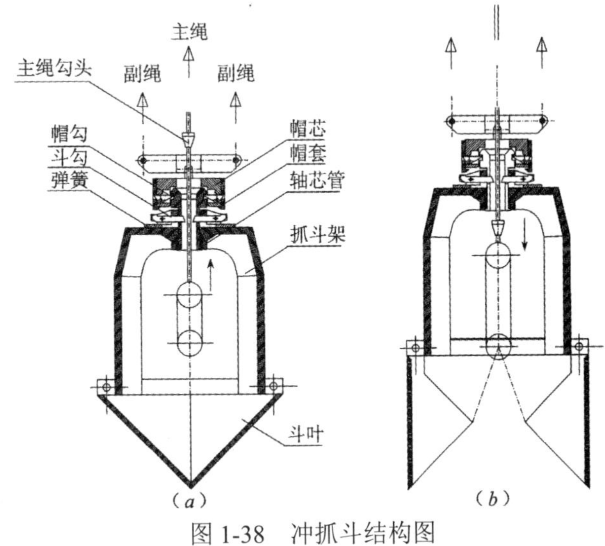

图 1-38 冲抓斗结构图

(a) 斗叶闭合状态；(b) 斗叶张开状态

控制钢丝绳加速下落的范围。

（2）施工工序

全回转切割隧道管片的典型工序流程见图1-39。现场施工图片见图1-40。

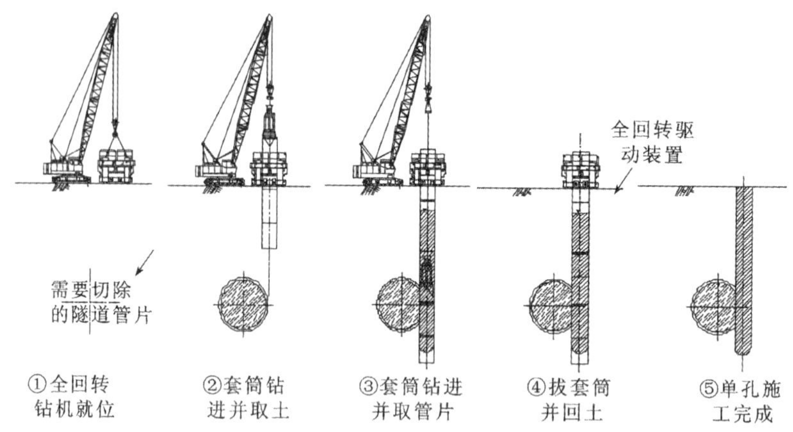

图1-39 全回转钻机切割隧道管片的典型工序

（*a*）

（*b*）

图1-40 全回转钻机切割隧道的施工图片

（*a*）全回转施工现场；（*b*）取出切割的隧道管片

1.6.2 盾构隧道工作井施工

盾构隧道的工作井包括新的始发井和新的接收井，是整个修复工程中的难点与重点。首先盾构始发井和接受井的位置直接决定了盾构掘进区间隧道的长度，其次还决定了盾构隧道施工与新Nicoll Highway车站施工的逻辑关系，同时盾构工作井的形状也直接关系到结构体系的受力情况，隧道的切除范围以及最后的对接施工等诸多因素。

新的盾构始发井选在Boulevard车站的东侧约40m的地方，通过对三种方案：78m×23.7m矩形工作井、35m×23.7m矩形始发井以及内径35m的圆形工作井进行了比较，最终选择内径35m的圆形工作井。圆形工作井本身受力较好，占地面积较小，但是盾构机出洞以及最终对接施工相对复杂。盾构隧道始发井的平面布置见图1-41。

（1）盾构隧道始发井施工

盾构的始发井用壁厚1.2m的地下连续墙作为围护墙，沿竖向一定间隔设置一道钢筋混凝土围檩作为支撑。由于盾构的始发井位于原隧道之上，因此原来盾构隧道管片就成为新盾构始发井施工的障碍物，在进行地下墙施工之前必须对原隧道管片进行切除清理。

原隧道管井切割布孔见图 1-41。在正式切割清理施工前需要用液态土对隧道内的空腔进行填实，见图 1-42。

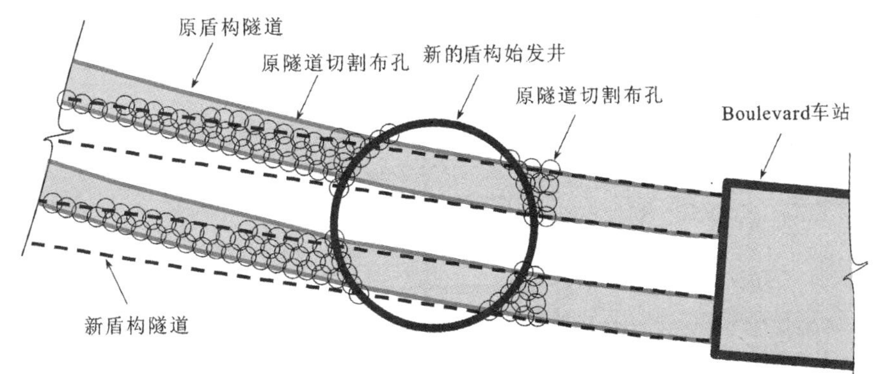

图 1-41 盾构隧道始发工作井平面布置图

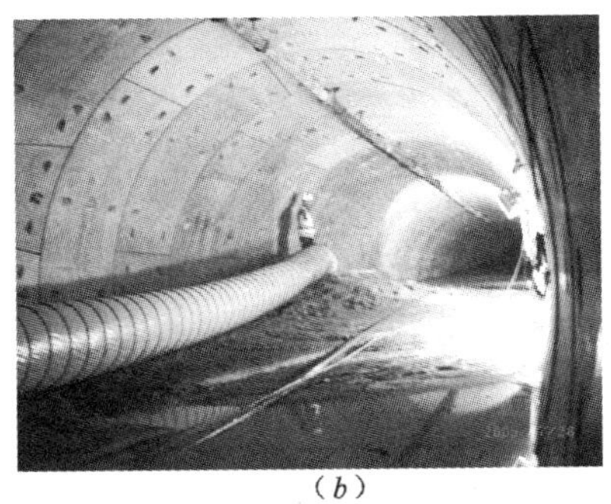

(*a*) (*b*)

图 1-42 切割隧道区段回填图片

(*a*) 对隧道的封堵；(*b*) 用液态土进行回填

（2）盾构隧道接收井施工

由于盾构隧道的改线，因此同样需要建设新的盾构接收井。新的盾构接收井是与原有的一段明挖区间隧道结合设计的。平面布置上为近似梯形，沿轴线方向为 122.05 ～ 132.50m，垂直于轴线方向基坑长度分别为 13.20m 和 33.60m，新的接收井把原明挖区间隧道包括在内。新的接收井的平面布置见图 1-43。在这段长约 130m 的基坑内隧道将由彼此平行逐渐过渡到垂直叠交隧道。

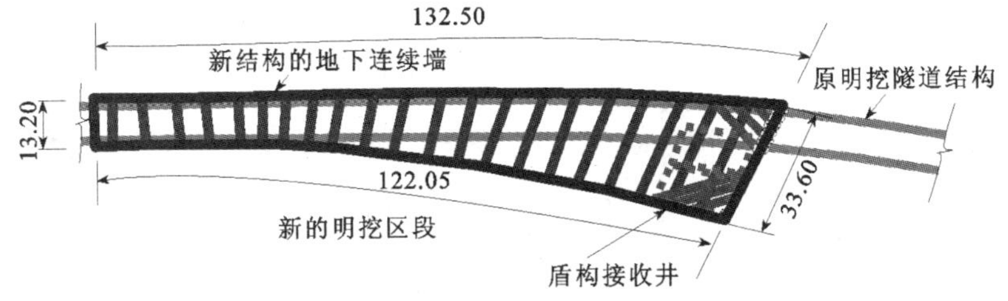

图 1-43 盾构隧道接收井平面布置

新接收井的围护墙采用厚 1m 的地下连续墙，墙趾深入到老沉积土以下 4.3 ～ 14m 左右。在北侧新老地下墙共同工作，南侧原有的地下墙则随着向下开挖而被逐渐拆除清理。

基坑施工采用标准的明挖顺作法，自上而下设 7 道钢支撑。新接收井的施工工序见图 1-44。

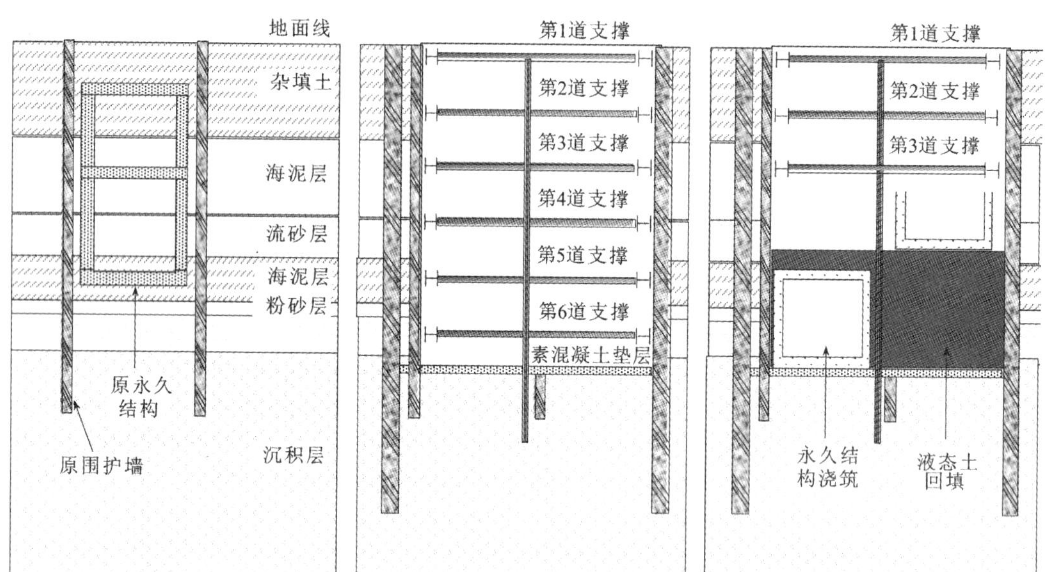

图 1-44　接收井的施工顺序

（a）原围护结构与永久结构；（b）新围护体系与施工顺序；（c）永久结构回筑

1.6.3　盾构隧道施工

（1）盾构区间隧道施工

盾构区间隧道施工是修复工程中的一个重要的分项工作，包括盾构隧道的掘进、积水井与联络通道施工等。由于盾构隧道施工与新 Nicoll Highway 车站施工相互关联，因此盾构隧道施工是整个修复工程的关键线路。

盾构掘进隧道包括两部分：第一部分是新始发井和车站之间，另一段是车站和新的接收井之间的隧道。盾构的断面与管片的结构形式与原隧道是一样的。由于盾构隧道所处的地质条件主要是软土，采用常规的土压平衡盾构机，因此盾构的掘进工作并无特殊的技术难度与挑战。特色之处在于盾构完成第一段掘进后要进到车站，然后通过整体牵引在车站的另一端进行重新始发，进行第二区间的掘进，因此车站的施工进度与盾构掘进是相互关联和影响的。盾构掘进施工的部分现场图片见图 1-45。

（a）

（b）

（c）

图 1-45　与 TBM 掘进施工相关的现场图片

（a）盾构在始发井内组装；（b）盾构进入新 Nicoll Highway 车站准备牵引；（c）盾构机进洞

（2）隧道积水井施工

根据设计，两条隧道将有 3 个积水井，其中 1 号和 2 号积水井靠近家冷河，地质条件相对复杂。要在富含承压水的流砂层（F1 或 F2）内进行开挖，风险极高。1 ～ 2 号积水井的地质剖面见图 1-46。

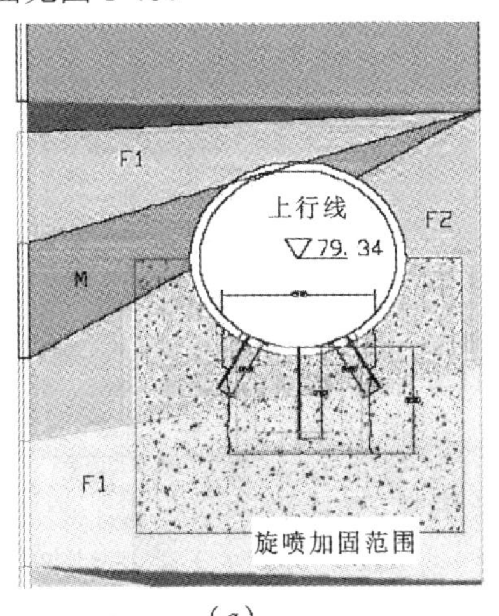

（a）

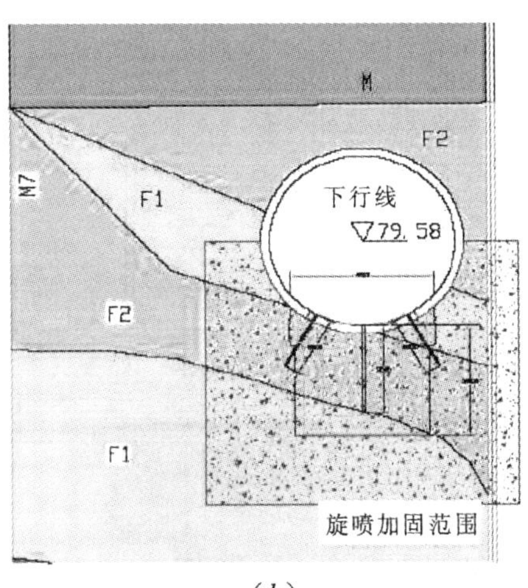

（b）

图 1-46 积水井的地质剖面图

（a）1 号积水井；（b）2 号积水井

在盾构掘进机通过该区域前对积水井范围内进行了先期的旋喷加固，并对旋喷的效果进行了取芯检验，结果表明凡旋喷的地方均检测到了旋喷体，除了其中一个样本的标准贯入度（SPT）值为 40 外，其他所有的样本 SPT 值均大于 100。为了检测加固体的封水效果，隧道掘进完成后，在正式打开隧道管片前又打检测孔进行检验。其中 7 个孔中 6 个孔的封水效果良好，1 个孔出现了压力水带砂喷进的情况，为了确保万无一失又进行了化学补充灌浆。

1.6.4 隧道对接施工

如何将始发井内的现浇隧道与部分重复使用的隧道对接是本修复工程的又一个风险点。对接区段的长度范围大致为 3 ～ 4 环管片，为了确保对接成功，在该范围内采取了可靠的加固措施。

在新的始发井施工前对该区段的隧道进行了液态土充填，在始发井地下墙施工范围进行了管片切割。管片切割后在套管拔出的过程中用 G7 混凝土进行填充。为了保证土体加固的有效性，对贴近地下墙的隧道上半环也进行了切割。并对隧道的底部进行了旋喷加固。紧接着对两环管片的上半部进行了旋喷加固处理，以及两侧均进行了旋喷加固。为了保证在地下墙和隧道管片结合部的加固效果，又从始发井内侧水平打孔进行化学灌浆。加固的平面布孔参见图 1-47、图 1-48。

在通过探孔确认加固效果良好后开始对接段施工。首先打开地下墙，按照上下导的模式开挖，临时支护（初次衬砌）采用钢筋网片和喷射混凝土。当初次衬砌基本稳定后进行二次衬砌浇筑。对接段施工的图片见图 1-49。

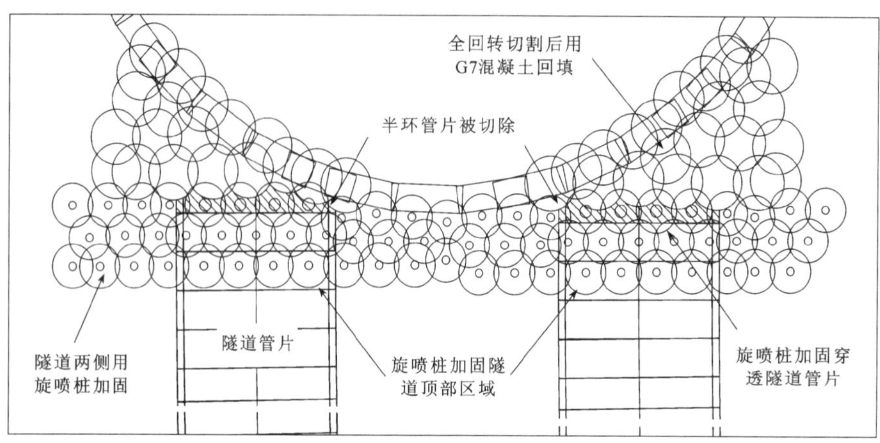

图 1-47　始发井与完好隧道交界面处理

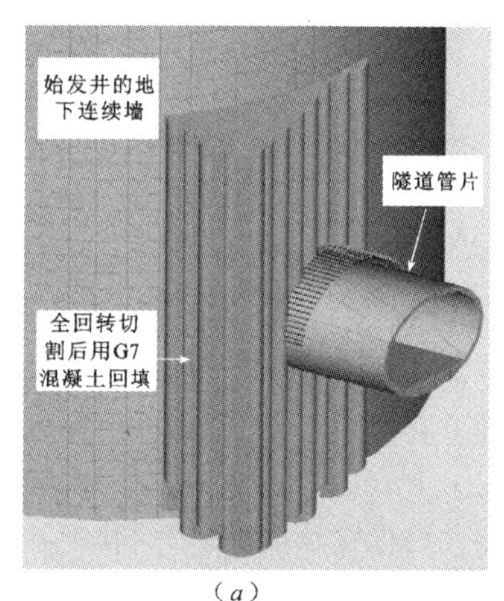

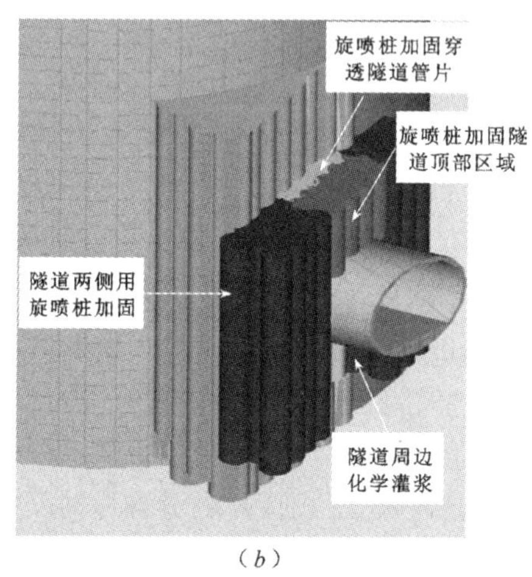

（*a*）　（*b*）

图 1-48　始发井与完好隧道交界面处理

（*a*）地墙施工前的隧道管片切割；（*b*）地基加固处理

（*a*）　（*b*）　（*c*）

图 1-49　对接段施工的现场图片

（*a*）打开地下连续墙；（*b*）开挖面上喷射混凝土施工；（*c*）完成临时衬砌的对接段

1.6.5　新 Nicoll　Highway 车站施工

新 Nicoll Highway 车站施工是修复工程的又一大项，新的车站较原车站向南侧移了 100m 左右，地层条件与原车站基本相同。新的车站为地下二层结构，采用逆作法施工，用 1.5m 厚的地下连续墙作为围护，地墙深度为 50m，插入到原沉积土以下 5m。地下墙为车站的永久结构，即国内所说的“两墙合一”。基坑的最大挖深为20m，宽度为24m，自上而下设3道钢支撑，车站顶板上方设两道，站厅层和底板之间设一道。为限制地墙的墙趾位移，底板下部设计7m厚的地基加固层，这层加固也相当于一道板底下的暗撑。改线后新Nicoll Highway车站的断面见图1-34。

车站施工过程中根据实测的地墙变形结果进行了两次反分析，两次反分析的结果表明，7m厚的底板底部土体加固效果比预期要好得多。基于反分析的成果现场决定省去站厅层和车站底板间的一层钢支撑。两次反分析的情况见图1-50。

值得一提的是在车站的基底加固施工中首次在新加坡采用了深层搅拌喷射加固（Jet Mechanical Mixing）的工艺，并取得较好的效果。其主要工艺是把深层搅拌和喷射加固相结合。通过叶片的搅拌能形成直径约1.6m的内部桩芯，然后通过安装在搅拌叶片上的喷射头在钻头旋转提升的过程中喷射高压水流＋浆流＋压缩空气切割破坏土体并将浆液与土体搅拌进一步形成外围0.6m范围的加固体，这样最大桩径可达到2.8m。通过不同桩之间彼此搭接形成一块完整的加固底板。JMM设备的现场图片和钻头形式见图1-51。

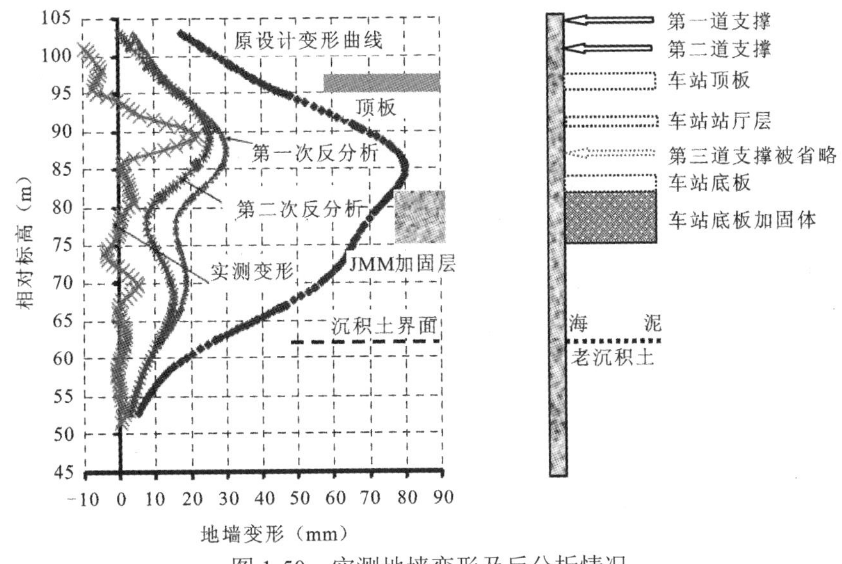

图1-50 实测地墙变形及反分析情况

（a）

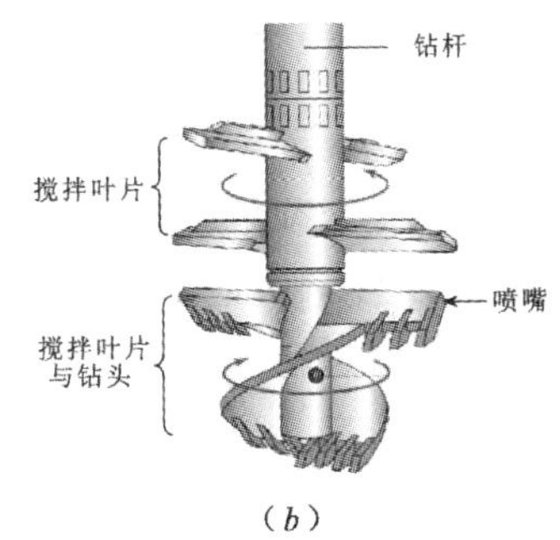

（b）

图1-51 深层搅拌喷射加固设备与钻头

（a）JMM设备现场照片；（b）JMM钻头

1.6.6 小结

修复工程于2005年1月正式启动，改线修复方案主要包括新的盾构隧道始发井和接收井，盾构区间隧道，新 Nicoll Highway 车站，新旧隧道的对接等。该部分针对改线修复方案中的技术要点进行扼要介绍，归纳如下：

①大范围地对原隧道管片进行切割处理是本修复工程的技术难点。工程中选用了直径2m的全回转钻机作为切割清除的设备。首先对原隧道进行了液态土充填，将隧道管片切割并抓出后用G7混凝土进行填充，事实证明该清障设备性能良好，填充物稳定，为后续的地下连续墙及盾构推进施工奠定了基础。②新的盾构始发井采用圆形布置，受力状态良好。新的盾构接收井为近似梯形，结合原明挖隧道布置。③隧道对接段是修复工程的另一个风险点。对接段约3～4环管片长度。对接段的范围内采用多种加固形式相结合的方案，初次衬砌采用钢筋网片和喷射混凝土，待监测数据表明变形稳定后实施二次现浇衬砌。实践证明采用的复合式地基加固方案是可靠的。④新 Nicoll Highway 车站为地下二层结构，采用逆作法施工。基底的土体加固采用JMM工法，加固效果良好。根据两次对地下连续墙变形反分析的结果决定省去位于站厅层和底板之间的钢支撑。实践证明这一决定是科学的，安全的。

1.7 事故教训与启示

事故发生后留给该领域从业者什么样的教训与启示，以及将来如何避免类似悲剧重演同样值得深入思考与关注[15]。从前面的事故原因分析来看围护体系设计存在严重错误，反演分析中存在技术瑕疵以及施工监测不力等是本次事故的重要原因。这些原因看似都属于技术上存在问题，但是在同一个工程中出现如此多的严重技术问题本身也说明管理上存在严重问题。事故调查专家组的专家们根据调查的结果就如何吸取教训给出了一些观点与建议，简单归纳如下：

（1）对于重要的临时工程如围护墙，支撑体系等应该采用与永久工程结构相同的安全系数。支撑设计应该考虑单支撑失效（One Strut Failure）[14]。（注：单支撑失效是指在整个支撑体系中任何一根支撑失去功效不至于整个支撑体系崩溃。）

（2）临时工程设计需要由具备丰富经验能胜任的设计人员进行，并由独立的第三方进行校核。数值模拟分析结果只能作为一种补充而不能取代经典的分析手段与方法，不宜过分依赖数值分析的结果。

（3）支撑的围檩必须是连续封闭的。

（4）施工监测应该由业主委托独立的第三方承担，而不是由总包委托分包进行。施工监测应该具有丰富经验能胜任的专业公司承担。测得的数据应该与业主和施工总包方同时进行信息共享。业主与总包应该分别指派专业人士对数据进行整理分析，并基于分析的结果对整个深开挖体系的安全性（安全度）做出评价。

（5）在工程参与的各方之间以及各方的内部都要建立畅通的信息传递渠道以实现信息的便捷共享和系统的快速反应。

作者感谢 C828 标段隧道经理 Khor Eng Leong 先生为本章提供了部分信息与资料。

参考文献

[1] COI (2005) , Report of the Committee of Inquiry into the incident at themRT circle line worksite that led to collapse of Nicoll Highway on 20 April 2004[R],ministry ofmanpower, Singapore.

[2] 肖晓春，袁金荣，朱雁飞．新加坡地铁环线 C824 标段失事原因分析（一）——工程总体情况及事故发生过程 [J], 现代隧道技术 ,2009 年第 5 期.

[3] 肖晓春，袁金荣，朱雁飞．新加坡地铁环线 C824 标段失事原因分析（二）——围护体系设计中的错误 [J], 现代隧道技术 ,2009 年第 6 期.

[4] 肖晓春，袁金荣，朱雁飞．新加坡地铁环线 C824 标段失事原因分析（三）——反分析的瑕疵与施工监测不力 [J], 现代隧道技术 ,2010 年第 1 期.

[5] A. J. Whittle, Nicoll Highway Collapse: evaluation of geotechnical factors affecting design of excavation support system[C], International Conference on Deep Excavations 28 ～ 30 June 2006, Singapore.

[6] R. V. Davies, S. T. Poh, Nicoll Highway Collapse: fieldmeasurements and observations[C], International Conference on Deep Excavations 28 ～ 30 June 2006, Singapore.

[7] S. P. Chiew, B. C. Bell Nicoll Highway Collapse – Some structure observations: Part 1 – Strut Waler connection[C], International Conference on Deep Excavations 28 ～ 30 June 2006, Singapore.

[8] B. C. Bell S. P. Chiew, Nicoll Highway Collapse – Some structure observations: Part 2 – Soil Retaining system[C], International Conference on Deep Excavations 28 ～ 30 June 2006, Singapore.

[9] BS5950 Part I: 1990. Structure use of steelwork in buildings: Part I: Code of practice for design in simple welded sections. British Standards Institution, London, UK.

[10] BS5950 Part I: 2000. Structure use of steelwork in buildings: Part I: Code of practice for design – rolled and welded sections. British Standards Institution, London, UK,may 2001.

[11] 肖晓春，袁金荣，朱雁飞．新加坡地铁环线 C824 标段失事后的修复重建（一）——修复方案的比选与确定 [J], 现代隧道技术 ,2010 年第 2 期.

[12] 肖晓春，袁金荣，朱雁飞．新加坡地铁环线 C824 标段失事后的修复重建（二）——修复方案的实施 [J], 现代隧道技术 ,2010 年第 3 期.

[13] L. L. Ong, N. H. Osborne & C. C. Ng, Risk management for bored tunnel sump pit construction in challenging ground condition[C], International Conference on Deep Excavations 28 ～ 30 Dec. 2008, Singapore.

[14] N. H. Osborne, C. C. Ng, Strut omission by observational approach for deep excavation in Singapore using hybrid ground treatment[C], International Conference on Deep Excavations 28 ～ 30 Dec. 2008, Singapore.

[15] L J Endicott, Nicoll highway lessons learnt [C], International Conference on Deep Excavations 28 ～ 30 June 2006, Singapore.

第 2 章　苏联圣彼得堡地铁隧道案例

在隧道建设的历史中，发生过各种各样的工程事故。这些事故多数与复杂的地质条件相关，而且主要是由于地质勘探不详、资料不全所引起。在地质资料较为详细、数据基本准确的条件下，由于线路选择、结构设计、特殊施工技术和运营期隧道维护等多方面的失误而造成重大工程事故的案例却是不多见。苏联圣彼得堡地铁 1 号线的一个区间隧道是属于这种情况的一个罕见案例。该隧道在运营二十年后发生毁灭性的工程事故，最终被迫停运报废。对于事故的原因至今尚未被完全揭示，有研究者指出原因是地壳的断层，或者是地铁运营时产生震动造成的土壤液化所引起[1]。

2.1　工 程 概 况

1995 年 12 月在原苏联圣彼得堡地铁 1 号线（红线）“森林”（Лесная）站和“英勇广场”（Площадь Мужества）站之间（图 2-1）的区间隧道发生了重大事故，导致区间关闭报废。

图 2-1　圣彼得堡地铁线路及事故区间隧道平面位置

这个地铁区间 1975 年开始运行，施工期间就曾发生过巨大的坍塌事故。运营期这段地铁隧道的衬砌缓慢损坏，地下水和软质土不断经由损坏的衬砌流入隧道内，运营单位没有给予有效控制，可能是由于修复代价太高，结果产生了灾难性的事故。非但这一重要路段损失了，而且换乘要通过巴士从具有一定深度的地下车站进行，极大地影响了人们的出行和增加了出行时间。最终被迫用水灌淹了区间隧道，终止列车运行。

2.1.1 地质条件

苏联圣彼得堡地铁的大多数线路处于涅瓦河三角洲以下，其土质为超固结的黏土[2]。但是，地铁红线的一段隧道却穿过一条很深的“冲刷”带——古涅瓦河的河谷（图 2-2），上宽 450m，深 122m[3]。在冲刷带内蕴藏着饱水的细砂，属具有流砂特点的粉质砂土，在它上面覆盖了一层软弱的粉质黏土和莫斯科冰碛层。沿着隧道线路在冲刷带区域的静水压力达到 9 个大气压[3,4]。实际上在 90m 深处有一条流动的地下河[5]。

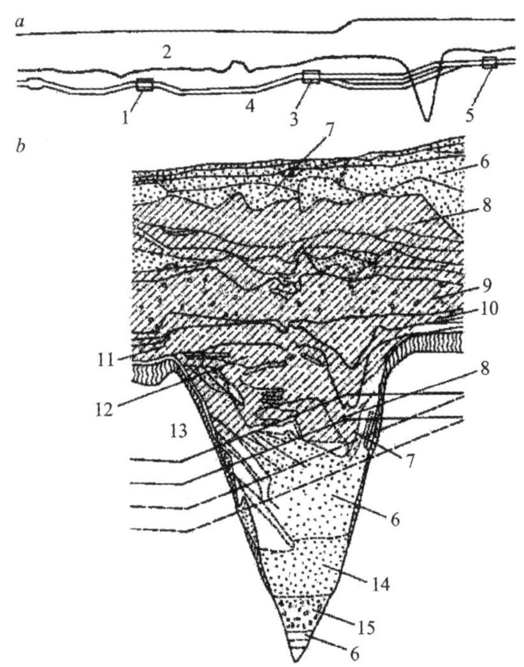

图 2-2 地铁隧道穿越的古涅瓦河河谷

a—线路纵剖面图；*b*—隧道穿越地下河地质条件

1—威堡（Выборгская）站；2—第四纪沉积层；3—“森林”（Лесная）站；4—寒武纪沉积层；5—“英勇广场”（Площадь Мужества）站；6—细砂；7—粉砂；8—砂质黏土；9—卢伽冰碛层；10—带状砂质黏土；11—莫斯科冰碛层；12—层状砂质黏土；13—黏土；14—半砂砾砂层；15—漂砾层

2.1.2 水文地质条件

在 60 ～ 80m 的深度，地铁“森林”站与“英勇广场”站之间的区间隧道穿过了柯特林黏土的冲蚀区域。这是一个古老的对称的河谷，底部是冲积层，河谷表面坡度缓和，中间部分坡度 12°，两旁 22°（图 2-3）。这个河谷顶部宽度 500m，下切 65m。从河谷顶部向下至底部，冲积层表现为粉质砂土、砂和卵石，其厚度分别为 20m、20m 和 25m。从底部向上有 15 ～ 20m 的莫斯科和卢伽黏土，20m 粉质砂土，并有 10m 厚的砂土覆盖冲积层。

如图 2-4 所示，隧道上下重叠从冲蚀区穿过。上线隧道穿过土层有 420m 长，进入和穿出冲蚀区的标高分别为 -40m 和 -50m，下线隧道穿过土层有 380m 长，进入和穿出被水冲垮部分的标高分别为 -50m 和 -45m。在冲蚀区域内，第四纪沉积层中，冰碛层的上方和下方地层缺失；柯特林黏土层下面是格多夫局部地层，其水力与冰碛层下方地层相连接。地下水的变化如表 2-1 所示。

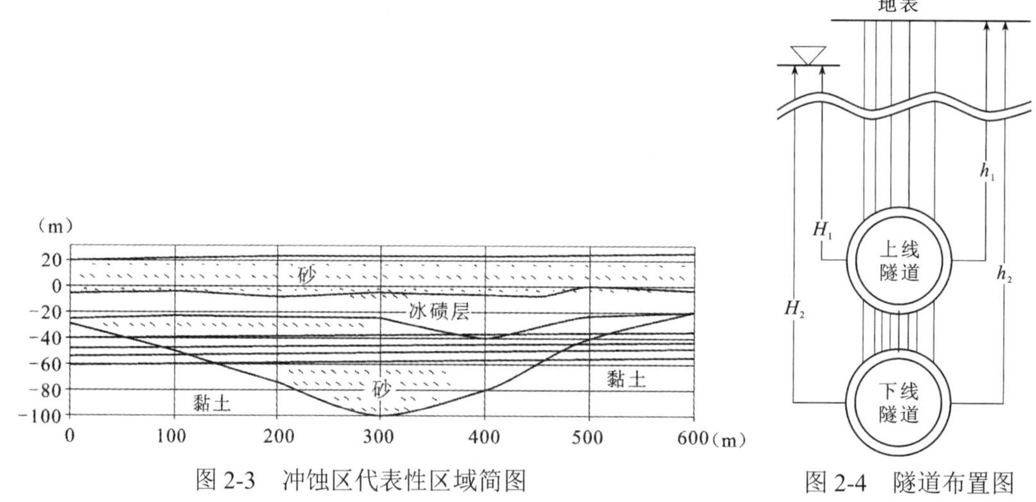

图 2-3　冲蚀区代表性区域简图

图 2-4　隧道布置图

地下水变化情况　**表 2-1**

时期	含水层	水位测点标高（m）	水位标高（m）	水位深度（m）	平均垂直渗透梯度
1990 年之前	冰碛层之上 冰碛层之下	-10 -45	+5 -20	15 35	0.6 向下
1994 ～ 1995 年	冰碛层之上 冰碛层之下	-5 ～ 15 -35 ～ 50	+10 +5	16 15	0.15 向下
1997 年	冰碛层之上 冰碛层之下	+4 -40	+18 +13	2 7	0.12 向下

2.1.3　地铁设计情况

地铁 1 号线从“森林”车站到“英勇广场”车站区间的设计方案是由列宁格勒地铁设计总院（Генпроектировщик-институт Ленметропроект）在 1968 ～ 1969 年间完成的。在这个设计里考虑了三种线路方案[4]：(1) 把隧道深埋到“森林”车站和“英勇广场”车站之间的冲刷带当中；(2) 隧道沿着市区地表浅埋；(3) 把隧道深埋到冲刷带以下，再配置垂直电梯或双级扶梯。方案经过讨论，随之得出以下结论：(1) 如果隧道沿着市区地表浅埋将拆毁很多房屋和搬迁许多工程管线；(2) 如果隧道铺设在冲刷带以下，“森林”车站和“英勇广场”车站的定位将非常困难，同时必须安装双级扶梯和建造地下中继换乘厅。除此之外，在冲刷带下方的土中承压水压力很大。(3) 隧道铺设在冲刷带当中就不存在上述的不足。但是，隧道设施穿过冲刷带是一项复杂的工程，到目前为止在世界隧道工程界中还没有类似的工程经验。隧道线路屡次在不同的技术部门讨论，包括苏联交通建设部，最后在交通建设部通过了隧道穿过冲刷带的方案。苏联交通建设部部长亲自批准了这个方案。除此之外，这个设计方案得到了苏联国家建设委员会的国家总鉴定委员会（Главгосэкспертиза Госстроя）的同意并且在 1970 年得到苏联部长会议决议的批准。

2.1.4 地铁施工情况

工程开始于 1971 年，掘进通过冲刷带的隧道采用地层冻结法加固地层，在地下约 80m 深的地方实施隧道掘进。为了减小冻土的体积，隧道布置成上下重叠的方式。在冲刷带内，上线隧道长 485m，下线隧道长 460m[2,3]。由于要采用冻结法施工，考虑到冻土融化后地基弱化的不利因素，设计了特殊的隧道衬砌结构[3]（图 2-5）。隧道的衬砌设计成多层结构的形式，由外直径 6m 的铸铁管片、管片内部的钢筋混凝土衬砌和金属焊接的内壳组成，金属内壳作为隔水层，其计算承受水压达到 0.4MPa，并安装了排水管以减小水压[4]（图 2-6）。铸铁管片即时拼装，钢筋混凝土二衬滞后 15 ~ 20m 浇筑，隔水钢板锚固在钢筋混凝土内衬上[3]。为了加强隧道纵向刚度，在混凝土内增加了纵向钢筋[6]。

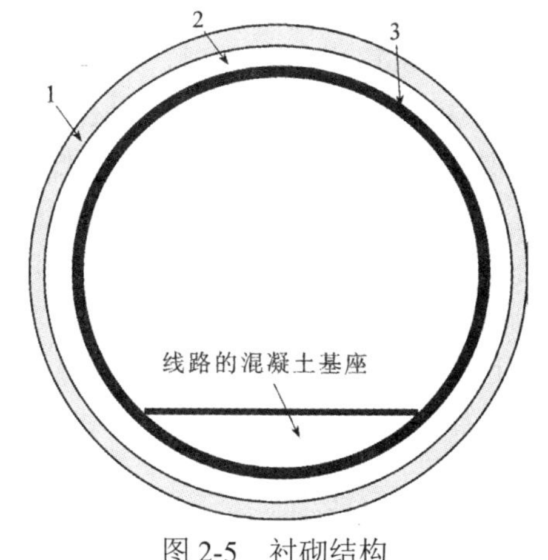

图 2-5 衬砌结构

1—铸铁管片；2—钢筋混凝土二衬；3—隔水钢板

图 2-6 金属隔水层和卸压管

冻结法施工采用地面垂直冻结，在开挖前，沿着隧道钻 6 排冻结孔，沿冻结区外侧孔间距 1.5m，内部孔间距 2m。冻结孔超出下线隧道底板 4.5 ~ 6m。冻土体宽 15 ~ 16m，高达 86m。冻结分段进行，每段长度 20 ~ 30m，每段积极冻结期 2.5 ~ 3 个月，盐水温度 -20 ~ -24℃[3]。

两条隧道同时施工，下线先行，上线隧道滞后 10 ~ 15m，采用盾构机掘进，风镐破土[3]。1974 年 4 月 8 日大约 16:30，在下线隧道打超前探孔时，遇到了未冻区，钻孔开始出水。在 90m 深的地下出现了无法应对的流砂。掌子面开始开裂，接着开始涌水。紧接着上线隧道也发生了流砂突出。由于流砂来势凶猛，隧道的防水闸门也没来得及完全关闭[7]。隧道很快淹没，在6个小时的过程中，两条隧道从工作面到工作井（约600m）都被疏松的砂子填满[1]，流砂体积超过4万m^3，融化了大量的冻土[7]。最终在“森林”站砌筑两垛3m厚的封堵墙才得以控制事故[9]。事故导致地面产生沉降，形成400m×200m凹槽，在流砂突出的中心部位最大沉降达3.5m[3]。在沉降区域内楼房和建筑物都产生了很大的变形，而且其中一部分发生了毁坏。事故发生后采用液氮冻结，在流砂区域设置了15个冷冻站，打了2000个特殊钻孔，冻结管长度350km[8]。这是全世界首次采用液氮进行地层冻结的案例，全国的液氮槽罐列车都开往圣彼得堡[5]。隧道恢复工作直接在水中进行，在-185℃的温度下流砂也没有停止流动，使用了超过8000t的液氮，事故终于得到了成功的控制[5]。当时完成了长达70m的冻土封堵体。1975年继续施工时在清理隧道的过程中揭露隧道破裂的长度达到10m，拱顶沉降达到40cm左右[4]。随后，从隧道另一头（“英勇广场”车站）反向掘进。1975年7月在下线隧道距离第一次流砂突出点100m处发生了第二次流砂突出。然后用压力为0.58MPa的水注满下线隧道，而上线隧道用压力为0.48MPa的压缩空气，以此稳定隧道，并再次采用液氮冻结，最终完成了隧道。

2.2 事故发生与修复过程

2.2.1 事故发生总体过程

1975年12月31日地铁区间投入运营（列车限速在40km/h以下），同时，组织了两条隧道钢筋混凝土衬砌的状态（纵向和横向应力）监测。1976～1983年的监测数据表明：压力的增长几乎停止；下线隧道沉降和变形值趋于稳定；上线隧道的沉降和变形也处于衰减阶段[2,3]。在1982年第二季度进行了专门钻孔观测，包括离施工期破坏的地方很近的钻孔，钻孔表明，人工冻结的冻土体几乎完全解冻，仅仅在上线隧道拱顶上部6～10m以上发现零星的冻土，温度为0～1℃[4]。对于冻土融化后土的物理力学性质发生危险的变化，报告者没有进行评述。继续进行的监测工作也表明，下线隧道的沉降和变形实际上到1983年已经稳定，而上线隧道的沉降和变形正在终止。1983年6月，由于隧道状态稳定，取消了列车限速40km/h[4，10]。

从1975年12月31日投入运营直至1994年，隧道（通过钢板隔水层上的卸压排水管）不断间歇性涌水涌砂（图2-7），涌砂量为20～30dm^3/d。到1994年11～12月，涌水量开始增大，涌砂量达到0.5m^3/d。从1995年2月初水里携带的泥砂剧烈增加，从裂缝的进水达到360m^3/d，并且由于钢筋混凝土二衬和钢板隔水层之间环形空间中水压的升高，造成了内部钢板隔水层的损坏。1995年3月下线隧道钢板隔水层个别地方应力达到极限值，钢板隔水层失去密封性——隧道内涌进大量的水（超过400m^3/d）和泥砂（0.4～1.2m^3/d），9个月内约从隧道清理了120m^3的砂土，而涌入的水达到峰值，即800m^3/d，其中上线隧道100m^3/d，下线隧道700m^3/d。从3月份起，列车限速在40km/h以下，从4月份起，休息日停运，之后，工作日也（提前到）从22时停运。地铁管理部门接受了局部修理钢板隔水层的建议。但是上线隧道继续沉降，在10个月内沉降增长了16cm，其中最后一个月增长了 8cm，最终，最大沉降量达到 30cm，日涌砂量达到 $30m^3$。1995 年 12 月 3 日夜，下线隧道大量涌水，上线隧道急剧下沉，灾难终于发生了。1995 年 12 月 4 日，隧道运营终止[3,4]。1995 年 12 月 10 日紧急状态委员会会议决定，灌淹上部隧道[4]。1995 年 12 月 16 日，下线隧道也封堵灌水。

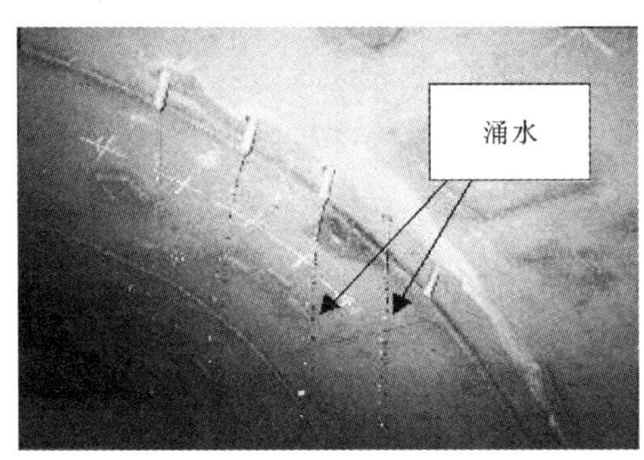

图 2-7 从排水管涌水和隔水钢板涌砂

对这次事故，《列宁格勒真理报》有这样一段描述[5]：……二十年前预先安装的三吨重的钢制防水闸门从两头永久地关闭了圣彼得堡地铁这条繁忙线路的五百米长的区段，再砌上了六米厚的混凝土封堵墙。咆哮的地下水灌满了封闭的区段，导致事故区域上覆土层的巨大沉降，综合技术大街和“红色十月”厂区的民宅和厂房遭到破坏。掉入地坑的汽车，布满裂缝的房子，滚滚而上的地下水……很遗憾就像根据 1974 年这里的事故拍摄的故事片“溃决”（Прорыв）中预言的那样……

1995 年 12 月 21 日局势基本稳定，地面上大部分监测点的垂直位移都停止了或趋向稳定。最终地面最大沉降达到 90cm 左右，沉降超过 20mm 的变形区域沿着隧道轴线长 250m、宽大约 220m，总面积大约 $45200m^2$[4]。

从此以后，地铁红线被一分为二，每天超过 50 万人的长期客流要在“森林”站或“英勇广场”站转乘免费公共汽车越过被关闭的地铁段，然后再下到另一侧的地铁线继续他们的行程。

2.2.2 隧道结构破坏过程的监测与分析

从 1993 年开始，圣彼得堡技术诊断与无损检测研究所（Институт“ДИМЕНСтест”）（以下简称“ДИМЕНСтест 检测所”或“检测所”）进行了一系列检测。

“ДИМЕНСтест”检测所的工作人员，在一系列地铁段铺设了枕木探测器，屡次非正式地通过维护部门把对地铁的工程技术环节的注意力转移到区间隧道的破坏征兆上来：由于隔水钢板和混凝土的开裂产生的“声发射”。检测所主要的专家都进行了重大的实验，研究专业用途的地下结构，参与并处理调查了紧急情况，这些专家都是建筑材料方面的专家。由于坚硬物体应力应变状态的变化是“声发射”的原因，对检测所而言立刻进行这个过程的研究的意义是显而易见的。检测所建议开展衬砌应力状态评估，但遭到了拒绝。致使正式上报观测到的现象反映的危险性就缺乏法律依据。

从 1994 年 12 月开始根据隧道结构维护部门的观测，隧道下部带有泥沙的涌水量开始增加。从 1995 年 2 月水里携带的泥沙剧烈增加。沿着上线隧道事发路段 12m 长的距离产生了携带泥沙水涌出，而在其中一个里程碑邻接的管片出现了焊缝开裂，从裂缝进入的水达到 $360m^3$/ 昼夜。

在 1995 年 3 月开始出现“意外”的情况——隔水钢板层失去密封性，伴随着很大的进水（超过 $400m^3$/ 昼夜）和泥沙（0.4 ～ $1.2m^3$/ 昼夜）。当然，地铁管理部门接受了局部修理隔水钢板段的建议。

恢复隔水钢板密封性的作业由承包商“隧道支队”进行，按照苏联圣彼得堡科研设计勘察研究院“Ленметрогипротранс”的方案施工。设计方案的本质是将隔水钢板锚固在混凝土上。

直到 1995 年 3 月 24 日“ДИМЕНСтест”检测所才被正式邀请开始隧道结构技术状态评估工作，签订了合同。

为了展开调查，“ДИМЕНСтест”检测所应用了工程结构的综合诊断方法，这个方法是在苏联国防部工作人员多年研究专业设施的经验基础上建立的。这个方法是与俄罗斯联邦建设部基地中心——俄罗斯国企混凝土结构工艺公司相一致的。考虑到检查对象的实际特征和技术诊断周期，主要包括以下几点：

（1）脉冲振动试验；

（2）红外线观测；

（3）评价隔水钢板应力状态的拓扑学参数；

（4）钢筋混凝土结构的微震动探伤；

（5）隔水钢板厚度的超声波检测；

（6）建立高程和平面控制测量的标准体系；

（7）专业化的立体摄影测量学观测。

除此之外，还要进行地下基础试样的实验室研究（采用隧道内部的试样）并且制作模拟隧道结构工作的数学模型，模型考虑了材料的真实的物理机械性能和结构的空间状态。

振动脉冲检查第一次在隧道基础的地铁诊断中得到应用：在隧道基础部分，介质的强度下降了很多（两倍）。这个区域中心的坐标与 1974 年施工中土体涌入的坐标一致。注意到在得出结果之前检测所并未被告知早先土体涌入的位置。

技术人员用电磁测量仪器（图 2-8*a*）来量测构件应力，并且第一次在地铁设施的技术诊断中使用专门的软件建立了隔水钢板内部的应力场曲线图，找出了第二条隧道线路里长度为 70m 最危险的一段，并可以看到危险区域结构的受力情况。最后可以确定导致衬砌连续性破坏最危险的部位。

检测中第一次在地铁设施的技术诊断中采用的热成像（图 2-8*b*）检测方法指出了隐藏在隔水钢板背后的部分水流（在隔水钢板表面没有缺口）（图 2-9）。这样的检测信息对于排水以及选择部位进行局部加固是有帮助的。

标准的勘探方法被用来验证地铁信息系统部门和承包商“ГИРО”公司（建筑设计）观测的结果，以避免发生严重失误。而“ДИМЕНСтест”检测所采用自己特有的方法来分析勘测结果很快就找到了第二条隧道线路中特别危险的一段，这用标准的数据分析方法是不可能做出来的。地铁部门使用仪器对上下两个隧道进行了定期的隧道观测，观测是严格的，然而对观测结果的分析方法却无法让工作人员发现危险的趋势。基于日益恶化的状况，观测逐步加强：1995 年 3 月以来，每月一次，1995 年 7 月开始，两个星期观测一次，9 月底开始，每周一次，从 11 月底实现了每天观测。

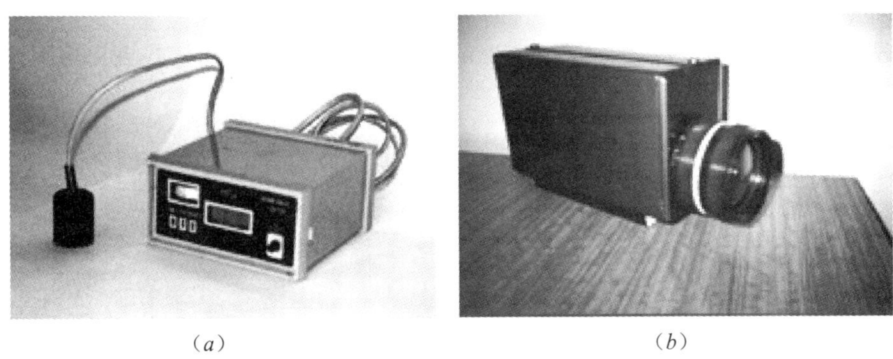

（*a*）　　（*b*）

图 2-8 隧道测量仪器

（*a*）电磁仪；（*b*）热像仪

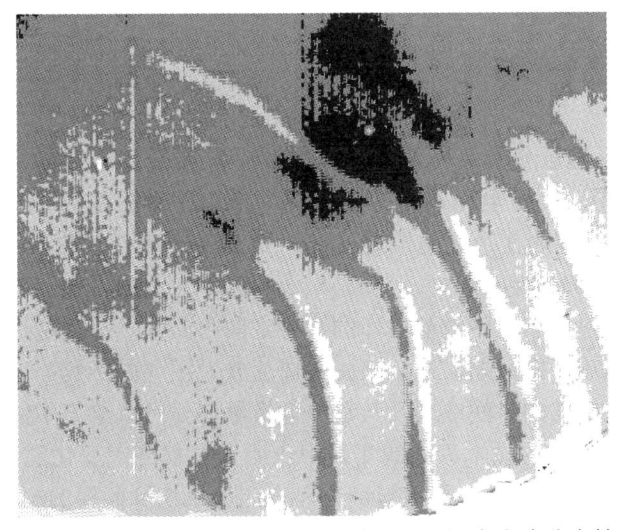

图 2-9 热成像法观测到的某段隧道隔水钢板内水流分布情况

如图 2-10 所示，相邻观测点的平面上的位移与高程上的位移都有明显不同，这说明部分管片之间有错位。如果这种类型的分析写入工作条例并且定期进行，那么发生的事故就不难预测了。但是在运营机构有关指导的操作细则里并不包括这部分内容。

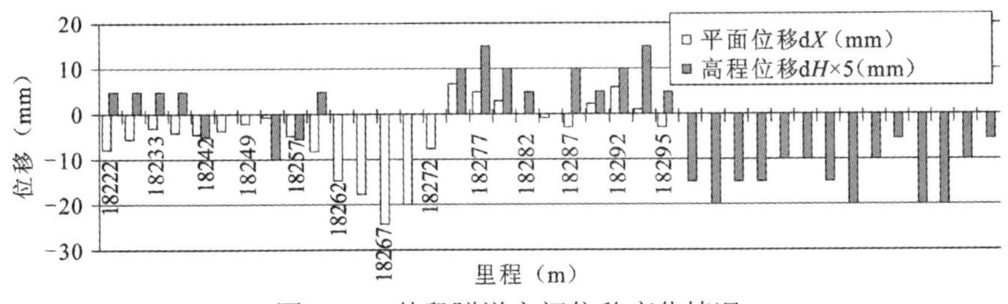

图 2-10 某段隧道空间位移变化情况

施工单位制定的指导文件的不足是很明显的，他们仅仅分析隧道变形发展过程中的绝对参数，而不研究隧道变形发展速率情况，分析隧道变形发展过程中的绝对参数是很难发现隧道衬砌变形情况的。如图2-11所示为隧道ПК182+99.98截面1994年12月1日以后超限变形发展状况曲线图，表面上来看，位移曲线的增长是比较均匀的，但是不能直观地表现出随着时间发展隧道变形的快慢，也无法根据曲线找到出现事故具体的时间。

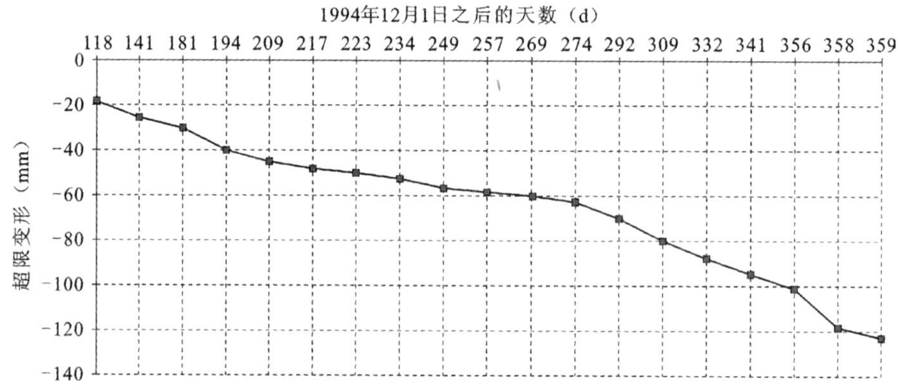

图2-11　隧道ПК182+99.98截面1994年12月1日以后超限变形发展状况原始监测数据曲线图

然而，绝对变形增量分析是不够的，而需要进行其变化速度的分析。图2-11所示为原始监测数据曲线图，其横坐标不是等间距的，掩盖了变形的发展速度。重新绘制曲线（图2-12）可发现，后期的变形是急剧加速的。从变形速度曲线图显而易见，破坏时变形是急剧爆发的，如图2-13所示。

特别是，早在承包商承认隧道被破坏的事实之前，而非“只是隧道简单的变形”，检测所已经指出了“小灾难”的日期，这从该图的局部放大图（图2-14）中已经可以看出来。

由图可见，测量数据的时间序列及其趋势分析早在6月就给出了结构损毁的准确时间。同时也是首次在地铁结构的技术诊断的实践中查明了高程测点变化的“振荡”特征。不幸的是，根据1995年6月的调查结果承包商并没有充分认识到问题的严重性，而在事故发生后，试图宣布当时的数据“不具体”。

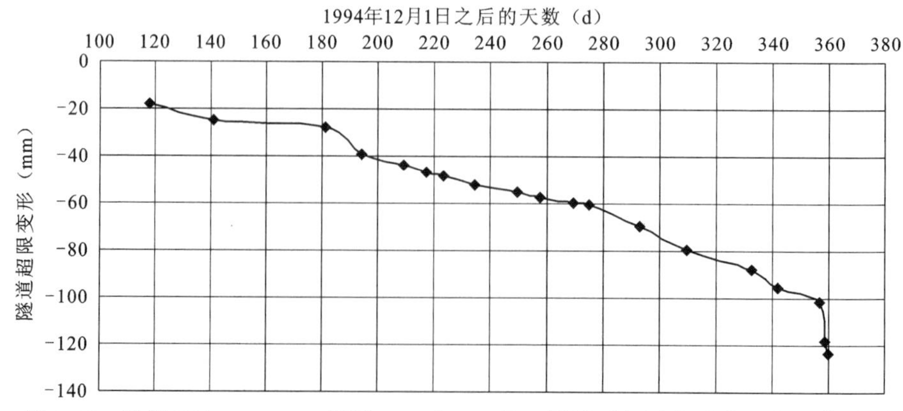

图2-12　隧道ПК182+99.98截面1994年12月1日以后超限变形发展状况曲线图

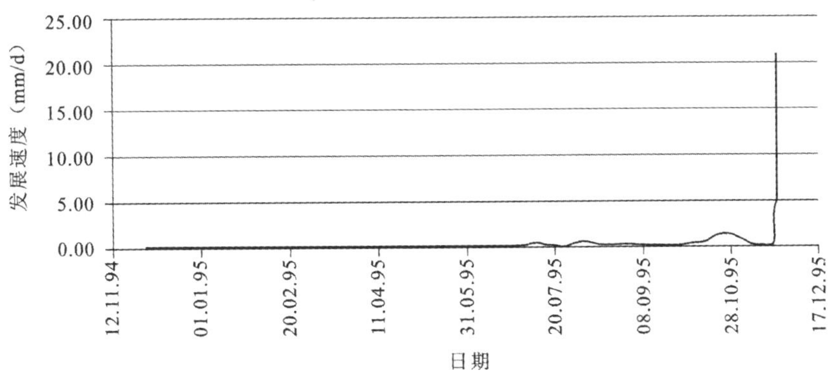

图 2-13 隧道某截面超限变形发展速度曲线图（1995 年 11 月 25 日）

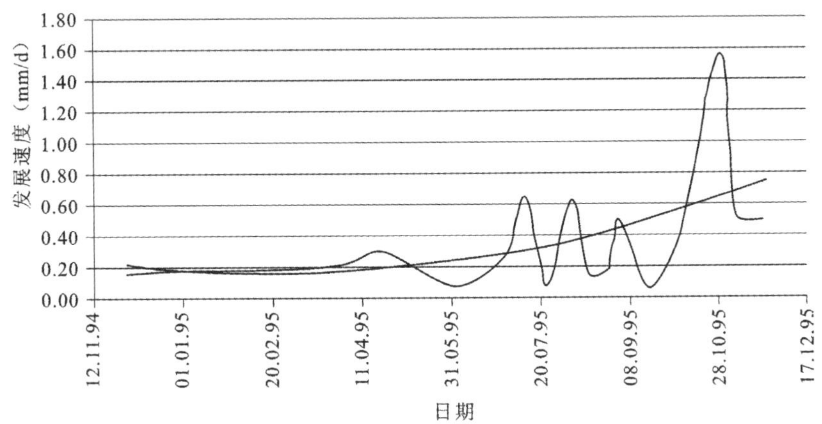

图 2-14 隧道某截面超限变形发展速度局部放大曲线图（1995 年 11 月 24 日）

对隧道复杂的条件有很好的适用性的立体摄影测量学，第一次在地铁设施的技术诊断实践中得到应用（图 2-15），采用这种手段可以获取每个站点空间位置的有关信息的变化并作为下一阶段系统观测的基本数据。正是得益于立体摄影，早在 8 月就记录到了相邻的铸铁管片区段之间相反方向的转动。

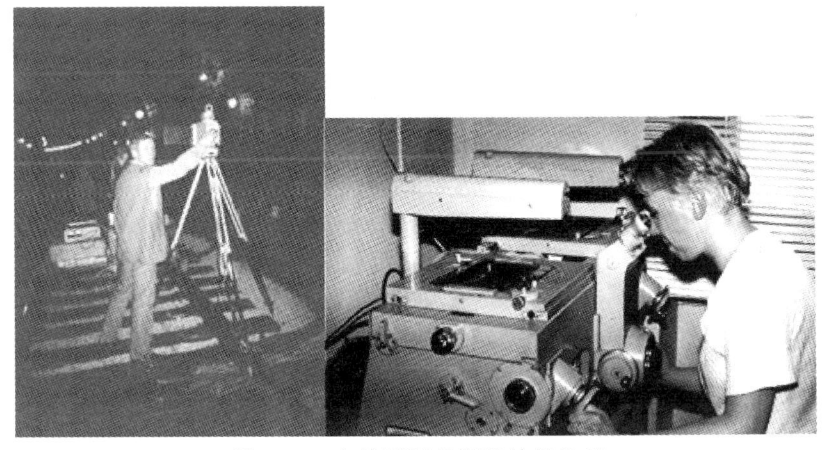

图 2-15 立体摄影观测及结果处理

实验室观测给出了隧道周围介质环境的物理和化学性质情况的资料，特别是环境中的水是否具有腐蚀性。他们用一个专门开发的数学软件分析了所有的实验结果，可以模拟设计方案中的任何变化引起结构的反应，比如工程地质条件改变，隧道缺陷的发展等。检测所通过对下线隧道研究结果发现，隧道结构方案可以确保在初始（设计时期的）地质条件下有 5 ～ 7 倍的强度储备。

在分析隧道结构技术状态变化的原因时，甚至研究了一些“奇特”的工况，例如，用砂层替换钢筋混凝土套衬、钢筋断裂、强度计算中不考虑隔水钢板等。但是，除了土壤基础的刚度减小，任何一个因素都没有降低结构的承载能力。因此，责难地铁运营商和地铁建设方没有建立防灾条件的企图变得毫无根据。结果表明，实际上隧道技术状态危险性变化的唯一原因是多年的“有组织排水”制度的实施而引起地基土刚度的减小。在考虑实验数据的运行仿真模拟的基础上，检测所提出了一套紧急修复隧道的方案，以确保隧道空间的稳定，其中，为了加固隔水钢板，在第 120 区段加强下部衬砌，锚固了厚度为 8 ～ 20mm 的附加钢板，同时为了抑制地下水涌入隧道在隔水钢板背后进行注浆。在一份检测所的研究报告正式提出来的时候隧道的技术状态已经被承认是事故临头了。检测所的保障隧道状态暂时稳定的建议如果得到及时实施（离事故形势开始恶化还剩下 2 个月），则可赢得足够的时间（若干年）来彻底恢复隧道运行状态达到应有水平。最重要的结果是确定了第二条隧道线路以最大下沉量 90mm 为变形临界危险状态。这个数字本身不太大，但是如果考虑到跨度及其挠曲，它在实际意义上是危险的。这一结果受到了人们的质疑，因为这一结果预测了结构的脆性破坏是在 1995 年 8 月上旬开始的。这种“不信任”促进了承包商“ГИРО”公司完成了地下隧道高度变化的监测，由观察得出结论：第二条隧道线路沉降变化趋于稳定。

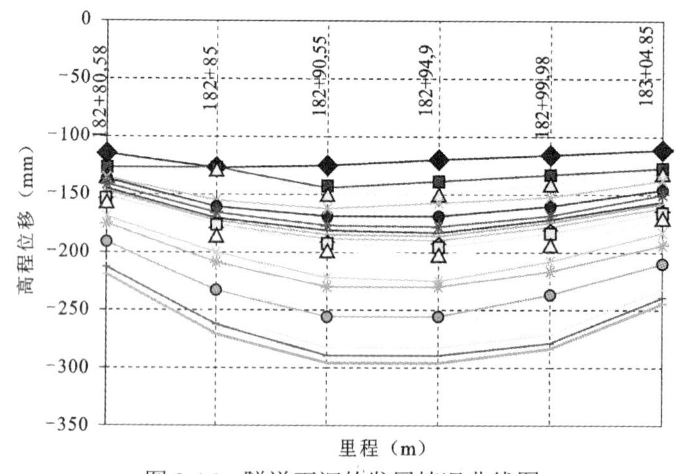

图 2-16　隧道下沉的发展情况曲线图

此外，为了反驳检测所的结论，一些高级专家断定，在圣彼得堡地铁其他地段形变更大（垂直下沉挠度达到半米），在巴库和基辅地铁中那样的情况也持续了多年，但是并没有导致事故。按照 ЦНИИС（交通建设科学研究所）实验的结论，应力传感器的指标像以前一样，处于安全范围之内。这使得人们对检测所得到的应力场分布图感到疑问，没有人可以说明，隧道衬砌结构中的应力监测系统的传感器的不合理布置会影响到观测结果的可靠性，包括在运营阶段以及隧道工作的最后阶段。

隧道紧急情况的开始日期的评估可能不只是通过趋势分析，还包括以下方面。截至1995年6月，第二条隧道每个月下沉量为10mm。截至6月底，隧道总下沉量为70mm。这样下来，隧道变形要达到90mm，按照这样的速度算起来可变形的时间仅剩下两个月了。这样预测的精确度可以达到一周。

同时，按照地铁建设部（ДСМ）领导的要求检测所完成了一系列的辅助工作。特别是，为了建立隔水钢板和隧道衬砌的锚固连接件，由检测所自费在圣彼得堡的企业加工，同时与地铁施工单位СМУ-10合作进行连接板试验。第一批连接板样品被调运到圣彼得堡科研设计勘察研究院（Ленметрогипротранс）的隧道结构部和总经理处。开发连接件的价格比“Hilty”公司产品便宜两倍，机械特性不比“Hilty”公司的产品差，而个别指标甚至更好。生产出的连接板不需改装即可用于在必要的场合进行空间摄影监测。如果产品大量使用，可获得巨大经济效益，还可降低运输和存储成本。然而，尽管地铁部门的财政状况十分紧张，检测所的提议并没有得到支持，而采购了“Hilty”公司的连接板，而检测所的试验研究只剩下“积极性”了。

从1995年7月该隧道勘察的合同到期。因此，1995年7月7号“ДИМЕНСтест”检测所建议地铁建设部（ДСМ）继续进行两条隧道的综合调查工作。对于隧道全面调查，因地铁建设部财政能力不足而没有达成协议。地铁建设部建议检测所同圣彼得堡科研设计勘察研究院“Ленметрогипротранс”签署合作协议。检测所不止一次向圣彼得堡科研设计勘察研究院递交了全面调查隧道的协议草案。不过，这些提议未被接受。停顿时期一直持续到8月底。结果，合同并没有得到延续。

按照地铁副总裁（总工程师）个人的要求及建设部部长关于延续合作关系的承诺，“ДИМЕНСтест”检测所一直主动地继续研究该区段隧道的技术状况。通过对1995年7月～8月的实验数据的处理后获得的评估结论指出了隧道灾难性变形的最初迹象（参见隧道超限变形发展速度的曲线图）。第二条隧道的仿真模拟和追加调查成了迫切的问题，这是很高强度和艰巨的任务。因此，检测所几乎完全搁置了其他方面的工作，集中所有的财政资源，以确保地铁任务的完成。此外，在圣彼得堡科研设计勘察研究院的会议上，检测所不止一次提出对第一条隧道下半部进行加固以及对两隧道进行全面的调查的必要性。但是，按照圣彼得堡科研设计勘察研究院专家的意见，隧道的变形情况不能算作危险。因此，提出的解决方案被全面拒绝了。地铁建设部大概被迫同意了这个隧道领域的权威机构——圣彼得堡科研设计勘察研究院的意见。

“ДИМЕНСтест”检测所在1995年8月上旬依然没有充足的法律依据（合同关系）来正式提出有关事故情况的发展和关闭地铁运营等方面的问题。随着研究的深入，检测所的专家发现了越来越多的在区间隧道早先的设计、建设和运营阶段中没解决的科学和技术问题，弄清了两条隧道相互作用的情况。因此，在1995年8月25日检测所提交了合同，并在11月得到了签订。合同内容包括：第二条隧道隔水钢板应力状态评估；列车对冲蚀区隧道结构的振动作用研究。研究的需要出于众多的原因。首先，在制定那样的任务之前没有研究过列车振动作用下黏性介质（粉质砂流砂）中的隧道的位移问题。第二，最大变形发生在区段的中部，这个部位有几个并发因素，其中包括：（1）绝缘的轨道接头：由于车轮振动的影响，车轮的冲击荷载，传递到道床，也即传到隧道结构上，增大了十倍；（2）恰好为隧道联络通道位置，以及地层薄弱区的中心处。第三，从未进行过隧道与车辆相互作用的理论和实验研究，这些隧道处于世界上独一无二的地质条件中。从而，也不存在类似条件下的设计参考建议。为了完成这些研究，检测所在上层隧道采用了一套测量隔水钢板应力状况的系统，开发和生产了可以移动的测量隧道和铁轨振动特性的实验装置，并完成了其在真实条件下的测试。

通过阻尼单元建立的列车与隧道衬砌及土壤的动态相互作用模型成为最重要的成果。已经发现了一些表征隧道下方“湖”（地层薄弱区）的形成的因素。在隧道从冲蚀区“河岸”出来的区域，对上下两条隧道的隔水钢板的应力状态的第一批评估成果揭示了这些部分的衬砌全部接近了极限状态。对事件发生的隧道区段开发了一个精确的隧道仿真模型并额外地安装了空间摄影监控设施。

这个区段下线隧道长70m，这里流水流砂最严重，并出现了最大的变形。早在1995年7月7日，在圣彼得堡地铁总裁的一个技术会议上，根据“ДИМЕНСтест”检测所的建议，这段隧道被选用于隧道整治工作。这个建议是基于下线隧道的调查结果提出来的。选择这个区段没有遭到反对，因为那里纪录到了长期增大的进水、粉砂和细砂的流砂涌入。

在相同里程的上线隧道，变形更大，但没有涌水和流砂进入。由于缺乏资金它的修复晚些时候展开。圣彼得堡科研设计勘察研究院修改完善了检测所的建议，终于在9月份推出了采用局部钢板加固隧道下半部的设计方案。

修复工作由“隧道支队”在夜间列车停运时完成。从1995年9月开始，休息日列车停止运营，然后从1995年12月4日开始完全封闭区间线路，因为安装锚固工作时间只是安排在夜间和周末是不够的。采用了聚合物来填充衬砌的空隙，这项工作由“Геострой”公司来完成。

事故修复工作包括：

（1）将铁轨（包括接触轨）及枕木与修复隧道分离；

（2）切割混凝土；

（3）查找并补焊损坏的隔水钢板焊缝；

（4）钻孔安装锚杆、焊接；

（5）隔水钢板壁后注浆防水；

（6）贴焊钢板加固隔水板；

（7）用碎石填充枕木槽；

（8）恢复轨道；

（9）监测隧道的当前状态；

（10）清理混凝土碎渣和进入隧道的水和砂；

（11）外运废杂物。

2.2.3 采取措施

在 12 月 10 日到 13 日，圣彼得堡的科研单位，学院和设计单位的地下工程领域的专家召开了会议，讨论了在“森林”车站和“英勇广场”车站之间的地铁区间隧道出现的事故。研究过程中提出的意见概括为以下几点：

（1）施工阶段在出现事故的隧道排出了 44000m^3 的土体，不确定的松散区域的形成导致了在土体中产生一个无法预料的长期的发展过程，该过程伴随着地下水压力梯度的变化，土体中应力的转移和变化，造成松散区域体积的增大，冻土体的解冻，土体的蠕变和应力松弛。

（2）淹没上线隧道是随之必须要考虑的方法，因为水淹将使得流动的砂土和水在隧道内封止，避免以后出现突然性变化，如隧道断裂、地表发生过大沉降而使地面建筑物发生破坏。（这个结论是检测所基于 1995 年 6 月之前的科研工作总体报告中直接提出的建议。）

（3）在下线隧道，目前的进水没有携带流砂，应当进行隧道结构加固并阻止进水。所有这些作业的同时都应加强监测，包括隧道的沉降，应力应变状态，出水动态，同时观测地表沉降和地下水位。这些观测最少应该每天进行一次。

（4）第 2、3 项集中论述了“隧道 - 土体”系统的稳定。在以后为了能够继续运营还应进行隧道周围土体的加固和考虑列车动力影响而进行隧道结构的加固。

与此同时，按照市长的提议，针对事故段，圣彼得堡科研设计勘察研究院“Ленметрогипротранс”和法国“Солетанш”公司举行了会晤，这家法国公司专门从事土体加固和防水等作业。按照地铁建设部的指示在会议上“ДИМЕНСтест”检测所汇报了已完成工作的主要结果、研究方法原理，其中包括国外专家不熟悉的考虑综合有效诊断数据的仿真模型的识别方法，电磁检测结构应力状态的方法，以及保证紧急修复工程安全的措施的建议。“Солетанш”公司的专家承认了工作的有效性和在紧急事故中采取措施的正确性。

由于事故，在 1995 年 12 月 10 日的紧急状况委员会的会议上通过了关于淹没上部隧道的决定。市政部门为地表沉降准备采取行动。采取以下措施：

（1）经常性的观测地表沉降和绘制变形发展平面图；

（2）从综合技术大街分流交通；

（3）在事故区域关闭市政管线；

（4）连续测量观测危险的构筑物——高楼大厦，车间，工厂锅炉房的管道；

（5）探测通行隧道下方土体；

（6）在沉陷较大的区域，转移设备和金属物品；

（7）估计共同沟可能的变形。

2.2.4 事故后

由于采取在冲刷段淹没隧道，使用闸门和封堵墙把事故段从运行的“基罗辅”站—“威堡”站（Кировско-Выборгской）地铁线路中隔离出来，清理经过破损的混凝土和从金属结构渗漏进来的水，在 1995 年 12 月 21 日，出现了局势稳定的征兆，地表的垂直位移大部分都停止或趋向稳定。

随后进行了建筑物和交通线的调查，确定其破坏程度和进行必要的维修。

开放线路北方段从“九号电影院”（Девяткино）站到“英勇广场”（Площадь Мужества）站之间的运行定在 1995 年 12 月 25 日。1996 年 1 月“森林”（Лесная）站的施工完成（图 2-17），从“列宁广场”（Пл. Ленина）站到“森林”站之间的线路可以开始通行。

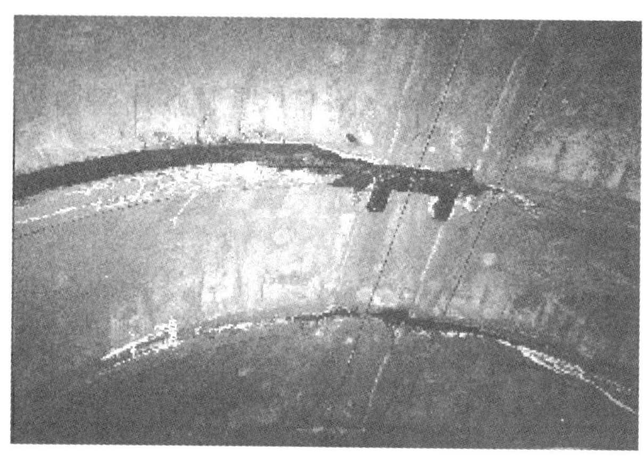

图 2-17　修复后的隧道

2.3　事故原因分析

对于事故的原因无疑是多方面的，从线路规划到施工方案、运营管理都埋下了最终导致区间关闭的种种祸根，其中既有技术原因也有人为因素。

2.3.1　规划和施工决策中的政治因素

就线路规划而言，采纳了不合理的线路。穿越深层地下河的方案是施工难度最大的，之所以被选中是因为该方案工期短，如果在重大日子前交工，隧道掘进者就可以获得奖励，当时的重大日子是苏共第二十五届代表大会。其他两个提出的方案明显是欠合理的，是为了转移视线和陪衬意向的方案。其实可供选择的设计方案并没全部考虑到。例如，安全的加长线路的“地下河下”方案；用一个车站代替“英勇广场”和“综合技术”两个车站；或者平缓提升隧道，用大圆环线路绕过危险地带，并增加一个地铁站[5]。

1974 年隧道淹没后马上开始研究修复方案。当时提出比选的方案有三个[9]：（1）沿原线路在塌陷区上方布置隧道；（2）沿原线路在塌陷区下方布置隧道；（3）沿原隧道继续前进。方案（1）和（2）存在与早先比选的区间隧道三条线路的第（2）和第（3）方案存在的同样的问题，而且现在的第（2）方案还有与建成线路对接难度大的问题。更重要的是，这两个方案都同样存在上述的政治问题。因此，决定采用第（3）方案——沿原隧道继续前进，这样既可以节省时间又可以不浪费已建成的隧道。为了达到政治上的需求，其他可能的方案都不考虑了。

可见，受政治影响的人为因素导致了不正确的决策，这种现象是值得人们引以为戒的。

2.3.2 冻结法的问题

隧道穿越地下河段掘进采用冻结法这无疑是正确的，但是却忽略了一些冻结法相关的特殊问题，致使冻结方案存在一些缺陷。

（1）地质条件

首先，对采用冻结法必须考虑的地质条件认识不清。地下水流动和地层含盐均可对冻结效果带来重大影响。事故地段处于地下河之中，但地下水流动的情况并未掌握。同时，事故地点位于芬兰湾沿岸，有地层含盐量大的可能性，但缺乏相关资料。过大的地下水流速可以导致冻土帷幕无法封闭；较高的含盐量将使得土壤结冰温度降低、冻土帷幕厚度减小、冻土力学性能大幅度降低。在这种条件下采用常规的冻结方案施工，风险是很大的，必须采取专门对策。

（2）冻结参数

冻结孔间距偏大、盐水温度偏高。在冻结孔间距 1.5 ～ 2.0m 和盐水温度 -20 ～ -24℃的参数下，冻土温度只达到 -10 ～ -12℃ [9, 10]，冻结强度已经不高，如果出现地下水流动或地层含盐问题，则冻结效果无法保证。

（3）冻土融沉问题

土壤冻融后结构发生变化、承载力降低，冻土融化后发生沉降是常见的现象。地基的沉降带动隧道结构纵向受弯变形，导致结构损坏漏水，是最终灾难发生的重要直接原因之一。技术方案考虑了冻土融沉这一问题，但仅仅在隧道结构上做了工作，而在地层加固方案未采取任何措施。如果施工后甚至施工前对地基进行加固，或许灾难可以避免。

2.3.3 衬砌结构问题

虽然考虑冻土融沉问题设计了特殊的隧道结构，但事实证明设计考虑是不充分的。

由铸铁管片、钢筋混凝土内衬和密封隔水钢板三层组成的衬砌结构，似乎已是铁壁铜墙了。然而隔水层的设计承受水压为 0.4MPa，显然没有考虑埋深处的全部水压而是仅考虑部分渗压。

1995 年经过专家研究确认，在外部铸铁衬砌出现开口裂缝，而内部的大约 70％的钢筋混凝土衬砌有过大的裂缝和剥落，致使内层隔水钢板上静水压力达到 0.7MPa，这远远超出了内层隔水钢板的设计容许限度 0.4MPa[3]。在 0.7MPa 压力的作用下，内部焊接钢板隔水层出现了变形。虽已进行了加固修复工作，但仍不能承受如此高压。为了保护钢板隔水层避免在高压下继续变形破坏，通过不断的排水来控制水压的继续高涨。这一措施显然加速了事故隐患的发展，因为隧道周围的土层随着排水不断流失，使支承隧道的土的承载能力受损，加剧了隧道的沉降和变形。

2.3.4 地基稳定性问题

由于隧道施工期间发生的事故，地基地层遭受了剧烈扰动，地基的承载力和稳定性受到了严重折损。然而，对此没有充分认识，从而未采取任何主动的地基加固措施。

冻土自然解冻周期漫长，解冻后的土体性质将会发生承载力下降、液化可能性增大、透水性提高等一系列有害变化。冻土自然解冻过程持续了7年，在冻土彻底融解之前，隧道的稳定性或许在一定程度上得益于冻土的保护，表面上看隧道的变形逐渐趋于稳定。没有人意识到，冻土彻底融解之后，地基性质会发生恶化，因此没有对冻融地层采取有效的恢复性加固。

2.3.5 列车动载的问题

在运行期间，列车对衬砌有动力影响并且列车经过时对土体有扰动，上线隧道列车动载对下线隧道有害，从而使已经不稳定的饱和地基产生液化[9]，上线和下线隧道的支撑土体刚度下降过大，这是冲刷带内地铁隧道终止使用的基本原因。这样不可避免地导致结构最终破坏，并且不能将隧道修复到符合运行标准的程度。

1975年12月31日地铁区间投入运营后列车行驶速度一直控制在40km/h以下。1983年6月，由于认为隧道状态稳定，取消了列车限速40km/h[4,10]。隧道地基在施工期的透水事故中受到巨大扰动，冻土融化后土体易于液化，取消限速后的列车动载可能加速了土层液化，这也是导致隧道产生巨大沉降的重要原因。

2.3.6 地面监测方面的问题

曾经有公司提出要对地表进行全面专门的监控，但是方案并没有被官方采纳。因而，在线路的掘进过程中，没有对工厂车间厂房和其他建筑物的空间位置改变进行观测，使事故区域出现的危险趋势没有被及时发现。

2.3.7 结论

圣彼得堡地铁1号线“森林”站～“英勇广场”站区间隧道终止运行事件的原因是多方面的，但其根本原因或许可以归结为人们对隧道穿越地下河的困难估计不足，对不利地质条件的危害性认识不充分。这导致了线路选择不合理、冻结法加固方案不完善、隧道衬砌结构设计不足等方案性失误。在运营期，由于对剧烈扰动地层和冻融后地基性质，以及列车动载作用缺乏充分认识，导致车辆运行速度控制不当造成地基液化、过量排水引起地基土流失造成地基失稳。

2.4 修复方案

1995年“基罗辅”站～“威堡”站地铁线路在圣彼得堡市的运行中断从本质上影响了地铁的职能，无论是保证客流，还是运营段的技术维护。由于上述原因，恢复“基罗辅”站～“威堡”站地铁线路的连接成为迫切的任务。各种不同科技水平的提案立即出现在不同的单位。有些出自单位或个人的方案，缺陷在于缺乏客观的信息，这些方案要么是关于事故区域的工程地质条件不了解，要么是结构破坏的真实原因没有调查清楚。某些想法坦白说是荒谬的，一个典型例子如图2-18所示，为了“固定”隧道而装置链条（斜拉桥的形式）的方案被提出。

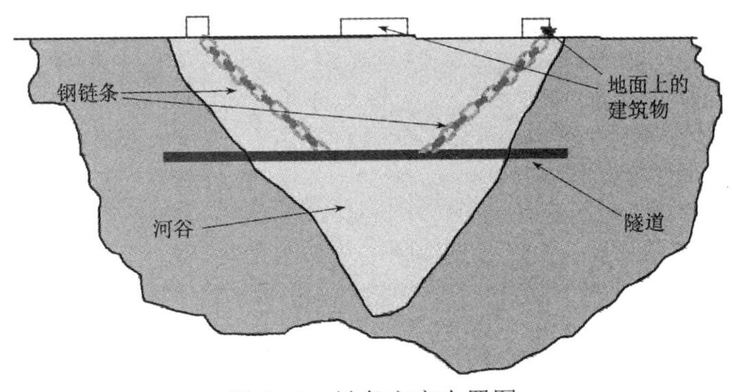

图 2-18 链条方案布置图

2.4.1 圣彼得堡技术诊断与无损检测研究所的三种恢复方案

1. 方案一

建立一个具有两个支撑，长度为 80 ～ 100m 的特殊的地下桥梁是完成任务可能的方案形式之一（图 2-19）。为了消除隧道周围土体的物理力学特性对隧道运输能力的影响，通过两个附加的支撑把垂直荷载传递到冲蚀区的底部（古盆底）元古代的坚硬的带裂隙的黏土地层中。

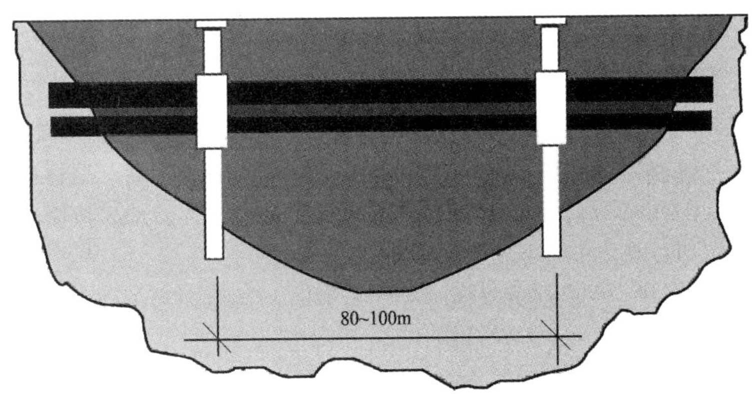

图 2-19 方案一布置图

考虑到掘进作业的工艺（首先必须冻结土体）和对隧道偏差的要求，“地下桥的跨越结构”，也就是重新建造的支撑之间的隧道跨中段，应该保证已经存在的隧道的布局（第一条线路放置在第二条上面），线路之间沿着竖直方向保持一定的距离。按照这个方案，两个类型的跨中段隧道的横截面在技术上能够实现（图 2-20*a*、*b*）。

第一种类型（图 2-20*a*）考虑增加衬砌的外径及厚度，通过整体的（整体的或间断的）钢筋混凝土腹板把上面和下面线路的衬砌联合成一个统一的整体。

第二种类型（图 2-20*b*）考虑把上面和下面线路放置在一个统一的卵形的带有水平方向密闭体的衬砌内。

而原先的隧道，隧道之间没有坚硬的连接将隧道联系起来（图 2-20*c*）。

作为实现第一种钢筋混凝土截面类型的例子，重新修建的隧道跨中部分（也就是支撑之间），在和支撑铰接的情况下，衬砌计算已完成，计算结果显示，在外径增大的情况下（内径为 6.0m 的条件下），依靠间断的腹板把它们连接在梁连接系统（图 2-20*a*）里，隧道的承载能力和密封性在不考虑土壤基础的情况下满足要求。显然，考虑很弱的土壤基础实际上提高了隧道段自身的承载能力。

给非专业人士解释一下。取出一根很细的枝条并尝试把它弄弯，再取两根枝条并尝试把它们同时弄弯，比较一下二者的难易程度，然后再把这些细枝一根放在另一根上面，用绝缘胶带沿着所有长度把它们绑在一起，像图 2-21（*a*）或者图 2-21（*b*）一样。再尝试使“结构”弯曲，对比沿着宽的方向（图 2-21*a*）和沿着窄的方向（图 2-21*b*）。可以看到，沿窄的方向弯曲要更困难。

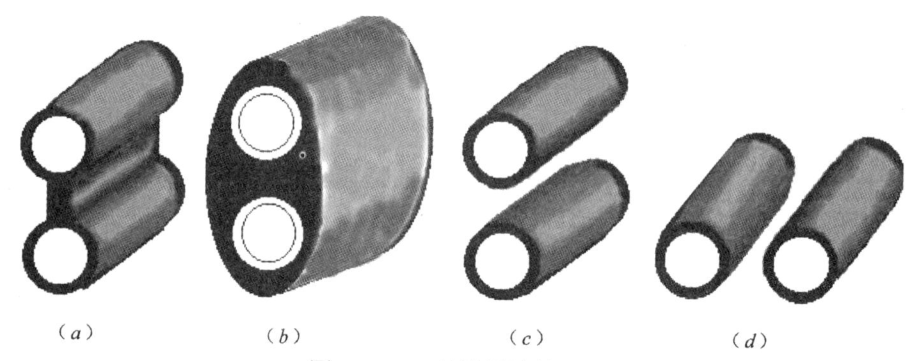

（*a*）　（*b*）　（*c*）　（*d*）

图 2-20　三种隧道连接形式

（*a*）梁连接系统；（*b*）卵形连接系统；（*c*）孤立垂直布局系统；（*d*）孤立水平布局系统

这个结构也是同样的。独立的隧道结构弱于由两个相互联系的隧道连接起来的结构。如果还加上支撑，也就是使结构变短，那么结构将具有很强的刚度。这样的结构在土的重力下不容易弯曲，因此它不会对土体产生拉力也不会引起过大的地表沉降。地表的工业和民用建筑物不会受到影响，不会威胁到人们的生活。

由图 2-21 可以看出，两个隧道“捆绑”在一起时，甚至在它下面的土被完全冲走的情况下结构也不会毁坏。但是这个方案被拒绝了。

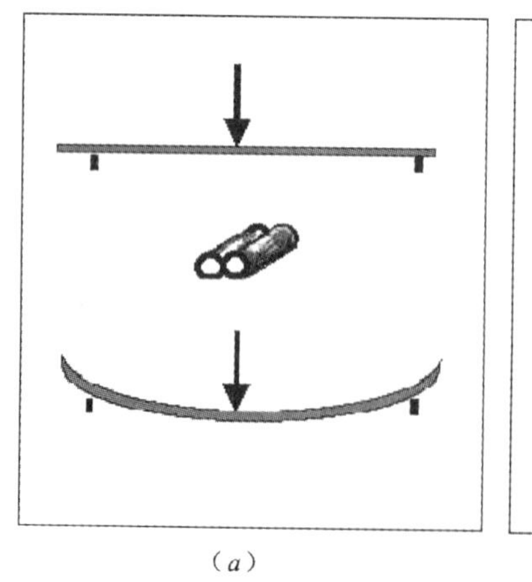

（*a*）

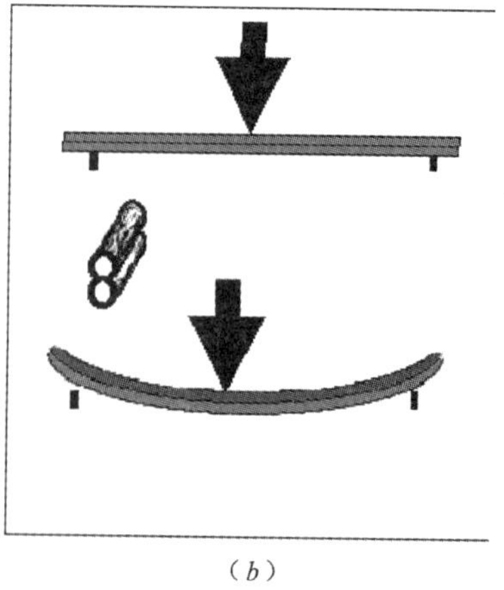

（*b*）

图 2-21　两种弯曲方式对比

（*a*）沿宽的方向弯曲；（*b*）沿窄的方向弯曲

2．方案二

第二个技术方案总体上以第一个方案为基础。这个方案的有效性和合理性与地质补勘结果密切相关。因此，在1996年2月“ДИМЕНСтест”检测所向地铁建设部提交了一个综合的规划，希望为这个方案准备原始资料，而且在规划里以及与之对应的方案中，考虑了对灌淹隧道性状进行专项研究。在自费的情况下，“ДИМЕНСтест”检测所在1996年4月23日完成了特殊施工方法的制定，提出题为“混凝土隔板状态和地下水的流动路径的研究”的研究报告。规划的完成是为了获得论证设计方案所需的完整的原始资料，使得对修复过程进展的预测更加准确，同时也防止地下水向车站方向流动。但是，勘测是交给国外公司负责，那时能够完成的仅仅是渗流调查。

第二个技术方案的基本思想由如下部分组成。如果土体松动区域的范围有限的话，那么，在第四纪沉积层冲刷区域绕过土体松动区域（异常区域）而开掘新的隧道将是可供选择的修复方案之一。在这种情况下，结构将以多跨的形式实现，具有5～7个支撑，将垂直的荷载（必要时还可以水平荷载）传递到谷底的密实的黏土地层上（图2-22）。隧道的横截面可以按照图2-20（*b*）的形式。这种情况下同样也消除了薄弱土壤基础对隧道承载能力的不利影响。

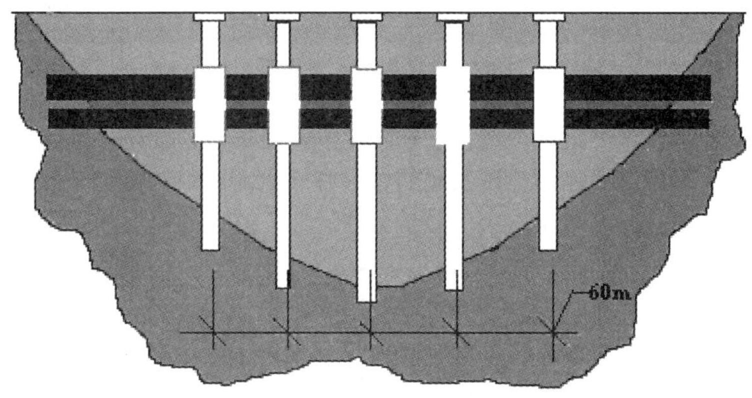

图2-22 方案二布置图

作为这个方案的细化（结合第二种形式的横截面）检测所完成了以下情况衬砌的计算：隧道支承在5个支撑上，间距为60m，铰接连接（图2-22）。计算结果显示，在卵形横截面（图2-20*b*）的情况下，增加衬砌的宽度和厚度（隧道内径为6.0m），高16m，隧道的承载能力和密封性能够在不考虑土壤基础的情况下得到保证。显然，甚至是考虑很弱的土壤基础实际上提高了隧道自身的承载能力。

正是这个“绕行”的方案，后来由外国人提出并被地铁建设部采纳（图2-24）。

3．方案三

沿着任何新线路开掘的危险性除了土建作业的“技术复杂性”，还包括开掘施工具有产生地表下沉的危险性：地表下沉会导致市政管线、民用和工业建筑的破坏以及产生其他影响。在这种情况下要考虑的不仅仅是技术问题，还有经济问题，是否有更加廉价和更加快速的恢复运行的方案成了急需解决的问题。

第三个技术方案满足以上要求，由检测所作为竞选方案提出。它以类似第一和第二个方案的共同的情况和前提为基础，但合并了两者的优点。这个方案的有效性和合理性在于它能够保证地表的沉降停止和稳定。这个方案和第一个方案的差别在于这个方案是沿着既有的事故线路开掘新的隧道结构（和第一个方案的隧道跨中部分类似），而荷载转移到 5 ～ 7 根支撑上（和第二个方案类似）。为此，不需要订购昂贵的国外掘进设备（盾构）（图 2-23）。

图 2-23　线路恢复实施方案中采用的盾构

以上提出的一些技术方案可以看作是在冲刷段恢复运行的合理可行的方案。选择具体的形式依赖于在冲刷区域附加的地质勘测的结果和被水淹隧道的状况。同时，第三个方案是到目前为止最能够有效地解决下列问题的方案：保证支撑的能力和隧道在标准状态和在土体稳定情况下运行正常；阻止地表沉降的继续发展。

建造这样的支撑并不复杂。“意大利—瑞典”（图 2-24）方案的实现，为了便于盾构始发必须重新开凿竖井。在此方案中，修复隧道时在布置支撑的地方完全可以实现那样的竖井，然后利用它们制作支撑。差别仅仅在于，在“意大利—瑞典”方案里这个竖井不能作为支撑，却增加了开支。除此之外，对于国外的方案为了组装设备需要准备一个相当大规模的施工场地，这需要更多的开支。而消耗的费用却不能解决隧道和地表的安全问题。而且沿着旧的线路掘进比沿着新的线路快得多。沿着旧的线路大约要经过 500m，而对于新线路，需要开掘两条隧道各 800m，还要从站台方向附加两条连接线隧道。这大大增加了建设成本。而且还需要额外的机器设备，又需要开支[4]。

2.4.2　恢复方案的选择

1996 年 10 月在圣彼得堡召开的关于地下建筑问题的科学技术代表大会上的一些观点可以为研究恢复方案提供帮助，这些观点认为隧道在元古代黏土层掘进必须考虑到以下几点：

① 冲刷区是一个构造很活跃的区域，它具有长周期波动的特点（全俄地球物理勘探科研所）；

② 古泥盆纪下面的元古代黏土层是很薄的，在下面是格多夫含水层，在冲刷带下面掘进时可能会遇到这一含水层，地下水的水位可能每年会上升 0.5 ～ 1m；

③ 在破坏区域黏土地层可能透水性会提高;

④ 被淹隧道的破坏过程没有完成，地震勘探资料可以证明这一点，所以，在冲刷带的上面地表会继续沉降;

⑤ 在“九号电影院”～“芬兰火车站站”区段形成了一个具有压力差的水流（圣彼得堡市政设计院），这在以后可能会导致冲刷带内在隧道与土的接触面上的土体松散。

对恢复方案的分析。除了上述的困难之外，第一和第二方案也需要解决足够昂贵的造价和复杂的技术问题，连接运行的附加车站的建立，本质上增加了区间的长度，结果增加了运营支出；为了论证绕行的路线的选择，必须进行大规模的地质勘测，包括大部分的线路地区地质条件。

按照第三个方案——经过冲刷带，在第四纪沉积层开掘路线，三种实现方案在会议上被提出来: 1. 沿着冰碛层开掘（第四纪沉积层）; 2. 绕过土体破坏区域和原来线路同一水平面开掘新的线路; 3. 修复既有的（事故）隧道。

经过冲刷带，在第四纪沉积层上建造不存在任何原则上的反对意见，如果开掘要满足以下几点要求:

① 保证可以监测到从上层土体传来的荷载;

② 由于不利的工程因素或其他的因素在土体（包括局部）松动的情况下保证隧道的运输能力和可用性;

③ 区间结构施工应该避免在冲刷区域产生地表的沉降;

④ 区间结构施工应该保证在冲刷区域可能的构造运动下的可用性。

沿着事故隧道开掘（第三方案）的优势在于，除了工艺要求，经济指标外，防止地表土的下沉也是一个重要原因。一般来说，在分析情况时，建设阶段的经济效益指标不是最基本的指标，因为被修复的对象对圣彼得堡和俄罗斯的威信具有特别的社会和政治意义。但是，如果经济效益没有与技术效应相抵触，经济指标就成为考虑问题的重要因素了。在最后修复方案的选取上，“ДИМЕНСтест”检测所的方案（第三方案）因为经济条件而被拒绝，最后选择了可以得到国外贷款的“意大利—瑞典”方案，这个方案采取了改线绕行的方式进行修复，修复后的两个隧道并排布置，相互独立工作，与旧方案中的隧道呈上下分布有所不同（图 2-24）。

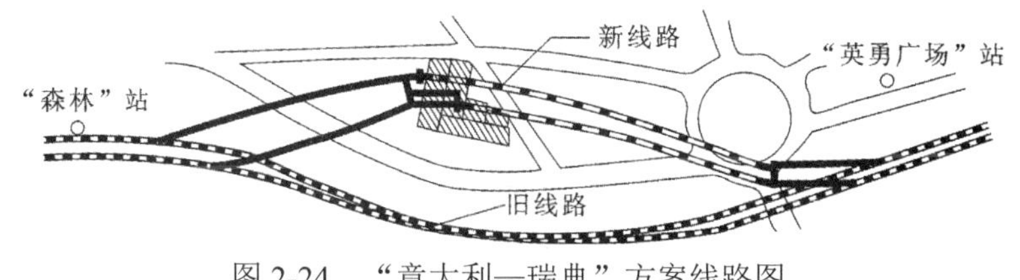

图 2-24 “意大利—瑞典”方案线路图

2.4.3 “意大利—瑞典”方案的局限性

提出上述三种恢复方案的圣彼得堡技术诊断与无损检测研究所对“意大利—瑞典”联合体的方案发表了如下意见。

1．冲刷区域里松动土体的区域的连续性问题。尽管地铁建设部和圣彼得堡科研设计勘察研究院预先知道，在“冲蚀”区域里土体松动区域是连续不断的，“绕行”方案还是被采纳了。但这个方案不等同于检测所的第二个方案，因为按照“意大利—瑞典”的方案隧道将相互独立工作，而且在设计中没有考虑到任何的支撑。尽管考虑了为了盾构始发而新开挖的竖井以及为了组装设备而修建的巨大的场地的费用。

2．不顾圣彼得堡市政设计院关于在隧道下方可能形成稳定水流的警告以及上次隧道报废的惨痛经历，新隧道结构的选择保证的不是刚度，而是隧道的柔韧度。或许，建筑完成以后经过一段时间，当从运动的列车传来的振动作用的时候，水流会在新隧道下面产生并出现 1995 年的情况——在新隧道下面形成土体强度降低的区域，如图 2-25 所示。

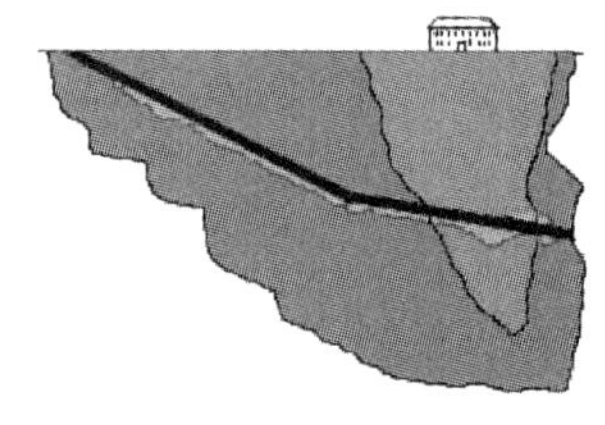

图 2-25 由于水流作用导致隧道下部土体强度降低

当然，由于具有柔韧度，隧道本身不会受到损坏。但是随着隧道的下沉，土体也会产生沉降运动，地表开始下沉，市政管线破裂。也就是考虑了隧道不被折断，却忽视了地表沉降。这种趋势对工业和民用建筑以及人们的生活都会产生危害。

3．在旧的方案里隧道设置成图 2-20（*c*）所示的上下垂直布局形式。哪怕即使是这个方案也比“意大利—瑞典”联合体方案提出的新的水平布局线路的方案（图 2-20*d*）可靠。原因在于，对土体可能的移动有影响的区域（如果移动开始），在俄罗斯的方案里比较小。除此之外，上面的隧道对下部隧道起到了一个特殊的屏蔽作用，把从上面土层传来的荷载分担一部分在自己身上。这就是为什么旧线路的下线隧道比上线隧道延迟了两个星期才破坏。在新的方案里每个隧道都是独立存在的，互不联系，使得结构的强度和稳定性都大大降低（图 2-24）。

4．花费市政预算请国外设计人员（意大利、瑞典）做的新的衬砌技术方案，是着眼于管片强度及其组装工艺（总共 6 块管片）的提高，而原先隧道的管片已经拥有 5 ～ 7 倍的强度储备。但是发生事故的原因不在于管片强度。国外设计单位试图找到一种“超级工艺”不间断的钢筋混凝土衬砌也不见踪影。

5．在水淹隧道旁开掘新线路时不可能保证原隧道纹丝不动，尽管扰动在它侧面 240m 开外。“意大利—瑞典”方案里提到的“联合作业机”不能够实现那样的掘进：周围的土体不流向隧道衬砌去填充建筑空隙（刀盘切削直径大于 7m，而将来隧道的直径总共才 6m）。在冲刷区域的土是极具流动性的，按照 НПФ“Геофизпрогноз”的资料，隧道还是“活的”，它们的运动过程没有停止，这将对被淹没隧道的侧面产生影响，造成土体移动和地表沉降，加快老线路上方地层沉降。

专业的计算中应该考虑地震对构筑物的影响，按照模型试验考虑结构能够抵御地震荷载和地表沉降的能力。关于“意大利—瑞典”方案，没有提到过隧道对于抗震方面的要求。

6．没有部署长期监控隧道结构技术状态的监控系统。而今该区段依然由过去那些机构和专家来管理，他们没有能力在如今的被水淹隧道创立长期的监控系统，而坚定地推行隧道救援方法，而如今他们高声向媒体声明“事件的特征变化莫测”和自己对造成事故局面的无辜。

“意大利—瑞典”方案在本质上和以前的没有区别，但是在技术上是更加危险和昂贵的[4]。

上述观点是圣彼得堡技术诊断与无损检测研究所 ДИМЕНСтест институт 提出的关于“意大利—瑞典”方案的局限性，但是俄罗斯官方仍然采纳了这一方案，并且在 2003 年将改线后的修复工程修成竣工，一直用到现在。

2.4.4 重建工程施工概况[6]

由于国内没有厂家可以制造适用于高压、高含水软弱地层条件的盾构机，而且缺乏类似工程经验，决定就两条长度各为 800m 的区间隧道的施工向外国公司招标，结果意大利—瑞士联合体 NCC Impregilo AB 中标。

采用了奥地利 Voest Alpine 公司生产的型号为“PDS 740 OS/RM”的泥水盾构机（图 2-23），工作压力为 8 个大气压。该盾构在修复工程中被命名为“维多利亚”号。盾构刀盘直径 7.4m。内衬采用了通用的内径为 6.4m、宽度为 1.38 ～ 1.4m 的楔形管片，管片纵缝采用型号为“гребень-паз”的连接，环缝采用由坚固塑料制造的锥形螺栓来连接。为了加强防水在管片端面布置了一个特殊的“三明治”；两层橡胶垫和一层遇水膨胀的亲水性垫块，并衬砌壁后注入特殊浆液。

地铁建设公司（Метрострой）准备好了场地：从“森林”站到盾构工作井的两条隧道已经贯通，213 号和 214 号工作井已经完成。把风井改建到 213 号工作井（图 2-26）；从“英勇广场”车站到盾构重装工作室的隧道也已贯通（图 2-27），特别是工作室本身完成（图 2-28）。为适应盾构重装，扩大了老隧道。

第一条和第二条隧道分别编号为 V1 和 V2。隧道 V1 于 2001 年 11 月 22 日开始掘进，当天盾构试装了第一环管片。但在掘进过程遇到了一些问题。首先是盾构偏离了轴线，不得不重新进行隧道线路的计算，必须重新计算管片拼装顺序。第二个问题是隔水层的脱落，发生在为了拼装下一环衬砌而撤掉千斤顶的时候。为了解决这个问题引入了一个装置，把最新安装的管片环用两个金属弧板进行辅助固定。接下来，在盾构推进的路径上碰到巨石，工作机构经常磨损。为了清除故障不得不雇用可以带压工作的特殊人员。隧道 V1 的掘进于 2003 年 5 月 5 日完成，用了 565 环管片。2003 年 7 月 24 日“维多利亚”向相反的方向出发。隧道 V2 要求更短的工期，在 2003 年 11 月 28 日隧道得以贯通，用了 555 环管片。“维多利亚”在 2003 年 12 月 29 日被拆除。

该隧道（图 2-29）设计为一个刚性结构，不在弯曲的情况下工作。而且，用混凝土浇筑了刚性的路基。同时，隧道内表面安装了高分子隔水材料，然后为了减轻震动加了纤维材料。在此之后，隧道底部敷设钢筋网并浇筑混凝土。为了减小振动，轨道铺设在碎石道床上面。在它下面，在隧道底部埋设了两根 219mm 直径的管道，并且每隔 20m 设置一个集水口。

为了隧道状态的监测，在两条隧道里设置了 3 对监测管片环，在管片制作时埋设了监测传感器（图 2-30）。

在掘进工作完成后，封闭了 214 号工作井。而 213 工作井，尽管它的井筒位于隧道上方，被改造为通风井（图 2-26），因为通风装置的工作状态保持良好。从“森林”车站到 213 号的老隧道（图 2-31）也被保留，因为下线隧道里有 7 号降压变电站（ТПП-7）（图 2-32）。

图2-26　213工作井

图2-27　扩大老隧道

图2-28　盾构重装室

图 2-29 新建隧道

图 2-30 监测环管片里埋设了传感器

图 2-31 下线老隧道

图 2-32　下线老隧道里的 7 号降压变电站（ТПП-7）

市政府参加的正式试车于 2004 年 5 月 25 日在隧道 V1 通过。列车由 10264（81-540.7）型地铁车厢和两节接触电池电机车组成，因为电力系统尚未安装完毕。线路于 2004 年 6 月 19 日区间移交地铁管辖，6 月 26 日正式通车。

2.5　教训与提高

苏联圣彼得堡地铁 1 号线“森林”站～“英勇广场”站区间隧道终止运行事件的原因是多方面的，但其根本原因或许可以归结为人们对隧道穿越深层地下河的困难估计不足，对不利地质条件的危害性认识不充分。导致了线路选择未规避重大风险、冻结法加固方案不完善、隧道衬砌结构设计不足等方案性失误。在地铁运营期，由于对剧烈扰动地层和冻融后地基性质，以及列车动载作用缺乏充分认识，导致车辆运行速度控制不当造成地基液化、过量排水引起地基土流失造成地基失稳。而且，在整个事故发展过程中，“ДИМЕНСтест”检测所始终强调建立一个全面的监测系统的重要性，但一直被管理部门以经济条件为理由拒绝。正因为如此，错过了阻止事故发生的最佳时机，事故发生后，同样要花费大量的资金进行检测，修复，造成的损失是不可估量的。所以建立并健全实时监测系统对于地下工程施工和运营具有特别重要的意义，在这方面的花费也是应当的，起到的效果也是事半功倍，是完全值得的。

圣彼得堡地铁 1 号线“森林”站～“英勇广场”站区间最终被放弃，改线绕行的修复工程已于 2003 年完成，现已通车。然而，历史的教训始终值得深思并引以为戒。

回顾这个案例，我们不得不说，即使以今天的技术水平衡量，也会是一个非常困难的工程。但是地下工程技术毕竟在最近二十年取得了长足的进步，目前所采用的遇水膨胀材料等防水措施，能避免设计中的引水排放思路，从而可防止水和流砂进入隧道；计算机信息技术的发展，也使得连续、动态监控成为可能，事故也许能在萌芽状态予以关注；对冻胀特性的更深入理解，我们今天也许会采用先用水泥改良地层然后再冻结加固地层的方法（人工地层改良冻结法），这样可大大提高地层的抗液化性能；今天已经广泛采用封闭式的盾构，如土压平衡盾构和泥水平衡盾构，冻结法只是用于盾构的始发和接收阶段，而且封闭式盾构具有对地层扰动大大减少的特点和对管片顶力较小的优势。可见，在当时的条件下，达到当今的技术水平是极其困难的。

参考文献

[1] Ryumin A N. On Hydrogeomechanical Causes of Accident in the Subway of Saint Petersburg[J]. Journal ofmining Science, 2004, 40 (1) : 11 ~ 23.

[2] Wallis S. Rebuilding the Red Line at St Petersburg. T&T International, 2002, January: 30 ~ 32. (瓦利斯 S. 圣彼得堡红线的重建 . 国际隧道与隧道工程 , 2002, (2) : 30 ~ 32.

[3] Власов С Н, Маковский Л В, Меркин В Е. Авария на Санкт-Петербургском метрополитене в 1995 г. [А]. в кн. Аварииные Ситуации при Строительстве и Эксплуатации Транспортных Тоннелей и Метрополитенов[М]. Москва: Информационно–издательский центр «ТИМР». 1997. 146 ~ 150.
(Vlasov S N, Makovsky L V, Merkin V E. Accident on Saint Petersburg Metropolitan in 1995[A]. In: Accident Situations during the Construction and Exploitation of Transport Tunnels and Metropolitans[M].Moscow: Information-Press Center "TIMR". 1997. 146 ~ 150. (in Russian))
(伏拉索夫 С Н, 马柯夫斯基 Л В, 米耶尔金 В Е. 圣彼得堡地铁 1995 年的事故 [A]. 交通隧道与地铁施工期及运营期的事故状况 [M]. 莫斯科 : ТИМР 信息出版中心 , 1997. 146 ~ 150. (俄语))

[4] Институт ДИМЕНСтест. Как Это Было и Как Это Будет на Самом Деле[OL]. 2001. http: //metro. td. ru/index. html.
(Institute DIMENStest. How It Was and How It Will Be in Fact[OL]. 2001. http: //metro.td.ru /index. html. (in Russian))
(技术诊断与无损检测研究所 . 事实真相和未来命运 [OL]. 2001. http: //metro.td.ru/index.html. (俄语))

[5] Литвиненко В С. МетрА не будет[N]. Ленинградская Правда[OL], 5. 8. 2002. http: //www. lenpravda. ru/reading1. phtml?id = 3274 (Litvinenko V S. metro Will Not Be[N]. Leningrad Pravda[OL], Aug. 5, 2002. http: //www. lenpravda. ru/reading1. phtml?id = 3274 (in Russian))
(利特维年柯 В С. 地铁将不复存在 [N]. 列宁格勒真理报 [OL], 2002 年 8 月 5 日 . http: //www. lenpravda.ru/reading1.phtml?id = 3274 (俄语))

[6] Размыв[OL]. ometro. net, 4. 7. 2004. http: //ometro. net/build-future-kvl-razmyv.
(Washout[OL]. ometro.net, July 4.2004. http: //ometro.net/build-future-kvl-razmyv. (in Russian))
(溃决 [OL]: ometro.net, 2004 年 7 月 4 日 . http: //ometro.net/build-future-kvl-razmyv. (俄语))

[7] Петербургский метрополитен. Линия 1, Станции и тоннели[OL]. Санкт-Петербургская интернет-газета, 2011. http: //spb-gazeta. narod. ru/line1. htm.
(St Petersburg Metro, Stations and Tunnels of Line1[OL]. St Petersburg internet-paper, 2011. http: // spb-gazeta.narod.ru/line1.htm. (in Russian))

(圣彼得堡地铁 1 号线 : 车站与隧道 [OL]. 圣彼得堡网络报 , 2011. http: //spb-gazeta.narod.ru/line1.htm.)

[8] Размыв в Петербургском метрополитене[OL]. Википедия, 2011. http: //ru. wikipedia. org.
(Washout in St Petersburgmetro[OL]. Wikipedia, 2011. http: //ru.wikipedia.org. (in Russian))
(圣彼得堡地铁中的溃决 [OL]. 维基百科 , 2011. http: //ru.wikipedia.org. (俄文))

[9] Залмановый А З. Плывуны[OL]. Мир метро, 2001. http: //www. metroworld. narod. ru/stories/st_3_plyvyny. htm.
(Zalmanovy A Z. Quicksand[OL].Metroworld, 2001. http: //www.metroworld.narod.ru/stories/st_3_plyvyny.htm. (in Russian))
(扎尔马诺维 A 3. 流砂 [OL]. 地铁世界 , 2001. http: //www.metroworld.narod.ru/stories/st_3_plyvyny.htm. (俄语))

[10] Кончаров М. Вспомним Размыв и Забудем о Нем[N]. Комсомольская Правда[OL], 26 Июня, 2004. http: //spb. kp. ru /2004/ 06/26/doc26613/
(Koncharovm. Let’ s Recollect the Blowout and Forget about It[N]. Komsomolskaya Pravda[OL], June 26, 2004. http: //spb.kp.ru/2004/ 06/26/doc26613/ (in Russian))
(康恰洛夫 M. 回忆并忘却大溃决 [N]. 共青团真理报 [OL], 2004 年 6 月 24 日 . http: //spb.kp.ru / 2004/06/26/doc26613/ (俄语))

第 3 章　巴西圣保罗地铁隧道工程事故案例

3.1　背　　景

3.1.1　巴西圣保罗地铁系统

巴西是拉丁美洲及南美洲面积最大的国家，其人口数居世界第五，面积居世界第五，经济实力居拉美首位，且近年来经济发展较快。圣保罗是南美洲最大的城市，市区人口超过 1100 万，都市圈人口排名为世界第八。同时，这座繁华的大都市也是巴西最大的工业中心、金融中心和文化中心。这里集中了全国工业生产门类的一半左右，全国前 500 强公司有 3/5 的总部设立在这里，圣保罗每年创造的财富高于世界上 1/4 的国家年国民生产总值。在这座人口稠密的现代化城市中，由众多立交桥、地铁线路、环城高速公路以及直升机公司组成的城市交通系统是该市基础设施建设的特色之一，其中的地铁近况如表 3-1 所示。而在另一方面，飞速发展的经济并以不断上升的人口，给予这座城市活力之余，亦造成了相当大的负荷，交通问题尤甚。

圣保罗市的地铁及近况　　表 3-1

线路名称	1 号线 蓝线	2 号线 绿线	3 号线 红线	4 号线 黄线	5 号线 紫线
线路总长	20.2	16.7	27.9	12.5	19.8
运营长度	16.7	4.7	22.2	—	—
施工长度	3.5	2.9	5.7	—	—
设计长度	—	9.1	—	12.5	19.8
地下长度	16.7	16.7	5.8	12.5	19.8
明挖长度	12.7	0.9	4.2	0.4	待定
暗挖长度	4.0	15.8	1.6	12.1	待定

注：表中长度均以公里计。

早在 20 世纪 20 年代，巴西就提出“要尽早建立圣保罗地下交通系统”，但此计划真正付诸行动却已是在 1968 年，且在后来相当长的一段时间内，市郊火车（Commuter trains）一直是这个城市的主要交通工具。圣保罗地铁是巴西第一条地铁系统，它与市郊火车、铁路和公交系统相连接，由圣保罗大都会列车公司（简称 CPTM）运作。近年来圣保罗不断加强城市地下交通建设，现已拥有行驶里程约 187 英里的 12 条地铁线（图 3-1），是南美洲最庞大的地铁网，同时也被称为“世界上最年轻和最现代化”的地铁网络之一。

目前，圣保罗地铁线路网已基本覆盖了城市的主要人口密集区，但城市新郊区分布的地铁站较少。为方便市民，且考虑到节约建设成本，运营单位通过对工作程序的优化，不断缩短郊区地铁站的行车间隔，以提高其运营密度。同时，不断延伸与地铁3号线相平行的E号线路，以扩充地铁网至城市的新郊区，这条线路建成后可有力缓解城市东部地区的客流压力，且这两条新线仍由CPTM运营管理。

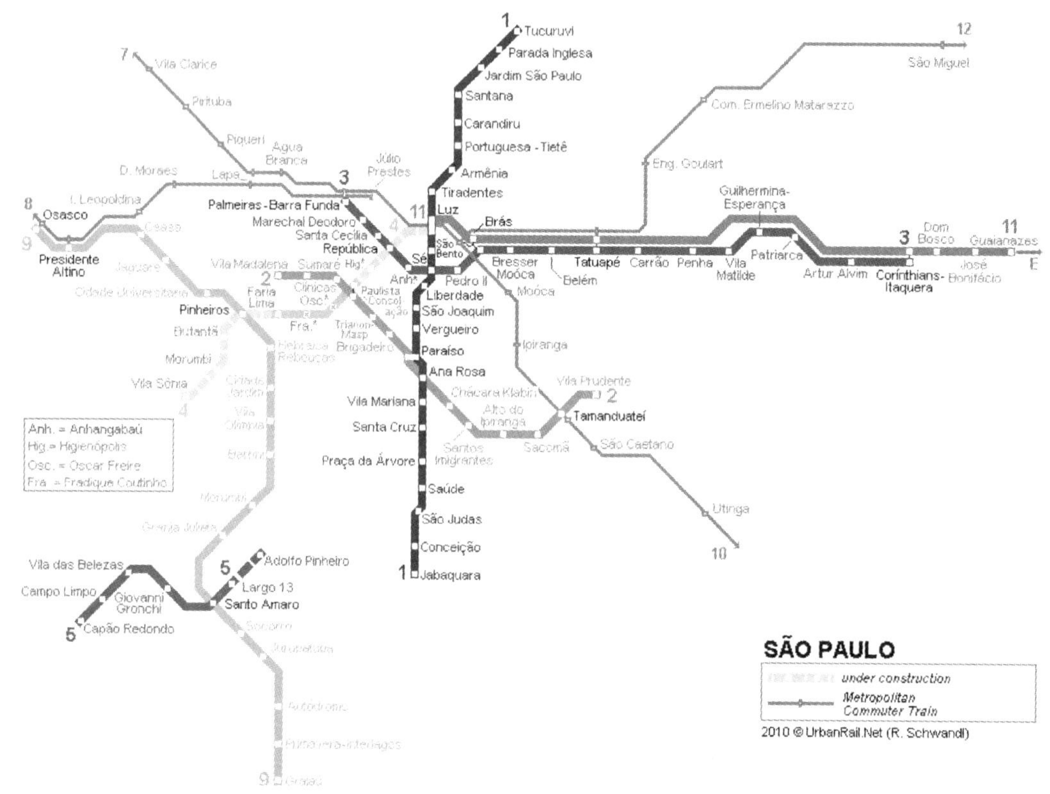

图3-1　圣保罗地铁线路图

（来自 http：//www.urbanrail.net/am/spau/sao-paulo.htm）

早期修建的圣保罗地铁（如A号线和D号线）均以地下隧道的形式通过城市中心，其余部分的线路大都以高架桥的形式修建。而后期修建地铁时他们引入了大量新的施工方法、工艺和机械，并在理论和实践的结合中摸索和创新出适合于当地实际条件的最优设计及施工方法和建筑材料等。

3.1.2　圣保罗地铁4号线

2010年9月27日，圣保罗地铁4号线正式投入运营，这是所有为其奉献过智慧和汗水的人们为之欣慰和骄傲的一刻。圣保罗地铁4号线归属巴西政府所有。从始发站卢斯站（Luz Station）到终点站维拉索尼娅站（Vila Sonia Station），是由市中心至市西部郊区的主要干线，预估建成后平均每天输送250万以上的客流量。全线共设有4个换乘站：卢斯站转乘1号线和CPTM市郊列车；Republica站换乘3号线；Paulista站换乘2号线，Pinheiros站换乘CPTM的C号线。

圣保罗地铁4号线总投资14亿美元，承包商CVA（Consorcio Via Amarela）集团于

2004 年中标，与之合作参与设计和施工的有 Odebrecht、OAS、Queiroz Galvão、Camargo Correa 和 Andrade Gutierrez 五家巴西本国公司。地铁 4 号线建设项目分成 3 个标段，隧道全长均为直径 9m 的混凝土衬砌。第 1 标段采用 EPBM（土压平衡盾构机），第 2 标段采用传统的新奥法，第 3 标段采用明挖法，所有地铁站采用明挖覆盖工法或新奥法修建。

3.2 圣保罗地铁 4 号线事故

3.2.1 事故描述

在所有修建这条地铁线路工程人员为 4 号线的完成感到由衷的欣慰之时，人们也都不会忘记在这一条地铁线上曾经发生过的惨痛经历和教训。2007 年 1 月 12 日星期五，圣保罗地铁 4 号线工地发生了一次特大地铁施工事故：长 40m 的 Pinheiros 车站硐室几乎在顷刻间塌方，紧邻其旁的深 35m、直径 40m 的车站竖井也紧接着塌方了一半，事故造成 7 人死亡。事故发生现场如图 3-2 所示。

图 3-2 2007 年 1 月 12 日圣保罗地铁 4 号线事故发生现场

（图片来自 http：//www.google.com.）

Pinheiros 车站事故发生于 FL 区间隧道，当时正采用台阶法开挖从运营隧道通向车站的最后一段（大约 2m），且开挖工作已接近尾声，离 Capri（卡伯利）竖井只剩下很小一段距离。大约 14:30，隧道内第一次出现了事故发生的前兆；14:54，隧道和竖井几乎在瞬间倒塌，Capri 街上出现一个巨大的陷坑。一块含节理、页理以及强风化的巨型岩石脊背（以下简称：岩脊）骤然下落，事故发生之突然超乎所有人的想象，甚至来不及发出任何警告。这块未被勘察到的重达 15000 ～ 20000 吨的岩脊下落产生了强烈的抽吸作用，严重破坏了施工现场，更有甚者，在远处的隧道内亦恍若经历了一次明显的“空中爆炸”，而周边居民区和公共基础设施也遭受到不同程度的损坏。区间隧道的塌陷将 7 名在 Rua Capri 公路上的过路者吸入基坑下方的碎渣中，跌至深坑罹难（其中小型巴士中 5 人，行人 2 人）。Rua Capri 公路位于图 3-3 右侧。不幸中的大幸，事故发生点的 Capri 街位于圣保罗近郊，而非市中心人口稠密处，不然，后果更是不堪设想。

图 3-3　2007 年 1 月 12 日的 Pinheiros 车站硐室和竖井塌方

（图片来自 http：//news.xinhuanet.com/photo/2007-01/13/content_5600963.htm.）

Pinheiros 车站事故是圣保罗地铁施工及巴西地下空间工程历史上最为严重的一次事故，此次灾难引起了国际范围内的广泛关注。事故发生后，为完善事故处理和稳定市民情绪，巴西政府高度重视并采取了相应补救措施。归属巴西土力学及岩土工程协会（ABMS）的隧道委员会（Brazilian Tunnelling Committee，CBT）立即向广大市民做出诚挚道歉，向死者家属致以问候，并承诺将以最快的速度派出专家对事故进行调查分析。为尽早查出和澄清事故发生原因，并为未来的工程积累经验和教训，一个独立的事故调查组应求随即成立了。

几天之后，巴西国家政府、圣保罗市公诉人、圣保罗地铁公司和 CVA（Consorcio Via Amarela）建设公司的所有参与方、侦查局和公安局等相关部门共同签署协议，他们委托了 IPT（Institute of Technological Research，技术研究院）进行本次事故的技术调查并负责发表声明和汇报。

3.2.2　发生塌方的 Pinheiros 车站

1）车站基本情况

车站事故发生位置如图 3-4 所示。事故的发生地 Pinheiros 车站采用新奥法施工，旨在最大限度上发挥围岩的承载能力；车站和竖井施工位置位于城市西南扇形区，紧邻 Pinheiros 河。

此车站工程包括一个大直径的竖井（直径 40m，深 36m）、两条站台地道（宽 18.6m，高 14.2m，长 46m）以及两条通向地铁 C 号线 CPTM 站台的区间隧道，并且这个车站设有侧式站台，还配有直径为 9.6m 的中央双轨隧道。车站设计效果图如图 3-5 所示。

2）车站施工顺序

Pinheiros 站的设计施工工序如下：

（1）开挖 Capri 竖井至标高为 696.8m 的第一工作面——即区间隧道的仰拱高度；

（2）同步开挖两条区间隧道，一条通往 Butanta 方向（简称 BT 向），另一条则通往 Faria Lima 方向（简称 FL 向）；

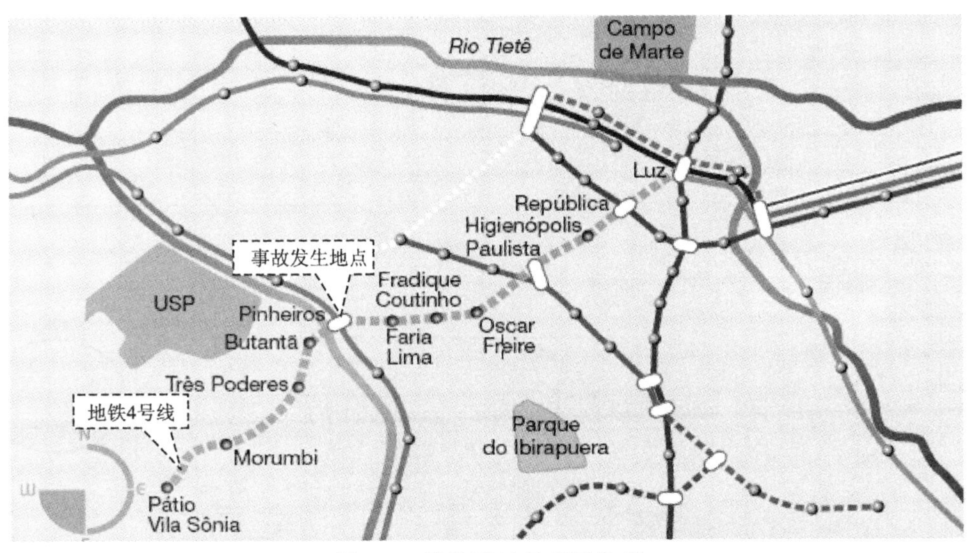

图 3-4 发生事故的车站位置

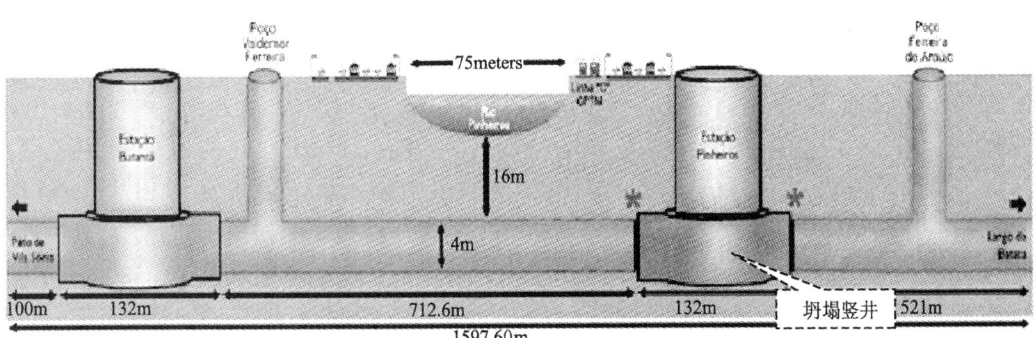

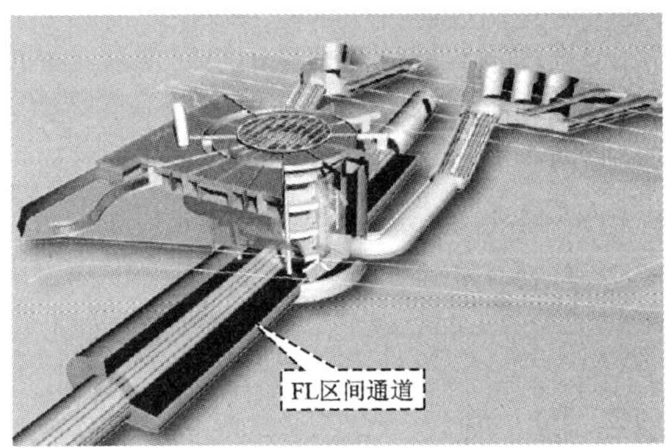

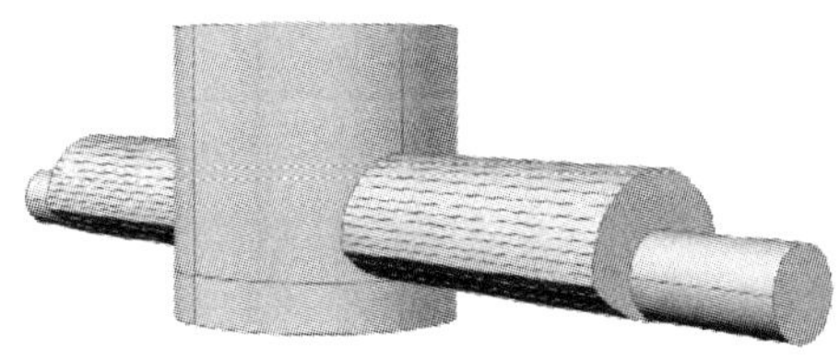

图 3-5 Pinheiros 车站设计效果图

（3）开挖竖井的第二工作面，其标高为 692.8m，然后进行两条区间隧道的仰拱施工（图 3-6）。

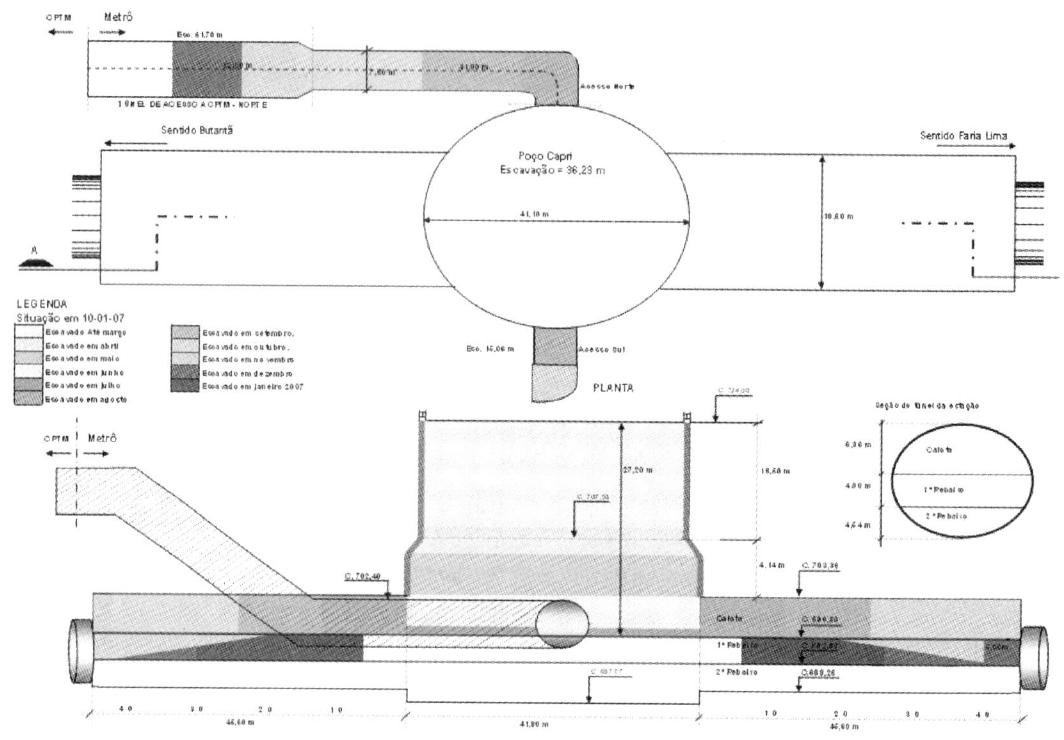

图 3-6　Pinheiros 车站施工设计图

3）Faria Lima 区间隧道断面

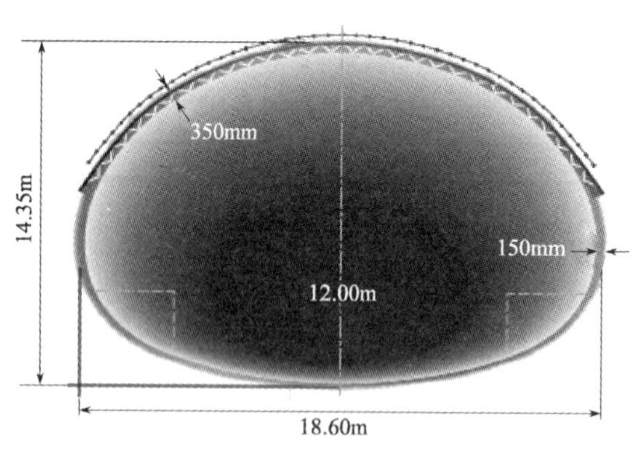

图 3-7　FL 区间隧道横断面

Faria Lima 方向的区间隧道（见图 3-5 中指示框，以下简称 FL 区间隧道）的代表性横断面如图 3-7 所示，其拱部喷射混凝土层的厚度从 350 ～ 580mm 不等；每相隔 830mm 设置一个支撑桁架；侧壁的喷射混凝土厚度达 150mm，并用钢纤维增加其强度。仰拱的喷射混凝土厚度只有 70mm，主要是为了在小导管注浆之前密封（一般在 50 ～ 100mm 内均可），而在结构上并不承担力学作用。采用台阶法开挖，必要时增设锚杆以增强隧道的受力性能。

3.3　工 程 概 况

3.3.1　现场钻孔勘察

圣保罗市的沉积盆地地层分成三个单位：前寒武纪基岩（片麻岩－混合岩），第三纪沉积和当前的沉积地层。

片麻岩-混合岩根据矿物学、纹理和结构特性可再分成三个组:花岗岩-片麻岩、带状-片麻岩、黑云母-片麻岩。

三个领域的地质力学特性呈交给统计处理。结果表明花岗岩-片麻岩岩体平均Q值(BARTON)是1和15;带状片麻岩0.2～10;黑云母-片麻岩0.1和1。

圣保罗盆地是沉积/冲积、冲积和湖积的凹地。4号线的第三纪沉积的地层学立面图分成下列结构:

1) RESENDE层交替细砂质灰黏土、灰和黄粉质砂,一般是类似黏土的。灰黏土相当于"TAGUA"的黏土和最粗粉质砂相当于,至少部分是,所谓"BASAL SAND"(基砂),而其他"相当于类黏土的一般、灰色和黄砂。"

2) 圣保罗层主要发生于760m标高以上,位于城市的中心地带,并且由两种主要的岩相组成。第一个是粗砂石,有时是砾岩性和分级的,直到粉土和黏土组分位于层顶。第二是砂石、一般到粗粒径,也分级,直到黏土石和粉土石,带有平面—平行、水平分层。

从图3-8中可看到(*a*)、(*b*)分别有18个和16个塑料容器,相应装有18m和16m土层上覆的砂、土以及风化土的公称样本,钻孔到深18m,平均海拔706m处接触到岩顶,岩性为风化片麻岩。倒坍开挖后明显可见的近垂直的页理,在这两个以及其他的钻孔岩心图片中都没有发现。

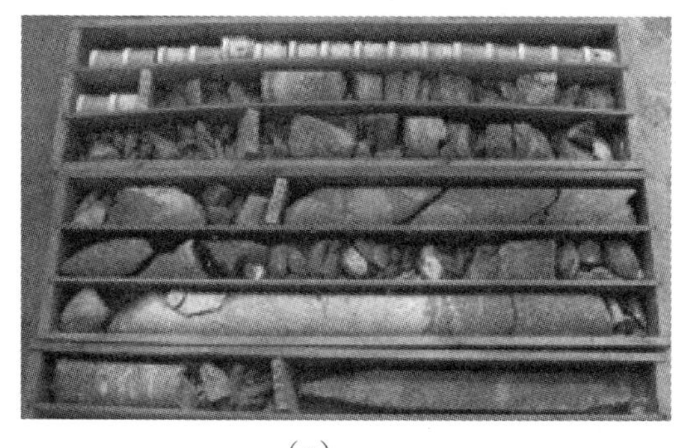

(*a*)

(*b*)

图3-8 岩心外观

(*a*)位于竖井中央附近岩心外观;(*b*)位于竖井墙边井壁砌墙处的钻孔处岩心外观

在进行这一跨度为18m的车站硐室的最后设计与施工之前,工程人员钻设了许多的钻孔进行调查,钻孔穿过了表层土、风化土和前寒武纪风化片麻岩。工程地质构造如图3-9所示。钻孔结果显示存在有强风化的岩石,尤其是在黑云母片麻岩中。页理延伸倾角较大,甚至存在延伸方向倾角与垂直夹角很小的情况。

Pinheiros站硐室拱顶的平均标高是703m。8704号钻孔(图3-10)就在竖井中央附近,钻孔结果表明(局部)存在有岩层,其顶部标高为706m,这一结果与距其最近的其他四个钻孔所得的岩层平均标高几乎相同。

Pinheiros站施工现场的地质条件由于地层交错具有多相性和各相异性的特点,沿着隧道的不同地层(土壤,风化岩层,未风化岩层)厚度变化极大,使得精确建立隧道同地层的接触模型难度大大增加。另外，车站位于一片叫作 Caucaia Shear Zone 的地区，接触介质高度破碎。

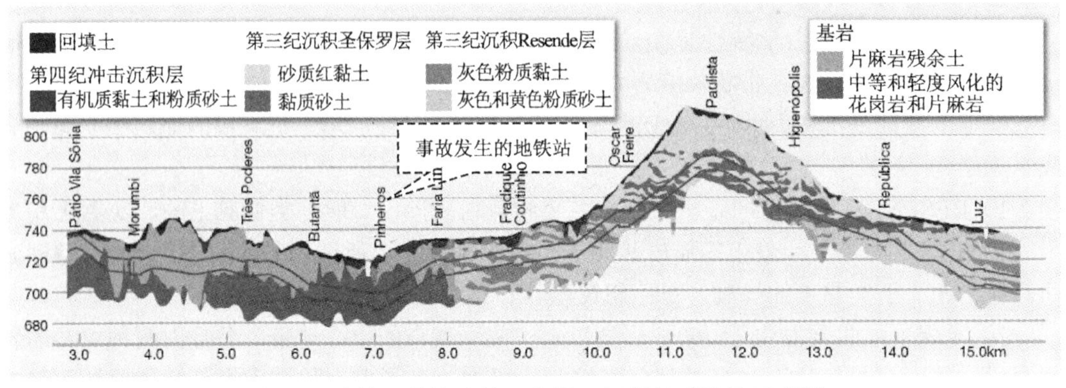

图 3-9　地铁 4 号线路第 1 和第 2 标段地质构造示意图

技术研究院（IPT）调查事故时，建立了一个地质模型。此地质模型是由黑云母和花岗岩构成的条带片麻岩层，具有垂直节理面和其他结构面，其中有一结构面与节理面垂直，这两组互相垂直的结构面都受到了深度的风化作用（图 3-10）。由于 Pinheiros 车站隧道纵轴与片麻岩层的结构面刚好对齐，这些风化带对隧道的性能影响极大。

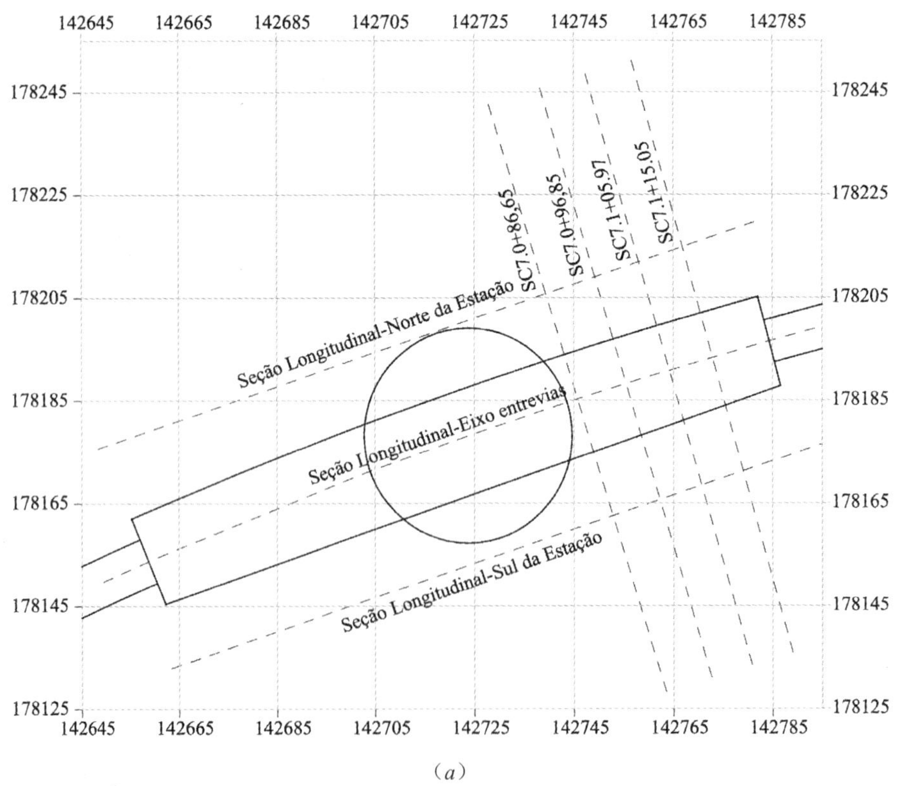

（a）

图 3-10　IPT 通过三维插值获得的 Pinheiros 车站岩土地质断面图（一）

（a）三维插值岩土地质断面图剖面示意图

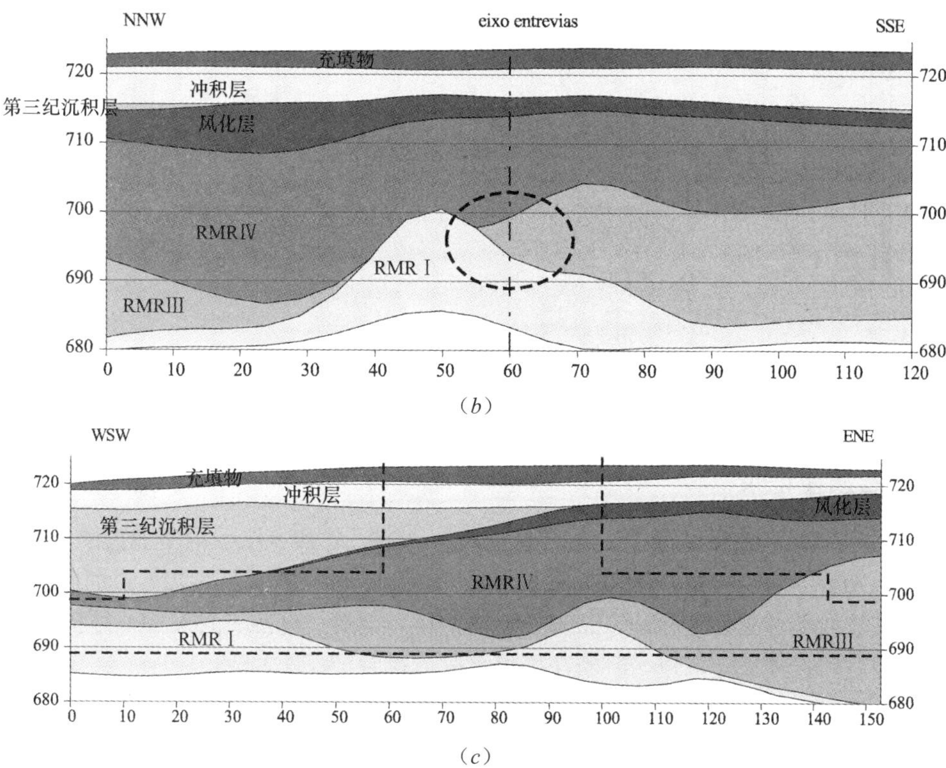

图 3-10 IPT 通过三维插值获得的 Pinheiros 车站岩土地质断面图（二）

（*b*）三维插值岩土地质断面图某横断面示意图；（*c*）三维插值岩土地质断面图某纵断面示意图

3.3.2 未勘察到的地下岩脊

经过 1 年多的时间，对 30m 深的塌方体进行清理挖掘，穿过了堆积土、风化土和含节理、页理的片麻岩，发现在推测的和真实的地层之间存在巨大反差。简化图 3-11 给出了反差及相应的理论解释。

两个带有倾斜坡面的弱风化中央岩脊（图 3-11*b*）提供了可能发生塌方的“几何条件”。然而，塌方的诱因则被认为是由水管破裂渗漏产生的水压力和泡于水中黏土的软化。该水管穿过一个较大的不连续面，而该不连续面则是滑动的后边界，具体情况将在后面详细介绍。

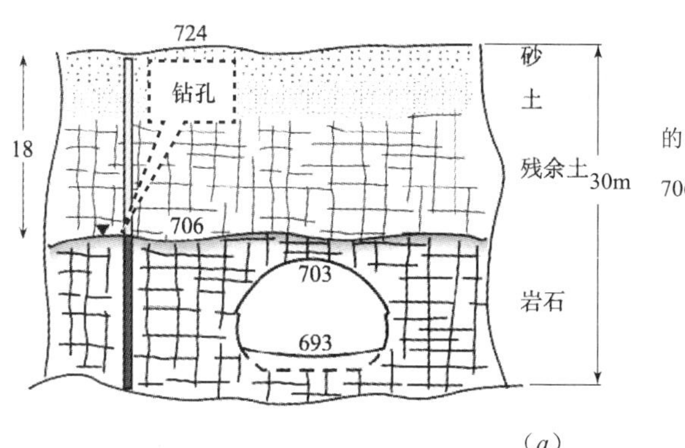

预想的平均标高：

最近的钻孔从标高为 723 ～ 724m 的地表向下钻进，大多数都在标高 706 ～ 707m 的位置处到达岩层

（*a*）

图 3-11 岩脊简化图（一）

（*a*）根据最近的五个钻孔（其中一个位于硐室中央附近）得出的预想中的岩层标高素描图

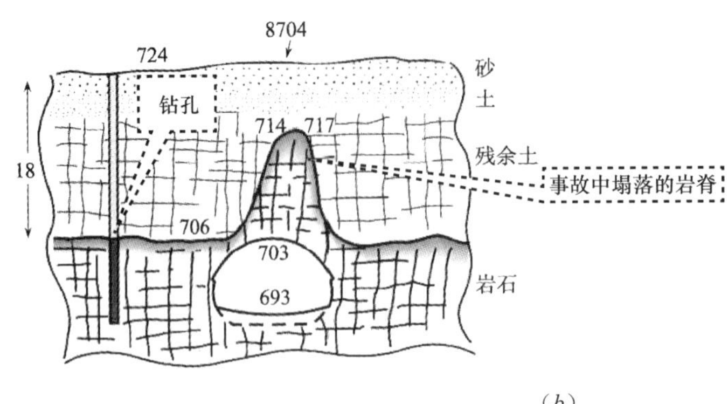

（*b*）

图 3-11　岩脊简化图（二）

（*b*）简化的意料之外的实际情况素描图

3.3.3　岩石质量记录

在车站东部硐室施工过程中，地质调查人员已经记录到了位于硐室中央的中等质量的Ⅲ级围岩（*RMR* = 44 ～ 48）沿着 Rua Capri 方向在逐渐增多（图 3-12）。而Ⅲ级“岩芯”两边则是被质量稍差的Ⅳ级围岩（*RMR* = 34 ～ 36）包围（见图 3-13A/B/A 结构）。这种地层结构可能威胁岩体稳定，这一判断在垮塌事故后得到了证实。

事先，人们根本没有想到这么好的“岩芯”竟也会威胁到硐室的稳定性，而直到塌方发生后，才开始考虑岩层不同风化程度对结构受力影响。调查进程中，勘察到一个位置较高的岩脊，而这一结果与先前的钻孔得出的结果大相径庭。对最近的五个钻孔进行独立的 *Q* 指标记录后发现，其 *Q* 值在 0.1 ～ 4.0，这一结果与早期 IPT 为圣保罗地铁公司调查时的记录结果以及承包方在硐室内记录的 RMR 结果相近。

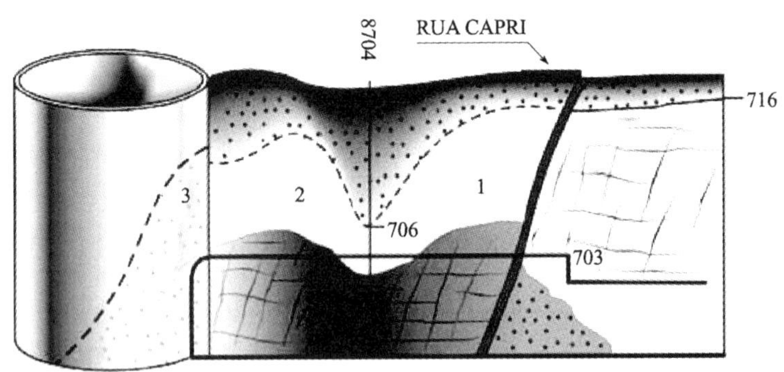

图 3-12　洞口处岩脊的分布

由于 8704 号钻孔的人为布设的位置，岩脊（1，2）未被勘察到。因为工程周围 24h 交通噪音不绝，局部位置处岩层风化严重，且由于城市人口为 1700 万，车流量为 600 万辆，因此震波折射测试收效甚微。

3.3.4　车站硐室拱顶初期强支护

通常情况下，对于质量较好的岩体，由于成拱作用，设计支护时只需要考虑让其承受较小的地层压力即可。但在开挖硐室拱顶时，施工方还是采用了保守的初期支护结构以维持稳定。格栅拱架以 0.85m c/c 的间距架设于厚度大于 35cm 的钢筋纤维喷射混凝土中。该站硐室西端的现场支护结构件见图 3-13。

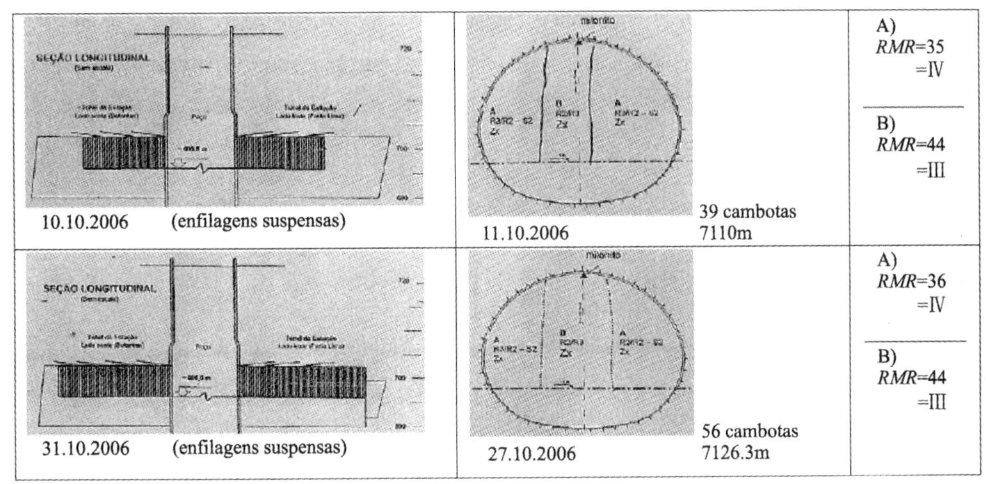

图 3-13 两个硐室对应的纵剖面图

图 3-13 所记录的两个硐室对应的纵剖面图显示了格栅拱数量的增长。“岩芯”（B）与其两侧的围岩的 *RMR* 值列于图中。预注浆帷幕位于 3 号之后，以提高围岩质量；向着硐室的东端的方向，注浆逐渐减少。

鉴于硐室两侧的软弱围岩，对格栅拱脚下方基础的强度与岩体刚度采取了保守的假定。在洞室两侧开挖凹槽，并置入所谓的“象脚”（扩大拱脚）来支撑拱体结构。

承包商 CVA 在决定硐室初期支护方案时，先后放弃了“每隔 1.25m 架设一榀格栅拱”及“拱顶采用锚杆以大幅减少喷层厚度”这两个方案。前者的原因在于，上覆岩体厚度不足，掩体的拱效应会大大降低，进而导致荷载过大。而后者虽胜在更加轻便与经济，但仍不能忽视其附近 5 个钻孔处所得到的资料。资料显示：岩层的平均标高是 706m，仅高出拱顶 3m，不足以进行常规的锚杆支护；并且，诸多位置处的岩体都是强风化的，单轴抗压强度（UCS）仅在 5 ～ 10MPa 之间，甚至更小。

基于上述原因，承包商最终决定采用小孔钻爆法进行掘进作业，对掌子面进行连续支护后喷以混凝土。

图 3-14（*a*）为东站硐室拱顶强支护现场情况。格栅拱以 0.85m c/c 的间距架设于厚为 35cm 的钢筋纤维喷射混凝土中；图 3-14（*b*）为硐室（及区间隧道）在塌方前几天的情况。塌方显著位置外的最后 8 榀格栅拱完好无损。

对于这一多构件大型车站，最终的支护方式是钢筋混凝土（型钢混凝土）。但是，不论是东站、西站抑或是中间的竖井，在塌方发生前，施工都还未进展到这一阶段。塌方发生前，变形已缓慢增长数月之久，最终变形值达到 14 ～ 24mm；且于最后三天内，变形更是明显加速。而在此之前，第一个 4m 高的台阶已经完成，其标高为 693m。

其间，最大的疏忽莫过于：尽管对坍塌岩体的所有标高都进行了详细的记录，岩层顶部的标高与钻孔所得结果大相去甚远这一事实竟然被忽视了。而官方给出的解释中却并未涉及高为 8 ～ 10m 的巨型塌落岩脊。这就意味着调查机构并没有发现事故的主要原因，因为他们都没有确认远高于预想标高的岩脊的存在。当然，也有一些其他的原因，具体情况将在后面介绍。

（a）

（b）

图 3-14　硐室支护现场情况

（a）东站硐室拱顶加强支护情况；（b）硐室（及区间隧道）在塌方前几天的情况

3.4　隧道塌方机理

3.4.1　事后的开挖所揭露出的疑似塌方机理

在代表警方的政府机构 IPT 的监管下，承包商 CVA 于 2007 年的大部分时间以及 2008 年的前三个月，对图 3-15 所示的塌落岩体进行开挖。开挖深度自上而下逐渐增加，最后用于支护的锚杆数以百计，后来车站的施工过程最终被确定为明挖法。

（a）

（b）

图 3-15　现场图

（a）现场图；（b）塌落 10m 的含节理的岩脊

开挖越挖越深，30m 厚的塌方物（节理片麻岩，风化土和表层土）被系统地挖除，直到达到位于 693 ～ 695m 标高处的被压变形的格栅拱；塌落 10m 的含节理的岩脊其在滑动面侧的一部分，岩脊滑动面与顶部均为强风化，强度很低。

图 3-16 建立概念模型以解释不同风化程度下的最终状态。该状态下岩脊（楔形体）会威胁到围岩的稳定性，因为岩脊两侧的黏土层阻碍了硐室上方的成拱作用。在对塌落岩渣的开挖过程中，逐步发现了这种岩脊存在的依据。

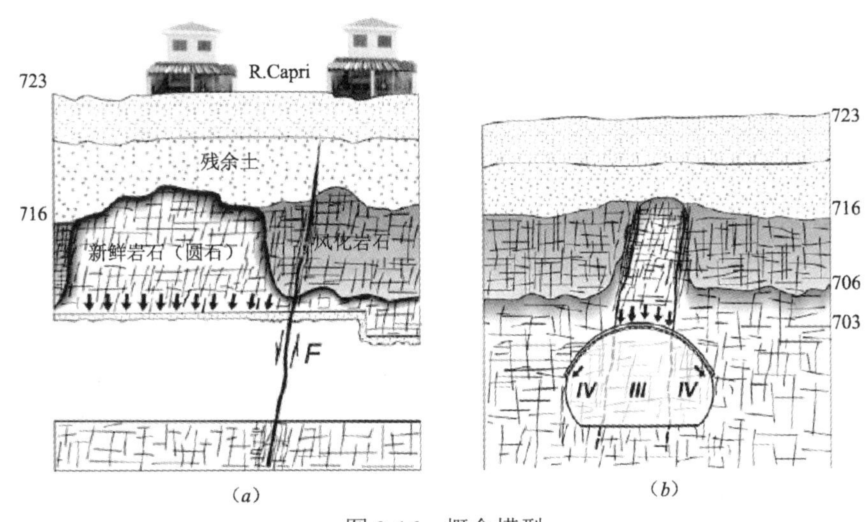

图 3-16 概念模型

（a）隧道纵截面；（b）隧道横截面

厚重花岗岩中的“石芯现象”，如图 3-17 所示。素描图来自于 Linton，1955（《突岩的问题》）。尽管 Pinheiros 的片麻岩规模要小很多，但是随着开挖的一步步深入，更多的由节理和风化程度不同的构造产生的残留物还是作为证据逐渐被发现（箭头位置处：设想的 8704 号钻孔位置，位于两个岩柱之间，这是位于英格兰西南部的花岗岩残留岩柱或“突岩”）。

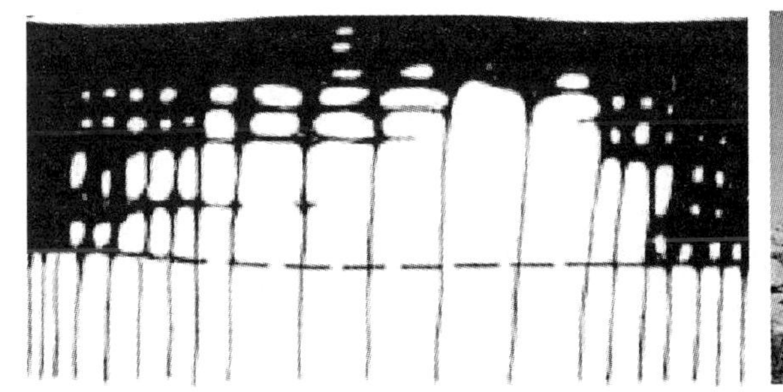

图 3-17 石芯现象

尽管塌落了近 10m，残积的风化III级“岩芯”顶部标高还是达到了 707m，这就意味着其原先的顶部标高为 717m，或者是在根据最近的五个钻孔得出的岩层顶部平均标高之上 11m（图 3-18）。

图3-18 岩芯顶部标高

3.4.2 被破坏的支撑中所见的塌方机理

2008年2月份开挖深度达到了被破坏的硐室支护结构处，标高在693～695m处，刚好就在原先硐室的地板标高693m处略上方。塌方发生时硐室的开挖高度已达10m，此时下方还有最后的一级台阶待开挖，而且待开挖部分大多为完整岩体。

在开挖工作继续进行至2008年3月份时，也就是在塌方之后14个月有余，终于在开挖面底部处发现了相关证据，以证实塌方之根本原因即是初期支护结构受载荷过大。尤其是在硐室拱脚处察探到的迹象，足以说明正是因为拱脚下方的岩体发生了破坏，而后引起了墙部混凝土的破坏及钢筋网的弯折、扭曲和向内位移。如图3-19所示。

(*a*)

(*b*)

图3-19 荷载过大的证据

(*a*) 拱脚发生破坏和边墙支护产生位移的证据，边墙内部围岩的破坏（见图3-20*a*）；
(*b*) 连接处的弯曲，代表了在其后的数值预测模型中的塑性铰（见图3-21）

此外，还有更多的证据表明拱顶支护结构还受到了由岩脊下落引起的异常的冲切荷载，这一荷载加剧了支护结构的弯折，甚至使格栅拱发生了受拉破坏（图3-20）。这就充分地证明了荷载水平极不正常，荷载速率可能过高，并伴有“塑性铰”的出现和发展。

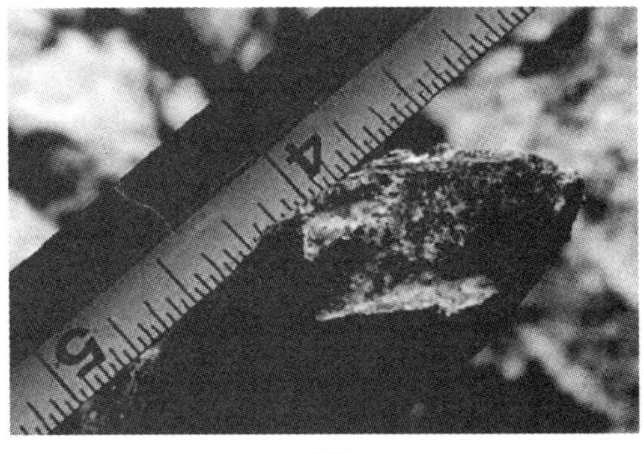

（a） （b）

图 3-20 拱顶支护结构遭受巨大冲击荷载的证据

（a）被压垮的挖掘机，其挖臂中的岩屑已被塑造成型；
（b）破坏的格栅拱钢筋，表明了因极大的荷载速率导致的瞬间破坏

3.4.3 破坏机理的数值模拟

支护结构比较可能的破坏机理可用塌方后的非连续（节理岩体）模型以及“象脚”过载的应力破坏模型来进行部分解释。Baotang Shen 博士和 Stavros Bandis 博士分别用 FRACOD（基于边界元技术分析混合型裂纹扩展的程序）、UDEC（通用离散元程序）进行了模拟。由于勘察中钻孔岩芯直径较小所带来的限制，在设计中并未用 UDEC 模拟节理进行计算。图 3-21 表明了在模拟了实际的岩体强度、破裂韧度并施加了重达 20000t 的意外岩脊荷载后，得出了在不同荷载下拱脚下方基础的破坏情况。如设计预想的一样，当单轴抗压强度（USC）分别为 5MPa、10MPa 及 15MPa，且荷载水平较低时，并没有发生破坏。

当荷载水平显著高于设计值且岩体强度较低（即实际情况中设计忽视了强风化岩脊的存在）时，模拟结果表明会发生大范围的破坏，并产生 20mm 的竖向变形，与实测数据基本吻合。图 3-21 给出了硐室塌方发展的最终状态，此时楔形岩脊即将塌落。

Buddhima Indraratna，David A.F. Oliveira 等人运用有限差分软件 FLAC3D，采用填土节理模型来模拟隧道上部楔形岩体稳定。充填土节理模型考虑到了岩体节理中填充物挤压和干扰，比现有单一不连续介质节理模型更准确地描述其对于岩层剪力力学机理的影响，通过数值模型分析结果显示，滞后的剪力不但让岩脊产生了更大的位移，同时也带来了更大的隧道整体变形和更大的支护荷载。

基于上述理论 Indraratna 等人提出了可能的垮塌动态模型：1）隧道开挖前；2）开挖隧道顶部断面引起拱顶上部楔形岩脊小到中等楔形岩体位移；3）开挖台阶引发更大的楔形岩脊位移，隧道基脚处的岩体由于约束解除而破坏，使得楔形岩脊产生更大的位移；4）过大的位移变形使得支护结构过载，发生连续性破坏。数值模拟结果同调查结果符合较好。

3.4.4 Rua Capri 路附近的不利因素

此次塌方规模之大，速度之快，足以引发类似“空中爆炸”的效果，其产生的空气冲击气流能将远处一名逃逸的隧道工人震倒。在这样的位置处要产生这样迅速的破坏，显然还有其他的不利因素。

图 3-21（*a*）为用 FRACOD 模拟结果：未知岩脊导致了硐室拱顶格栅过载，进而引发围岩破坏。图 3-21（*b*）为用 UDEC 模拟结果：用格栅拱和喷射混凝土支护的硐室拱塌方前的最终状态，其后格栅拱因过载产生塑性铰而软化。亦可见包括岩体破坏和与节理的相互作用在内的拱脚破坏（图 3-22）。

图 3-23 象征的破裂的水管的横截面是变化的，且在不利的位置处水压力增加。Rua Capr 路面标高为 ch 7120m。

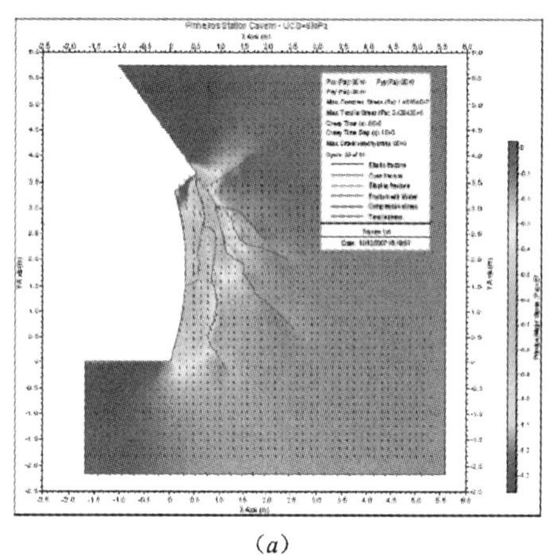

（*a*）

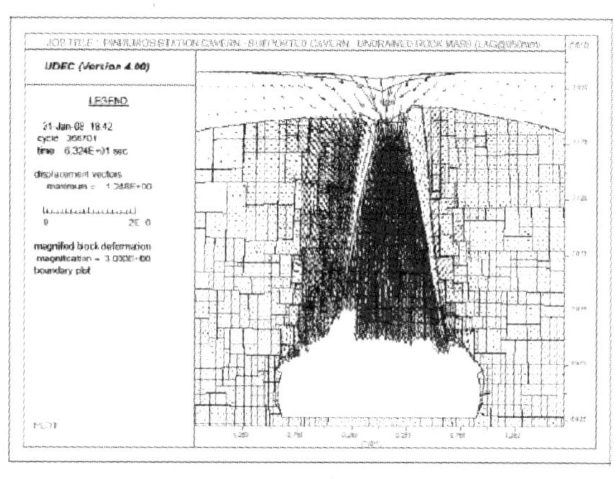

（*b*）

图 3-21　两种数值模拟方法的结果

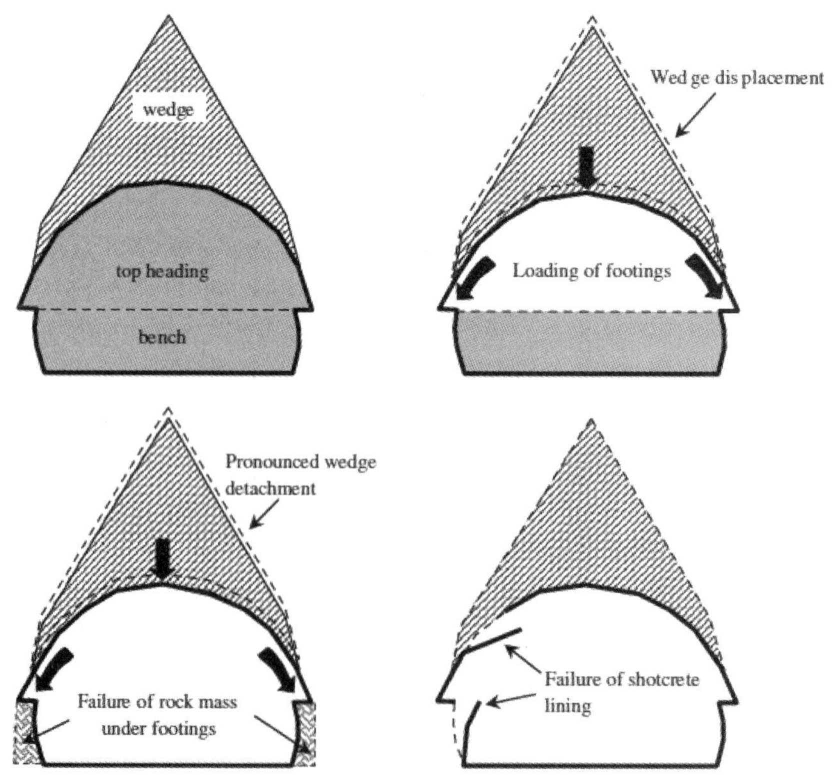

图 3-22　数值分析推测出的破坏模式

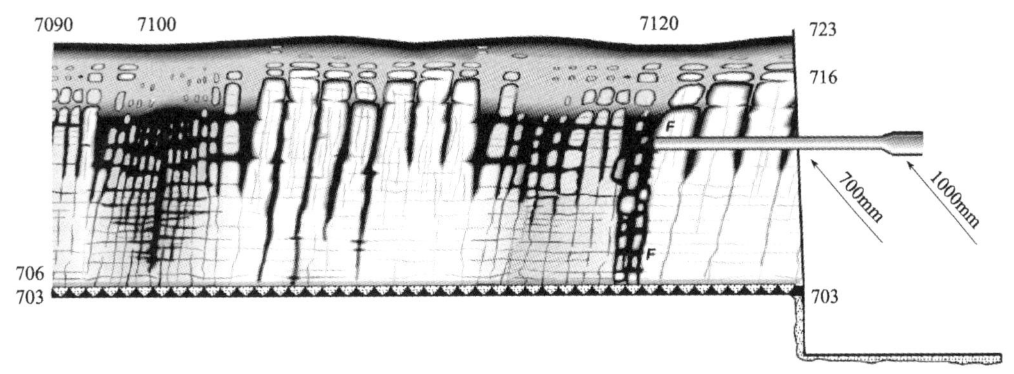

图 3-23 象征的破裂的水管

意外的是，在不利的位置、不巧的时间恰好出现了三个不利的现象。其中任何一个因素单独作用时都不会对稳定性造成威胁，但是当其同时作用时，就引发了城市土木工程记录中最大的隧道工程事故之一。三个不利因素的叠加，使得情况变得异常复杂棘手。而触发事故的诱因是荷载的突然释放，其背后的机理可说是始料未及的。

1）一个平滑的较大不连续面

隧道或洞室穿越地质断层和不连续面相当频繁，因此很久之前隧道工程中就规定了一套标准的支护措施。在 Pinheiros 车站工程中，一个平滑的较大不连续面以陡得近乎垂直的角度穿过了硐室。在通常情况下这是（对围岩稳定）有利的。在洞室下方 20m 处，该不连续面与另一组平滑的节理面贯通，而这组节理面均一致以同样的角度穿过硐室。一直到硐室的东端都采用了强支护。在硐室端部不连续面之外并没有发生塌方。

岩体间的填充土节理（soil-infilled joints）在隧道开挖的时候被发现，但设计时却没有考虑。岩体间充满了沉积物的节理是岩体的最薄弱面，对其整体抗剪性能有决定性的影响。根据 Indraratna et al.（2009b）中所述，可以用三个剪切阶段描述填充物厚度不超过临界值的岩体性能。第一阶段主要由填充材料的强度控制，围岩只是为由节理表面形状或粗糙度决定的土壤破坏表面提供边界约束。在第二阶段中，随着剪力增大，相对滑移面上的填充物会被挤压偏离其两靠近面之间的位置，填充到未受荷载作用一边的空间。发生适宜位移后，两岩体表面发生接触，节理处的强度也随之增大。这也是第三阶段开始发展，岩体节理处的强度由岩体的力学性能影响。

由于没有考虑到填土节理的影响，使得设计时采用的力学模型不能正确对应当地的地质条件，设计和实际产生了极大的偏差。

2）变截面的排污排洪水管道突然破裂

沿着硐室上方未知的构造面突然发生的大规模塌方，其诱发机制可能是：

（1）位于 Rua Capri 路下方不连续面、使用了 30 年的直径为 700mm 的排污排洪水管道突然破裂（图 3-23）。导致该状况的原因是管道横截面积在此处发生变化，其直径从 1000mm 变为 700mm，这就导致了过水面积减半，从而引起水压过大并在不利的位置发生漏水。

（2）当年 1 月 12 日在地铁掘进过程中的小范围定向爆破引起了周边岩土的位移和松动，

但是对于所有表面上可控的爆破，却没有一个人能够对其作用的结果做出绝对的担保。但是即使临时出现了问题，由于政府等多方面的压力，又使得在问题没有得到彻底解决的时候，原来的施工程序技术和进度规划还是照旧进行。如此，带来了巨大潜在的危险。

硐室东端的不连续面是塌方的边界，这样的硐室以前从来不曾有过。归纳起来可能是硐室拱顶的接近和穿过引发了顺倾的滑动变形。这是无法防止的，其规模很小，仅有几毫米左右，却足可使从破裂管道中出来的水更加轻易地流动，并导致未知的、不利的岩体构造面位置处水压变大。

从塌方发生后所拍摄的视频中可以看到水从破裂的管道中流出（图 3-24）。这些水使得不连续面边界处（标为 FF）的黏土软化，同样也会软化和润滑硐室上方楔形岩脊局部被风化的位置，导致岩体更易发生坍塌。另外，由孔隙水压力增大而带来的有效应力的减小是加速塌方发生的又一可能原因。

图 3-24　当硐室接近和穿越不连续面下方时，
不连续面的剪切变形可能导致直径为 700mm 的管道的破裂

3）Rua Capri 路面下断裂带的 70°～ 80°斜坡

最后一个因素可能是远处的一个倾角为 75°～ 80°的不连续面（FF），其位置在 Rua Capri 路东侧路面下方。尽管距离竖井将近 40m，顺倾的滑动面还是可能将塌落的两块岩脊向竖井侧推进数米之远，进一步引发了竖井的部分坍塌。

在这三个不利因素下，也给邻近的竖井带来严重的影响。竖井是依靠圆形断面形式承受径向荷载来维持稳定的，当其断面周长因车站硐室塌方而突然减小时，其初期支护的刚度就不足以用来承受不均匀的动荷载了。于是竖井部分坍塌就不可避免了。

3.4.5　分析与讨论

1）变形趋势记录

事实上，有相当数量的表面及内部变形测量仪器，以三角点的形式表示内部检测目标。坍塌发生前六个月内，洞穴上部地面三个部分的变形发展数据见图 3-25。

由图 3-25 可知：早期垂直坡度发生于顶部开挖时，接下来两个月处于稳定时期，在此之后，开挖首个工作台的两个月内，变形缓慢增加。最后 3 ～ 4 个记录当中变形突然迅速增加，且几乎没有减速趋势。临近坍塌发生之前，虽施工单位曾试图加强支护，但已经无力阻止坍塌的最终发生。如此明显的变形趋势却没有得到施工单位及早的重视，施工过程的疏忽过失不可推卸。

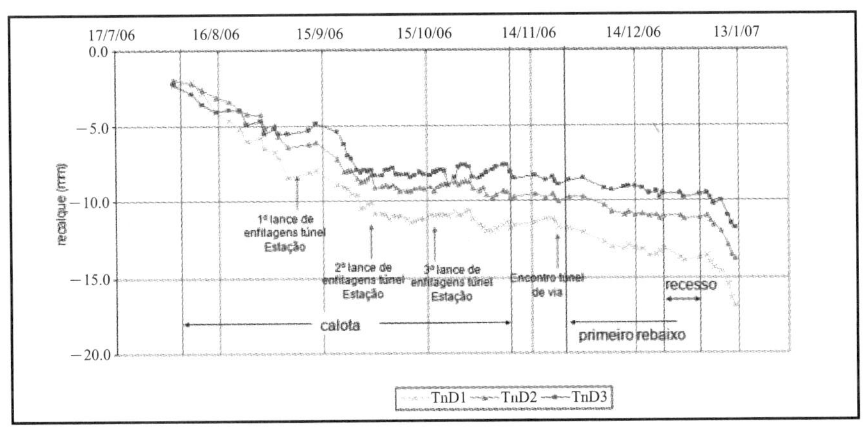

图 3-25 坍塌发生前六个月内的变形趋势图

2）测量数据

受噪声影响不大的地震井间测量，由 IPT 调查组织在隧道开始修建前 10 年完成。监测结果表明：坍塌发生后相距最近 5 个钻孔的 Q 值以及速度方程 $VP \approx 3.5+\log10Q$ 都吻合很好。

3.4.6 IPT 组委会所推断的塌方机理

后期调查表明，Pinheiros 车站坍塌事故的具体发生过程如下（图 3-26）：

1）少量混凝土块坠落；

2）断裂从竖井处延伸发展至隧道的 1/3 长度处；

3）左侧边墙格栅梁掉落了 6 ～ 8 根；

4）14:54 时，隧道和竖井几乎在瞬间倒塌，出现陷坑；

5）15:30 时，通道的北侧墙体坍塌。

坍塌事件后，承包商 CVA 被批准通过地质成图研究原项目标书中的地质模型。因为无论是在建设期间还是发生事故后，Pinheiros 车站地区复杂的地质条件一直没有更新，不利于对事故的分析。

在挖掘倒塌废墟时，为有效地尽早发现塌方机理，技术委员会（IPT）采用了现场摄影、测绘、监测数据和隧道支护碎片的位置等多种方式和方法进行了细致认真的调查研究工作。最后，在所有调查资料的基础上，经过整理和计算，推断出了如下塌方机理（图 3-27）：

1）造成塌方的破坏力完全源自隧道上部岩层所施加的荷载，竖井的开挖使得岩层卸荷降压，在存在两条几乎垂直的不连续面的不利条件下进行浅埋暗挖，极大地降低了岩层拱效应。

2）岩层中与隧道纵轴垂直的某个不连续面略倾向于隧道右侧壁，造成右侧壁的滑动，左侧壁基础压力增大。

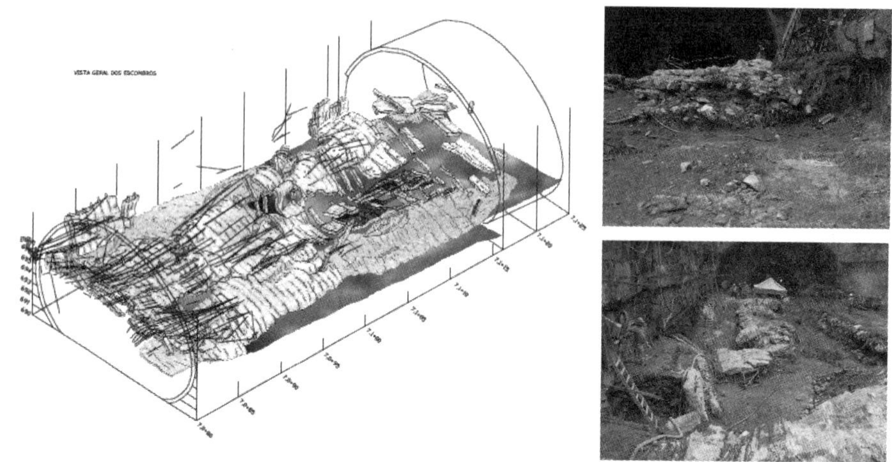

图 3-26 依据事故现场调查模拟 Pinheiros 车站坍塌事故的发生

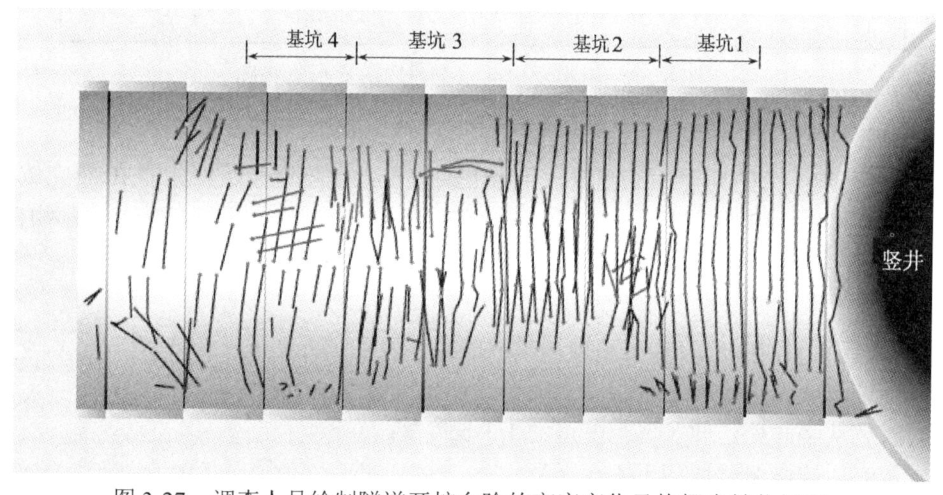

图 3-27 调查人员绘制隧道开挖台阶的高度变化及格栅支撑位置图

3）在开挖第一道台阶时，当开挖面到达某一个特定横截面位置时，台阶的右侧壁后方岩层中存在着一系列的不连续面，此时隧道性能已经开始恶化。

4）进一步开挖隧道时，为了平衡过大的负荷，应力重分布，使得隧道整体性能产生变化。

5）开挖至第二个特殊横断面时，台阶的左侧壁后方岩层中恰恰又有一系列的不连续面，由于缺乏受力基础及三维空间作用，其产生的不平衡荷载不能沿隧道支撑体系或掌子面重新分配，且产生应力集中的邻近竖井却还未设置端墙。图 3-28 显示了隧道的整个破坏过程，当处于第二特殊横断面位置时，台阶侧壁的倒塌引起了整个隧道的坍塌。

由于已知 4 个不连续面的存在，每个都可能引发坍塌，但是最有可能的是由台阶左侧壁的不连续面的浸泡引起的。所有的计算都表示，由于不合适的隧道模型和施工的盲目前进，台阶侧壁后面的岩体的荷载远远大于设计值。

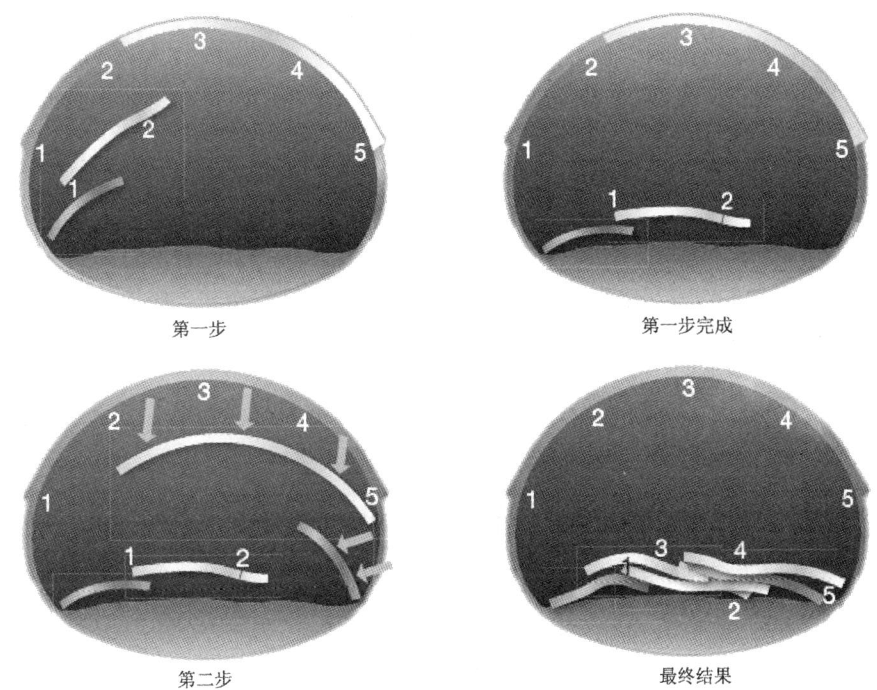

图 3-28 FL 区间隧道破坏机理

3.5 技术研究院（IPT）对事故的调查

3.5.1 事故调查委员会的组建与任务

在接受了“深度调查本次特大土木工程事故”的委托后，技术研究院（IPT）成立了一个专家调查组，其名称为“IPT 组委会”，专家组调查研究内容包括地质工程、岩土工程、结构建筑工程、施工管理和风险管理等方面。调查组邀请了一批高级顾问支持和引导 IPT 委员会工作，其中包括有 4 位巴西专家和 2 名外国专家。此外，里纳国际公司（Rina International）作为独立的审计事务所负责对委员会的工作进行监督和认证。

紧接着，IPT 组委会收集和分析了所有可能与事故有关的资料和文档：工程的招投标、最终设计文稿、施工报告和图纸、工程数据、后续工作规划等共约 6000 份文件，在这些资料的基础上产生的大量问题使得技术研究院（IPT）和其他协议方之间要阐述和澄清的内容十分繁多。

事故调查的另一项重要过程是挖掘垮塌现场的废墟。一支由地质学家、建筑工程师和测量工作者共 30 人组成专业队伍负责此项任务，他们一周 7 天、全天 24 小时不间断地进行挖掘调查工作，调查内容主要有：塌陷区和残余结构的地质测绘，垮塌后所遗留的开挖痕迹的制图和摄影，地理位置的确定，以及材料测试（图 3-29）。

除了上述任务，IPT 组委会还对相关人士进行了一系列事故采访，受访人员又目睹了垮塌事件的施工人员、参与 Pinheiros 车站项目的设计师和工程师等专业工作人员。

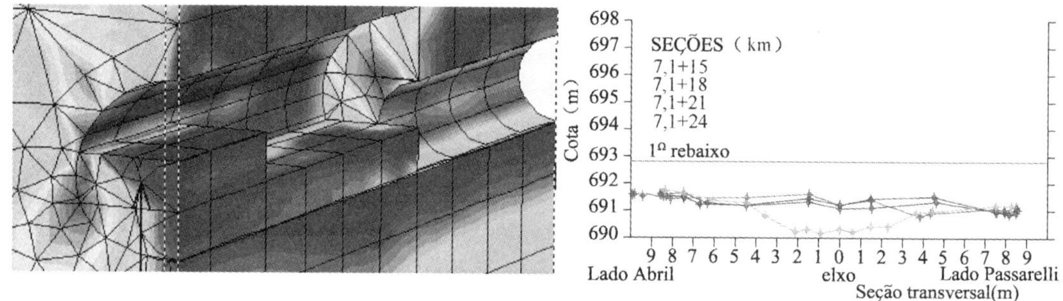

图 3-29　IPT 组委会调查人员进行事故后挖掘及数据的搜集整理工作

3.5.2　IPT 组委会的调查报告

2008 年 6 月 6 日，经过了将近 1 年半时间的调查研究后，技术研究院（IPT）向所有的协议方（包括圣保罗市政府、检查机构、侦察局和公安局、地铁公司和承包商 CVA 集团）交付了书面报告。这份书面报告包括一份主体报告材料和 46 份附录说明，共有约 3000 页。同时，为了与公众和媒体进行更好的沟通，技术研究院（IPT）也准备了对应的视频动画资料。

主体报告共有 11 章内容。各个章节的内容如下：

前 3 章介绍了 IPT 组委会成员、报告的主要内容和涉及范围、本次地铁事故的调查及目标、工程的施工组织报告等。

第 4 章重点介绍了城市隧道，包括城市对地铁的发展需求、在城市中修建地铁的约束性条件和施工难度、地铁的主要施工工艺如新奥法等、近年来地铁隧道工程的一些事故案例，最后特别说明了修建城市隧道时要遵循的各种高标准规范和要求，也强调了此类地下工程所需承担的风险。

第 5 章讲述了地下工程合同制在当代的发展趋势，即要求合同中必须纳入早期进行的项目风险评估和风险管理。“设计—招标—建造”和“设计—建造”两种类型的项目合同必须再经过严格审批，要全面考虑到这类合同的优缺点。此外，还对各种项目管理和质量控制机制进行了讨论和对比。本章所得出的主要结论是：与地下工程相关的风险管理必须建立特殊的合同形式，而且业主方理应对项目的整个设计和建设过程的全局进行一定程度上的监督控制。

其余 6 章内容都是对圣保罗 Pinheiros 车站事故的相关内容的陈述。第 6 章分析了本项目招投标文件，特别介绍了本项目在招标时所公布的地质和岩土方面的资料。虽然地铁 4

号线的招投标比原计划推迟了 10 年，但其地质和岩土工程的相关勘查工作量及技术水平保持了不断更新，因此这些资料是可以信任的。本章的主要目的是确定招标时所使用的地质模型，用以与在工程建设时所遇到的地质情况和在事故发生后所挖掘和观察到的实际地质模型相比较，因为这可能是导致本次事故发生最直接的原因。

第 7 章研究和分析了圣保罗地铁公司和承包商 CVA 集团签订的合同，以及其他一些分包合同（例如 CVA 集团和其他设计院的合同），本章的目的是明确当事人之间的责任和关系。合同重点在“设计—施工”这一块，但是业主方基本上并未对这一重点施加控制，他们所采取的这种地下工程合同形式在 10 ～ 15 年前是十分普遍的。此后，随着这类合同所引发的索赔和事故数量的不断增加，从而产生了各种结合风险评估和管理的合约安排，使业主在项目的设计和施工程序中发挥了更加积极的作用。本章提出了多种建立适合巴西未来地下工程的符合国际潮流的合同形式。

第 8 章审查和分析了招投标以后的补充性地质研究资料、合同判授、设计资料（报告、图纸、规范等）、施工工艺和施工方法，包括后续报告、质量监控、施工管理、监测数据等。提出了事故发生前设计和施工中存在的严重的缺陷和错误。

第 9 章按照时间顺序描述了事故发生过程，事故前一个月、前一天、前一刻和事故刚刚发生后的细节，重点讨论分析了该过程中的监测数据，以及应急行动的不足。

第 10 章介绍了 IPT 组委会事故调查工作、由地质测绘图和分析计算等推断出的隧道破坏机理、导致事故发生的原因、后果以及可能引起的故障。

第 11 章总结 Pinheiros 车站事故的经验教训和相关建议。

在 46 个附录里包括所有详细资料、计算、照片、绘图、测试结果等。

IPT 组委会的报告中强调这次重大事故的发生与工程中的检验失误相关。同时，他们也对未来城市地下工程的合同安排提出了若干建议。合同安排的主要建议包括：

1）业主方应发挥在项目设计和施工各个阶段的积极作用；

2）为了在质量、工期和成本之间达到平衡，合同中应明确规定一套相应的技术规范；

3）合同中应规定一系列的程序，来确保施工质量的稳定性、施工效果的完全公开化以及审计的独立性；

4）合同中应纳入风险评估和管理，以及明确的风险分担政策。

3.5.3 IPT 组委会报告的主要发现

关于 Pinheiros 车站所涉及的设计和施工相关程序的全部资料揭露了一系列的疏漏和错误，即所谓的促成因素或危险因子，这些因素联合在一起就构成了倒塌事故的原因。为便于分析和理解，报告将 Pinheiros 车站事故分成两个事件：

1）FL 区间隧道结构的垮塌；

2）Pinheiros 车站倒塌，包括车站的结构倒塌及其后果，特别是因此造成 7 人死亡，对于导致伤亡的原因主要是，FL 区间隧道的倒塌和缺乏紧急预案，没有能够及时疏散工人和居民、封闭附近交通。至于 FL 区间通道结构垮塌的原因，可以由两条线索确定，一是与结构设计有关，二是与施工工序有关。

1. 与设计有关的造成风险的主要因素

1）如图 3-30 所示，Pinheiros 车站隧道横断面岩层风化带中，页理延伸的倾角较大，不同厚度的花岗岩和片麻岩间隔分布，且其走向与隧道横断面垂直。由于岩层是非均质且各向异性的，加上构造的不连续性和岩层的不均匀风化，使得基岩的表面就像一个鸡蛋包装盒。

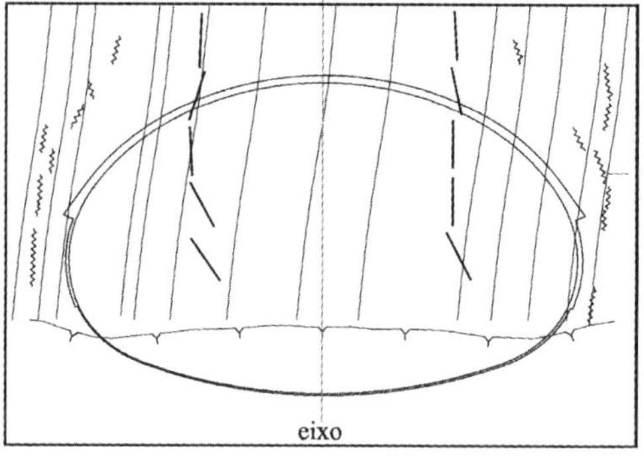

图 3-30　Pinheiros 车站隧道横断面岩层风化带分布

2）在过于简化的地质力学模型上提出了一个隧道工程的新概念，即使用了一种具有弧形导坑和拱脚开放式初期支护支撑体系（图 3-31），而这种体系不适合于车站的工程岩体类型，拱脚下方的受力破坏区十分明显。

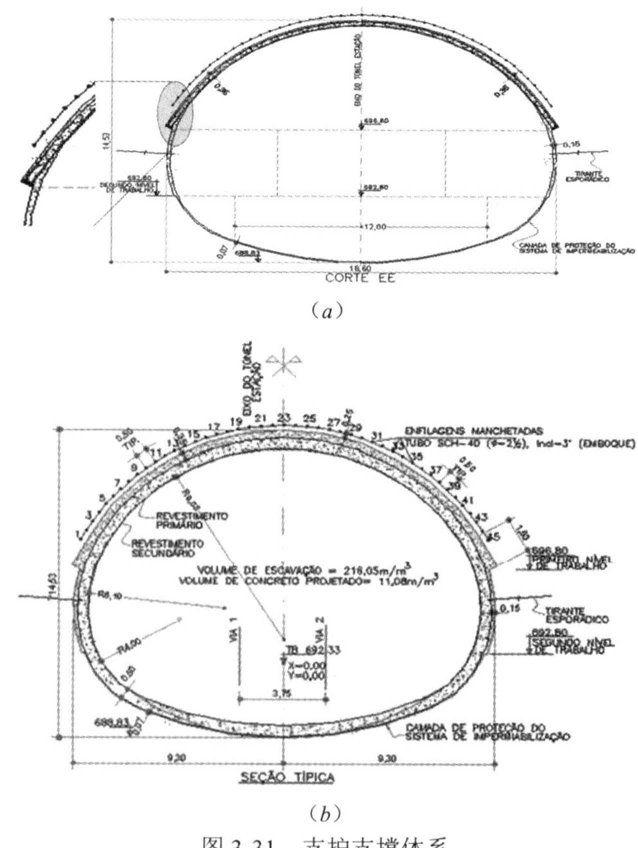

（*a*）

（*b*）

图 3-31　支护支撑体系

（*a*）隧道初期支撑；（*b*）隧道最终支撑

3）设计计算所假设的条件及建模与真实的地质条件相差甚远。在设计的假定条件和计算模拟过程出现了以下三个问题：

（1）假定地层排水充分，严重脱离实际情况；

（2）采用了二维分析，从而忽略了竖井的三维效应；

（3）隧道上方土体计算采用的本构模型并没有考虑之前勘察时发现的前寒武纪风化片麻岩，因此过于简化。

与此同时，设计方所提出的新的结构概念根本不适合运用于隧道工程，拱脚下方的受力破坏区十分明显。此外，最为致命的一个设计缺陷是：设计分析表明在台阶法开挖阶段土体稳定性处于临界状态，尽管竖井设置了全部阈值，但隧道只设计了期望值，没有设置施工监测的预警值和应急值，也没有隧道性能的监测和评估计划。即使如此，在开挖 FL 区间隧道时，大量监测数据已经显现出隧道的不稳定性和反常，但是一直到垮塌事故的前一天他们才在会议上讨论解决问题的方法，之前没有任何的反演分析，也没有任何应急准备。

上述因素导致了项目设计施工的严重失误，缺乏任何对隧道内部或外部的检查核实。

4）上述因素导致了项目设计与施工程序上的严重缺陷，同时又没有采取任何对隧道内部和外部的检查与核实措施。

5）在项目实施过程中，设计方理应根据新奥法施工的标准和规定适时监测和检验工程质量，但是本项目的设计方（ATO）所完成的跟踪报告和地质测绘缺乏许多细节描述。一方面是由于监测项目设计不到位，四个断面上共设置了 5 个收敛计和 3 个伸长计以及一些开口测压计，对监测的临界值，设计中确定了竖井的所有临界值，但对隧道仅计算出了预期值，并未对危险状态临界值进行定义；另一方面是因为没有及时分析监测数据（图 3-32）。

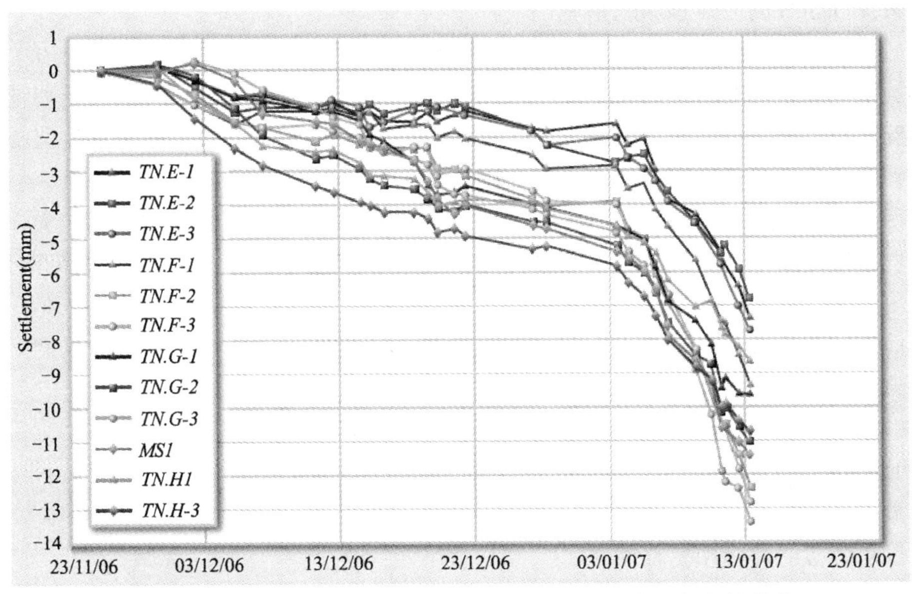

图 3-32 事故发生前监测数据的显著变化（坍塌事故发生的前兆）

6）在施工过程中，设计方（ATO）与另一个设计方 ICE 达成协议后进行了施工设计变更，但是没有任何具体报告或计算支持此变更。这是本项目设计环节中的又一个失误。

总之，设计过程中出现诸多失误，如施工期间检查工作不到位、缺乏在监测数据的基础上进行反演分析和验算等，这一系列由设计造成的不利影响是Pinheiros车站倒塌的部分原因。

7）设计没有考虑到自然环境的影响。在施工过程中，连续几个星期下雨，这种气候在设计中理应予以充分考虑，因为雨水的渗入会使得单位体积重量变大，且稳定性降低，易于滑移。设计阶段缺少相关的防灾处理措施。

8）设计阶段应该充分人性化，预留足够的逃生措施，使得遇难者在危难关头能够及时自救。

2．与施工有关的造成风险的主要因素

工程施工阶段产生了一些新的风险因子，其中有些因素十分严重。施工程序方面导致事故发生的原因有如下几点：

1）采用台阶法开挖隧道时，施工方共有三次没有按照设计方案施工的情况：

（1）开挖方向的倒置，由原有的较为安全的开挖方向变更为一个存在安全隐患的方案；

（2）台阶高度的增加，由设计时的4m增加到5m；

（3）改变爆破方案，更改后的串联爆破方案不能保证侧壁剩余岩层的稳定，而这些岩体是隧道拱脚处受力的基础。

2）施工过程中的质量监控远不能满足这种城市大型地下工程项目的建设要求，缺乏关于工程测试的数量、位置及相关程序的明确方案，也没有任何防止不良后果的措施。一方面，监理机构对施工方案的质量控制相当薄弱，比如对超前小导管注浆、喷射纤维混凝土质量、喷射混凝土早期强度等项目严重缺乏质量控制；另一方面，施工质量保证几乎完全依靠施工方进行自我检验，而他们不仅没有设置内部监督系统，没有进行岩层力学性能变化图的描绘，更没有对实时监测数据进行分析。无独有偶，施工方也没有制定任何针对偶然性或突发性事件的应急预案或措施。

3）设计未经验证、设计变更违规、质量监控不到位、监测数据不清晰——在如此漏洞百出的施工操作下，2007年1月份的开挖速率明显超过了前一个月（2007年一月的开挖速率为1.8m/d，2006年12月为0.9m/d），达到前一个月的2倍。虽然开挖速率明显提高，但隧道位移的监测数据却与理论计算不符（图3-33、图3-34）。

4）为解决上述因素所造成的问题，2007年1月11日，即事故发生的前一天，项目参与各方协商决定要在隧道的边墙增加锚杆支护。但由于施工管理不善，各方之间沟通不畅，设计变更方案一直不明确，施工现场没有足够的锚杆，锚杆孔都钻好，但只安装了15%的锚杆。而实际工程却一直在继续，在事故发生当天还进行了3次爆破。在会议期间进行了一次爆破，第二天早上爆破两次，中午一次——这时距垮塌事件仅2～3h。

IPT组委会总结了本事故发生的主要原因：

1）设计方面

隧道结构模型过于简化；

计算和模拟的假设和完整性缺陷；

监测报警值界限不明确；

地质构造图绘制不准确；

忽视监测数据的及时分析；

反演分析和设计验证缺乏论据。

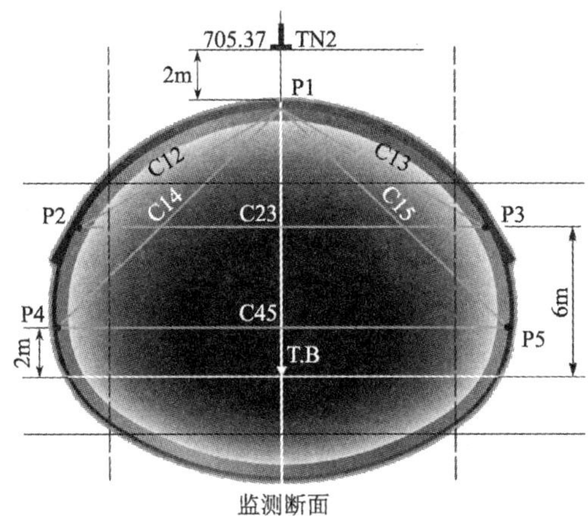

测量仪器	位置	计算值（mm）	观察值（mm） 2007.01.11	观察值 / 计算值
伸长计	轴向	-0.7	-11	17
	横向边墙	-0.7	-12	19
收敛计（沉降）	轴向	-0.7	-7	10
	顶部	-0.9	-20	22
	底板	-0.5	-7	13
收敛值	△ P2-P3	-0.2	-21	95

图 3-33　开挖 FL 区间隧道时隧道横断面监测点布置及对应的位移监测数据

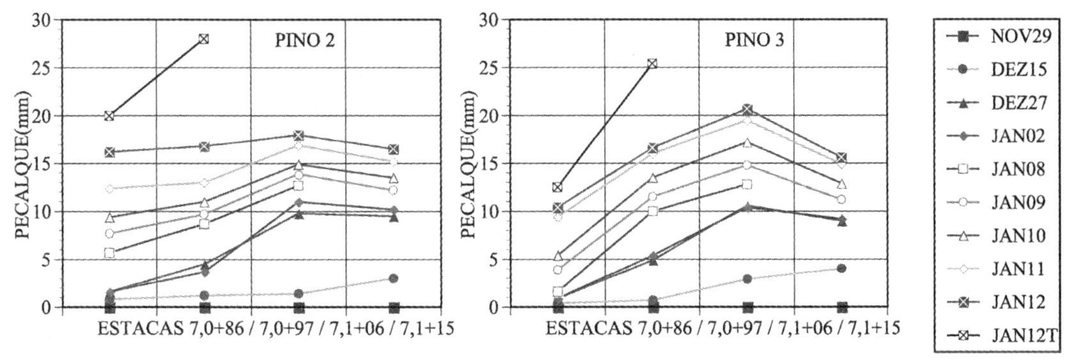

图 3-34　监测点 P2、P3 在事故发生前监测数据的变化（横轴为纵向布点位置；纵轴为沉降值）

2）施工方面

台阶法开挖方向更改，台阶高度增加；

爆破方案变动；

质量控制不到位；

开挖速率过快；

施工组织管理薄弱（现场缺锚杆）；

出现事故征兆但未及时停止施工；

缺乏对突发性事件的应急方案。

设计和施工中各种不利因素的结合，形成了 FL 区间通道和 Pinheiros 车站垮塌的原因（图 3-35）。

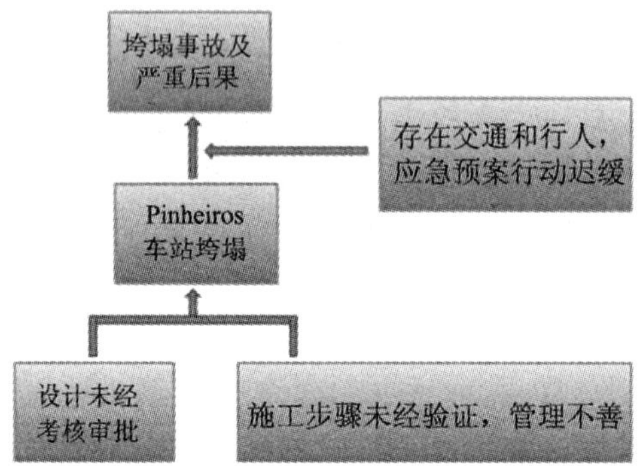

图 3-35　IPT 组委会分析的 Pinheiros 车站事故的风险因子和成因

3．事故的可预见性和其他因素

所有灾难都具有一定的可预见性，本事故发生前除了被忽略的监测数据有显著变化，也出现过其他征兆：地震活动、管道渗漏等。在良好的施工组织管理下这些征兆会受重视，但在错误频繁的施工背景下这些征兆则易被忽略，从而促使事故发生。

3.6　教训与提高

工程项目的设计、施工和管理过程中一连串缺陷、遗漏和错误导致了 Pinheiros 车站事故的发生，伤亡 7 人。事故发生后由于应急预案的不足造成开挖隧道工人和周边居民疏散不及时和附近道路堵塞。通过分析总结本次事故，可得到以下结论：

1．Pinheiros 车站地质情况复杂，地质条件明显不同于一般地下隧道施工，但这一重要因素的许多相关信息和数据都未完全公开透明化，在不同地质条件下，采用相似的参数设计，引导了设计和施工的一系列错误。而硐室上方的巨大风化岩脊未被勘查到也可以说是这一惨剧发生的罪魁祸首之一。

2．对城市地表下地质状况展开必要的现场调查是很难实施的，因此这就阻碍了城市浅埋隧道工程的设计施工，除非允许存在一定水平的风险。

3．要完全排除风险，必定会对道路和建筑物产生不论是从社会影响角度还是从商业角度来讲都无法接受的扰动。比如震波折射测试未检测到异常的地质条件，很大程度上就是由于城市交通等方面的限制而收效甚微。

4．隧道工程中，深处的围岩条件往往总是有利的，因为深处的围岩处于应力升高区，易于在坑道上方形成承载拱，承受上覆地层的自重，并将荷载向两侧地层传递，即围岩的成拱作用。相反，靠近地表处的围岩由于强风化、不可预测的黏土区域以及局部质量恶劣的岩体，围岩条件反而更加难以预测。

5．不能因城市中有许多成功的已建工程，或是因有经验的地质工作者的观察判断，就过于乐观地认为风险几乎为零。即使钻孔众多，常规的现场勘查仍然不能充分揭露不利的构造面。所以我们应该在对地质条件进行充分调查的基础上仍做好出现不利构造面的心理准备，并为此设计好应对措施。

6．招标文件中应提供尽可能全面的地质条件信息，公开所有的地质勘测数据，并且业主方应有力控制这些信息的透明度。只有这样才能有效地降低工程的风险。

7．项目设计方提供的设计文件理应在现有的内容的基础上新增或补充以下说明：地质力学模型，结构力学模型，计算和模拟的假定条件、具体方法、参数确定等，各种力学条件的临界值等。应设置设计单位的评估方，以进行对设计资料仔细核查和严格审批。

8．工程施工过程中，设计方应结合工程实际情况对原设计依据资料补充调查，详细核实地质资料，并结合设计经验及时进行反演分析，针对一切不利因素制定应对措施。

9．施工过程必须要忠于原设计，多方协议达成一致后才允许设计变更。施工方要严格控制施工质量，并周期性地对工程质量进行检查和维护。同时，应备有并不断完善突发性意外事故的应急方案，以减低事故风险。

10．Pinheiros 的这场事故使得工程师们和设计人员开始关注工程施工风险控制，尤其是像圣保罗这样的浅埋城市隧道工程。同时对于施工场地周边环境的安全规章也应该在工程中强制执行，以保护城市居民的安全。比如在 Pinheiros 车站事故中，在事故预兆出现后到事故发生的 10 分钟内，施工人员有机会发出警报来挽救在 Capri 路上市民的生命。

11．土木工程的契约性合同管理应予以更多的重视，应同时兼顾风险的管理和分担。工程的质量、进度和造价应该维持相对平衡的关系，并应结合施工工艺和效果进行质量控制。此外，单方的监理以保证施工数据和信息的明朗化，在这方面业主方有义务全权管理。

12．正如被其他许多缺乏有利地质条件的城市证明的那样，对圣保罗来讲，在地表下更深处进行施工引起的地面沉降更小，是更安全更经济的选择，因此是未来的发展趋势。然而，我们也不能因为在浅层发生事故而建议所有的地铁在深层修建。这样有失偏颇，也并不具有普遍意义。

13．施工现场并不应该仅仅对工人施与关注，在大型工程的周围，应该贴有足够的醒目标语，使非工作人员远离工地，避免潜在危险。

14．微小的位移也能使水管管道破裂，地下管线设置时应该在管道外围预留有足够空间予以位移调整和缓冲，并且管道应选用延性较大的钢材，使得结构在不可抗力等自然条件作用下即使产生大的变形，也不会发生破裂。

15．新奥法容易受诸多因素的影响，需控制好一些关键因素，否则会产生非常棘手危险的问题。

16．地下工程的很多事故都源于工程人员对地质情况的不了解，地质情况变化很大，设计时为保证安全，应该预留出足够的安全系数。加强对大型工程的运营管理，消除腐败现象，力求保证工程质量。加强监测，并定期对测量仪器进行检测，避免由于其失效而带来不必要的灾难。

17．控制好地下水条件，控制好机械施工的操作，保证施工精度，其中机械操作人员必须注意，在施工时不能使施工机械碰到地下预埋的管道和挖通地下暗河，造成水源的喷涌。

18. 在决策上，政府部门应该以大局为重，不能因为赶工期的原因对施工单位施与过大的压力，面对特殊工程事故应该给施工单位以足够的时间解决，不能在确切方案形成之前草草了事，造成以后工作的困难。在拟定相关工程制度的时候，应该尽量使设计方与施工方分管不同领域，以起到互相监督的作用，保证工程质量。

参考文献

[1] Nick Barton, Themain causes of the Pinheiros cavern collapse.

[2] Lessons from Brazil Pinheiros examined, Tunnels & Tunnelling International 2008 (11) , 16-21.

[3] IPT 2008. Investigação e Análise do Colapso da Estação Pinheiros da Linha 4. Relatório Técnico Final No 99 642-205, Instituto de Pesquisas Tecnológicas do Estado de São Paulo, São Paulo, p384.

[4] A uniquemetro accident in Brazil. Tunnels&Tunnelling International, 2008 (5).

[5] C. J. Schexnayder, São Paulo Officials Launch Probe After Deadly Collapse, 2007 (1).

[6] André P. Assis (UnB / ITA) , Lessons Learnt from Accidents in Urban Tunnels, 2011 (5).

[7] 邵根大编译 . 发生在圣保罗地铁工地的一次垮塌事故 [J]. 现代城市轨道交通 , 2009, (5) : 74 ～ 76.

[8] David A. F. Oliveira, BACK-ANALYSIS BASED ON THE PINHEIROS STATION COLLAPSE, ATS, 2009.

[9] Buddhima Indraratna a, n, DavidA. F. Oliveira, Effect of soil–infilled joints on the stability of rock wedges formed in a tunnel roof, International Journal of Rockmechanics &mining Sciences 47 (2010) 739 ～ 751.

[10] Differential Weathering and adverse discontinuities were the apparent causes of a tragicmetro accident in Brazil, Nick Braton &Associates, Osol, Norway.

[11] Line 4 (São Paulometro) , Wikipedia , http: //en. wikipedia. org/wiki/Line_4_ (S%C3%A3o_Paulo_Metro) .

[12] Examining 2007 São Paulo City Subway Line–4 Construction Site Accident, Analiamaria Andrade Pinto&Wainer da Silveira e Silva.

[13] Sess_4_Lect4_A_ASSIS_Geotechnological_RisksProf. Andre Assis, PhD, University of Brazil.

[14] 《圣保罗地铁的现代化》, 章希 , 《城市公用事业》2010 年 3 期 .

[15] São Paulometro , Wikipedia, http: //en. wikipedia. org/wiki/S%C3%A3o_Paulo_Metro#Line_4_-_Yellow.

[16] 《地铁网线的扩建》, 期刊论文 , 《建筑机械 (下半月) 》2006 年 11 期 .

第 4 章　中国台湾高雄地铁工程事故案例

4.1　工 程 概 况

4.1.1　项目基本信息

高雄都会区大众地铁系统，简称高雄地铁（在中国台湾被称为高雄捷运）、高捷，是中国台湾第二座启用的大众地铁系统，以高雄市为中心，同时向高雄县提供服务。目前高雄地铁系统有红、橘两线营运中，红线长 28.3km，橘线长 14.4km，双路线全长 42.7km，皆为高运量系统，依车站位置分为高架、平面、地下三种，其中高架车站 8 站，平面车站 2 站，地下车站 28 站，并于冈山镇、前镇区、大寮乡设置机厂。

高雄地铁在施工的过程中一共出现过四次较为严重的事故，且均发生在橘线。事故概况见表 4-1。

高雄地铁施工事故一览表　　表 4-1

事故发生时间	事故原因说明	说明	事故后果分析				
			伤亡	施工方经济损失	整体经济损失	工期延误	交通影响
2004-5-29	盾构隧道洞口涌水	7 栋楼房严重倾斜	无	灾难性	极严重	极严重	重大
2004-8-9	地下连续墙漏水	坑洞面积 5000m^2	无	灾难性	极严重	灾难性	重大
2005-7-7	地下连续墙漏水	坑洞面积 1000m^2	无	重大	重大	轻微	轻微
2005-12-4	联络通道破坏	隧道及其上方地下通道毁坏	无	极严重	灾难性	灾难性	灾难性

其中，本章节所讨论的 2005 年 12 月 4 日的联络通道破坏事故损失最严重，影响最为恶劣。事故所在的橘线 07 车站至 08 车站区间段，穿过凤山及高雄市区交通的中正地下通道及地面道路，见图 4-1。上下行线均采用平行双隧道盾构掘进方式，全长约 827m。其中 07 车站东端往西方向隧道中心线高程逐渐往下降低，然后再爬升至 08 站西端，见图 4-2。隧道中心线约位于地表下 16.46 ～ 26.79m 之间。隧道全线均采用平行双隧道，隧道外径为 6.1m，每一环的厚度为 0.25m，盾构机为土压平衡式盾构，并于施工区间中央段中正地下通道下方设置一连通两隧道的联络通道，其中附设集水井，见图 4-3。

该区间为 CO2 标段，由高雄市隆大营造公司及日商前田建设株式会社，以四十五亿六千万元中标。

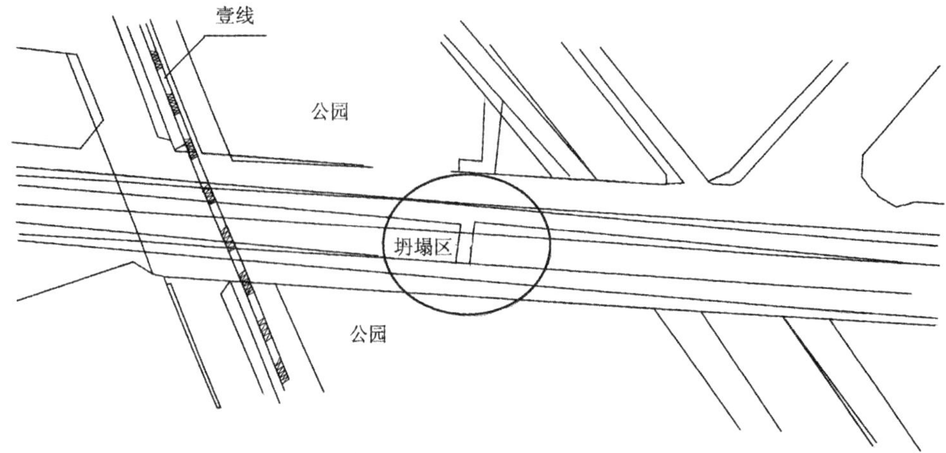

图4-1　工程地理位置图

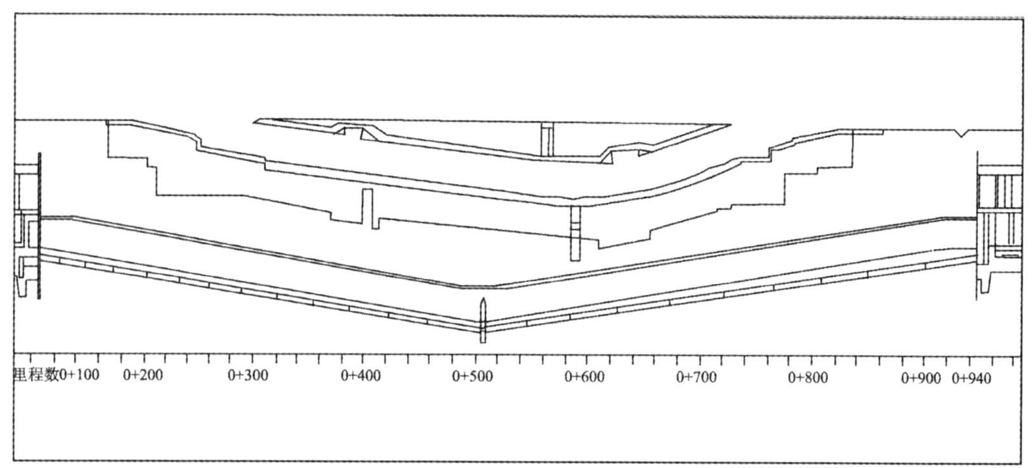

图4-2　工程范围示意图

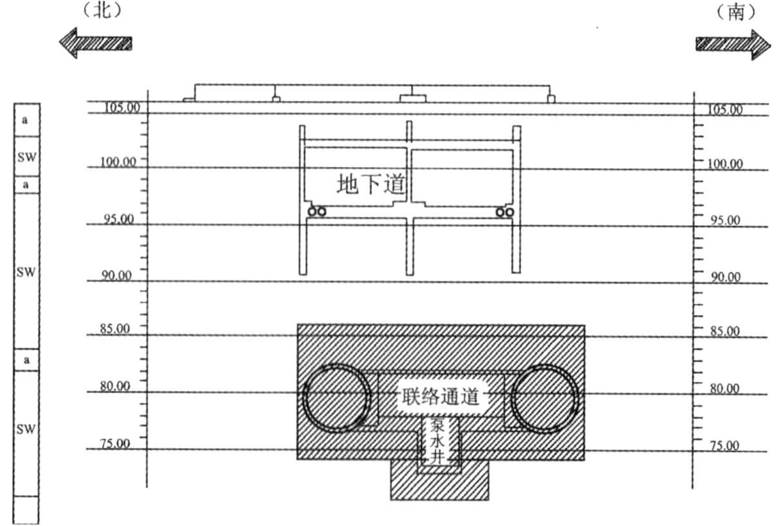

图4-3　联络通道工程示意图

4.1.2 工程地质概况

高雄市位于中国台湾西部麓山地质区的西南边缘，地质年代较新。大众地铁（大众捷运）系统路线规划由西南端至东端，居于高雄平原的现代冲积层。事故地点南北侧为公园绿地，西侧紧邻台铁沿海线线路及公园，东侧毗邻主要干道。事故发生地联络通道所在位置主要为中等紧密至紧密灰色粉质细砂层，偶夹灰色粉质黏土或砂质粉土。邻近地质调查的资料显示，地表以下 2.5m 为粉质黏土层，2.5 ～ 6.5m 为粉质细砂层，6.5 ～ 8.5m 为粉质黏土层，8.5 ～ 21.0m 为粉质细砂层，21.0 ～ 42.0m 为分支细砂夹砂质粉土层。42.0m 以下为粉质粗中细砂及粉质细砂层。

地层状况依据土层钻探结果，简化土层参数见表 4-2。

土层参数表 **表 4-2**

土层编号	土层深度（m）	土层分类（USCS）	土层厚度（m）	重度 γ（t/m³）	N 值	I_P（%）	ϕ（°）
1	3	CL	3.0	1.92	6	27	29
2	6.5	SM	3.5	1.96	8		30
3	8	CL	1.5	1.89	3	17	30
4	22	SM	14.0	1.94	13		32
5	24	CL	2.0	1.93	10	11	32
6	35	SM	11.0	1.98	24		33
7	50	SM	15.0	1.97	32		33

根据经济部地质调查所在施工区间段主要范围钻井资料显示，该地区的地层（地表以下 60m 范围内），由上而下大致可简单归纳成七个层次:（1）厚约 1.2m 的中等粒径碎石层;（2）厚约 9.8m 的松散至粗粒砂层夹薄黏土（厚约 1.0m）;（3）厚约 18m 的极细至细砂夹砂层偶夹薄黏土（厚约 0.5m）;（4）厚约 3.5m（-29.0 ～ 32.5m）的黏土层;（5）厚约 6.0m 的细粒砂层;（6）厚约 2.0m（-38.0 ～ 39.0m）的黏土层;（7）厚层中粒径砂层及粗砂层偶夹薄黏土。

4.1.3 地层加固施工

（1）加固方法选择

由于发生事故的联络通道所在位置地层大部分为粉土质细砂层，因此在联络通道及集水井开挖前先进行地层加固，以确保在打开环片和开挖作业时，开挖面能自稳而不产生崩塌与漏水现象。根据对地质的考察情况以及施工经验判断，只要能确保旋喷（jet grout）的施工范围和良好的施工质量，就足以应用于联络通道和集水井的施工。一般旋喷的工法分为 CCP、JSG 及 GJG 等。上述工法形成的加固体较小，遇到大规模的地基加固时，所需要的施工时间长，且施做的深度亦受到限制。为了提升地基加固的施工质量和效率，该区间段采用了日本发展的 Super Jet-midi 的旋喷加固方法（简称 SJM 工法）。SJM 的施工原理与传统的 JSG 旋喷工法颇为相似，不同的是 SJM 工法使用直径约为 14 ～ 18cm 的外套管，先进行削孔后，再将二重管置入地层的预定深度。拔除外套管后从注浆管的末端两侧喷嘴以高压喷射出大量浆液，注浆管一边旋转一边上升，喷射灌浆一边切换周围土壤，快速形成大直径高质量的加固体。

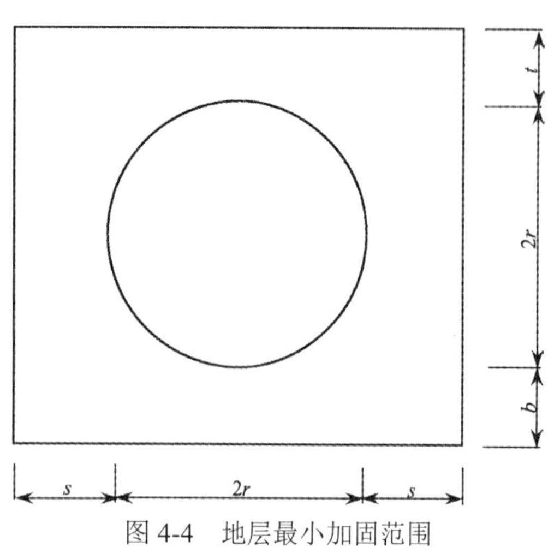

图 4-4　地层最小加固范围

（2）加固范围

地层加固设计主要参照 JET GROUT 协会技术资料，并至少符合 JET GROUT 协会所建议的最小加固厚度，见图 4-4 和表 4-3、表 4-4。

地层最小加固范围取值　　表 4-3

$2r$	$2r \leqslant 1.0$	$1 \leqslant 2r < 3.0$	$3.0 \leqslant 2r < 5.0$	$5.0 \leqslant 2r < 8.0$
s	1.0	1.0	1.5	2.0
t	1.0	1.5	2.0	2.5
b	1.0	1.0	1.0	1.5

地层加固设计与施工尺寸参考表　　表 4-4

位置	联络通道			集水井		
	计算	设计	施工	计算	设计	施工
s（侧边）	2.23	2.3	2.4	0.78	2.3	2.4
t（顶部）	3.41	3.5	3.75	—	—	—
b（底部）	2.23	2.3	2.4	1.15	2.3	2.4

4.2　事故与抢险过程

2005 年 12 月 4 日，在位于中正一路下方的 07 车站—08 车站施工区间段的地下联络通道施工过程中，发生了集水井大量涌水现象，并先后引发了两次大规模的塌陷。事故发生的位置见图 4-5 和图 4-6。

图 4-5 事故发生位置

图 4-6 涌水发生位置

4.2.1 事故发生与处理过程

事故发生与处理的具体过程见表 4-5。

事故发生与抢险过程 **表 4-5**

发生日期	事件发生及处理过程	备注（处理时间）
事件发生第 1 天	1. 区域内车站南半侧开挖边幅修缮进行中。	16:00
	2. 某区域内南半侧东南开挖边幅修缮进行中，正南方开挖侧面部分突然发生流砂现象。	16:15
	3. 紧急于流砂位置堆叠砂包做压制反应，准备喷凝土施喷，LW 紧急注入。	
	4. 派员从车站增援及待命砂包紧急送至隧道备用。	
	5. 渗水位置喷凝土施喷，因流砂含大量水分，发现喷凝土施喷无法有效凝结，持续施喷同时向井中投入砂包、快干水泥及速凝剂、凝结材料等压制。	16:40
	6. 流砂持续上升 1.5m，初步判断相关作业已无法有效发挥压制作用。	
	7. 关闭紧急门、设置支撑固定，并堆叠砂包增强紧急门反力抵挡作用。	17:30
	8. 喷凝土持续施喷于砂包堆置处进行对面作业，但流砂持续不断地从侧向涌出。	
	9. 主隧道检查，下行隧道无异常，上行隧道于管片间出现渗水，初步判断管片已出现错位现象。	
	10. 为防范作业人员发生危险，全员撤离至车站工区外。	
	11. 全员安全撤离隧道完成，封闭道路及铁路。	18:30
	12. 派遣人员于铁路侧待命，观察及知会铁路值班室紧急状况并协助处理。	18:35
	13. 派遣人员于道路侧全面观察并监测现场路面。	18:50
	14. 封闭地下道及地面道路。	
	15. 地面道路南侧出现约 20cm 的沉陷。	19:20
	16. 地面道路南侧出现 8m×8m×4m 坑洞，自来水 ϕ300×1，ϕ600×1 断裂，立即联络停水抢修。	21:13 21:30
	17. 联络铁路局，临港线停止行驶。	
	18. 车辆机具到达现场，紧急回填抢救。	23:00
	19. 管线单位到达现场，关闭自来水管阀门，因阀门老旧一时无法完全停止漏水；瓦斯抢修人员亦达现场待命	23:06
事件发生第 2 天	1. 邻侧台铁铁轨出现变位。	02:45
	2. 铁轨东侧开始浅挖探查，平面道路出现裂缝。自来水管人员至现场勘查状况，并表示需备料以便修复作业的展开。	03:00
	3. 车站西侧隧道口堆砌砂包至 1/2 洞口高，见图 4-7。	

续表

发生日期	事件发生及处理过程	备注（处理时间）
事件发生第 2 天	4．坍陷区坑中积水挟带回填的土方及混凝土（共约 2000m^3）突然被吸入流失，发出巨响且坍落范围加大，见图 4-8。车站内突然进入大量水及砂土，瞬间淹至月台高；随后退至离车站轨道层 40cm，作业人员全部撤退。 5．自来水管抢修作业员到现场进行水管切断及增设阀门止水。 6．地下通道南侧路面开始下陷，南侧壁面渗水增大。 7．车站东侧栈道铺设，渗水量无增加现象，堆砌砂包。 8．坍陷区坑中回填土方及混凝土（总计约 3850m^3）；ϕ600 自来水管出水量虽减弱，但未完全止水。 9．南侧回填坑中积水、土方及混凝土再度被吸入流失，坍落范围持续扩大。 10．邻侧大楼及地面道路路边 AC 出现裂缝。 11．坍陷区坑中回填砂土（总计约 3850m^3）；自来水管 ϕ300，ϕ600 止水作业完成，出水停止。 12．平面道路北侧慢车道坍陷约 10 ～ 20m，紧急灌浆填补。 13．地下道北侧、南侧（铁路正下方）瓷砖碎裂。 14．完成坍陷区坑中回填土方及混凝土（总计约 7680m^3）。 15．车站上行线坑口堆砌第二道砂包，见图 4-9。 16．平面道路北侧坍陷趋稳定，停止灌浆，持续回填土方。 17．临近受损大楼及铁轨侧进行试挖及地质改良。 18．平面道路路面回填完成，进行后续整平作业。累计回填土方 7563m^3，混凝土 2300m^3（总计约 9863m^3），见图 4-10	03:40 05:10 08:30 08:43 08:45 09:40 10:55 11:07 11:30 13:10 13:15 15:20 15:35 16:30 21:00 23:00
事件发生第 3 天	1．车站西侧上行线隧道坑口混凝土封堵作业开始。 2．平面道路路面整平作业完成，铁道部分持续地质改良灌浆。 3．平面道路临时交维作业完成。 4．车站西侧上行线隧道坑口混凝土封堵作业完成。 5．沿铁轨路段侧施做 LW 灌浆，平面道路路口及住家大楼全施做 CCP 灌浆。 6．试挖确认平面道路路面下箱涵位置，施做 LW 灌浆保护箱涵。 7．台铁工程人员至现场了解铁路受损状况及提供后续修复方法	00:30 02:30 04:40 07:40 10:30 11:30 16:00
事件发生第 4 天	1．平面道路 SSI 埋设，LW 灌浆持续施做。 2．车站站体东侧下行线隧道坑口混凝土封堵作业开始。 3．车站站体西侧上行线隧道坑口混凝土封堵作业开始。 4．车站站体东侧下行线隧道坑口混凝土封堵作业完成。 5．车站站体西侧上行线隧道坑口混凝土封堵作业完成	03:30 05:25 05:40 11:10 16:40
事件发生第 5 天	1．车站站体东侧下行线隧道坑口混凝土封堵作业开始。 2．选点平面道路附近试挖，预备施做 CCP。 3．车站站体东侧下行线隧道坑口混凝土封堵作业完成。 4．车站站体东井上下行线反力基座组模，LW 灌浆持续施做	05:30 12:00 13:00 22:40
事件发生第 6 天	1．车站站体东侧下行线开始进行反力基座混凝土浇筑。 2．平面道路附近试挖完成，预备施做 CCP。LW 灌浆持续施做。 3．车站站体东侧上行线开始进行反力基座混凝土浇置。 4．车站站体西侧上、下行线开始进行反力基座混凝土浇置	02:00 12:00 13:00 16:00

续表

发生日期	事件发生及处理过程	备注（处理时间）
事件发生第7天	坍陷区上方灌浆作业暂停一小时，为求了解地下道上方灌浆是否有深入地下道内。 LW 灌浆持续施做	14:40
事件发生第8天	1．关闭东西两座车站站体止水阀，以提升水位，增加隧道内水压，避免坍陷区坍陷扩大。 2．技师工会派员至灾变区附近民宅进行结构安全鉴定。 3．调整附近工区工程轨道、地下道钻挖作业以探测地质基预备灌浆作业，并在铁道旁装设监测仪器。 4．将铁道区轨板吊离，观察下方灌浆成效。 5．塌陷区南侧便道铺设级配料，地下道持续钻挖（已有两孔钻挖至地下道底版）。轨道版吊回原处并将两侧复原。LW 灌浆持续施做	02:00 09:00 11:10 14:50 15:00 23:10
事件发生第9天	1．南侧便道路面夯实。 2．地下道钻挖作业持续及地下道 SU 监测仪器设置。 3．坍陷区南北侧各一台 SPT 施做中。 4．地下道北侧架设补强钢支撑，讨论便道施做方案，地下道钻孔灌浆补强。 5．LW 灌浆持续施做	09:50 17:00
事件发生第10天	1．铁道下方地下道南侧补强钢支撑开始架设，北侧持续抽水中。 2．铁道下方地下道北侧补强钢支撑架设作业，南侧补强钢支撑底座架设。 3．车站站体东侧上下行线水位监测，车站站体西侧上行线灌水，下行线水位流量监测，地下道钻孔灌浆补强。LW 灌浆持续施做	10:30 15:30 22:30
事件发生第11天	1．完成平面道路附近 CCP。 2．地下道撤到裂缝发泡剂止水施做。地下道钻孔灌浆补强。 3．LW 灌浆持续施做	15:30 21:45
事件发生第12天	1．地下道南侧完成补强支撑架设。 2．地下道钻孔灌浆补强，采用 LW 灌浆，钻孔灌浆补强	12:00 15:00
事件发生第13天	1．公园缘地南侧便道单向通车。地下道钻孔灌浆补强。 2．LW 灌浆持续施做。 3．地盘灌浆补强及监测作业持续进行	06:00

图 4-7 隧道口堆砌砂包至 1/2 洞口高

图 4-8 中正路发生大规模坍塌

图 4-9　隧道口堆砌第二道砂包

图 4-10　中正路路面填平

4.2.2　事故紧急应变措施处理程序

地铁站间地下联络通道，因隧道底盘（约地下 28m，即 -28m 高程）和集水井（约 -33m 高程）的施工需要钻洞开口，在开挖基础土层（约 -30m 高程）时，发现有少量地下水渗入隧道内，施工方紧急以铁板覆盖开口，由于止水无效渗漏扩大后，为了防止事故继续扩大伤及人员，开始管制道路双向交通，地下通道东西双向均被封闭，车辆改道，见图 4-11。

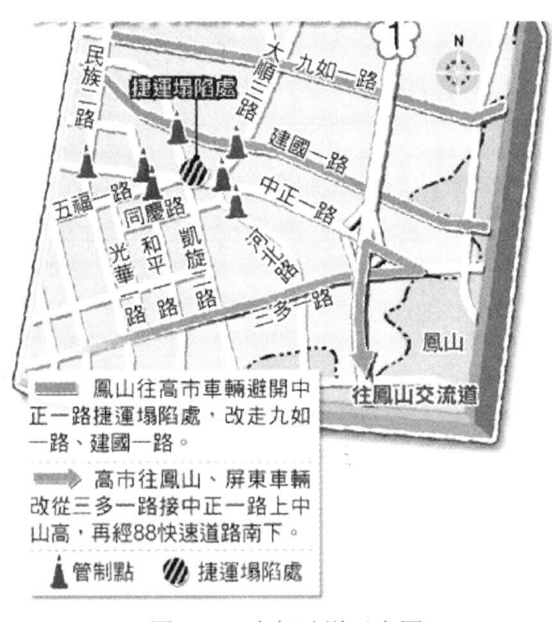

图 4-11　车辆改道示意图

同时也因为止水无效大量水土涌入隧道内后，造成掏空联络通道开口附近地层，连带使其上方地层塌陷形成长约 50m、宽 30m、深 10m 的大坑洞，附近地面及路面亦发生严重塌陷，邻近房屋损坏以及出现裂缝。连同隧道上方的地下通道也受到波及，致使其基础产生不均匀沉陷，造成壁体破损和渗漏，见图 4-12。事故发生后施工单位立即进行抢修，以回填砂土和灌浆的方式全力封堵补救，封堵示意图见图 4-13。

图 4-12　地下通道发生渗水

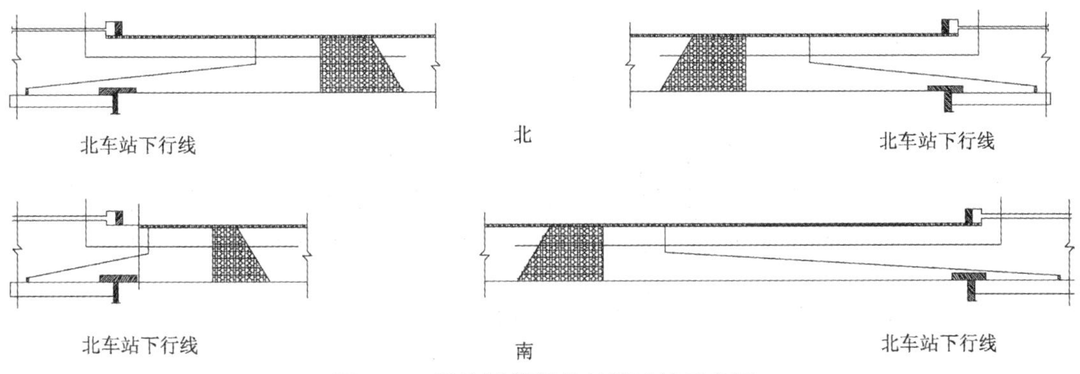

图 4-13　盾构隧道紧急封堵措施示意图

坍塌瞬间震动机所造成的噪声相当惊人，犹如地震。由于塌陷规模大，初步判断导致这次塌陷的最大原因，应该是地层加固区有些区域没有加固成功，这也是一般深基础工程较容易出现的盲点。至于地下通道出现错位问题，虽只发现瓷砖龟裂现象，将再进行较缜密的评估和检测，发现地下通道的结构有受损，即应进行相应的修复补强措施。从路面塌陷的体积和灌浆量推估，车站站体间的盾构隧道可能有一部分已经断裂，因此这一区段的隧道就必须移除重做。

4.3　事故原因分析与隧道管片补强方案

4.3.1　事故过程还原与原因分析

车站站体间的盾构隧道联络通道集水井施工期间开挖至 -30m 处的地下水的可能渗流情况为（假设开挖面以下地层加固未起到止水效果，不考虑上浮力的破坏情况）：①联络通道底部落在透水砂层有挡水壁的情况，见图 4-14（*a*）；②联络通道底部落在透水砂层无挡水壁的情况，见图 4-14（*b*）；③联络通道底部落在低透水砂层有挡水壁的情况，见图 4-14（*c*）；④联络通道底部落在低透水砂层无挡水壁的情况，见图 4-14（*d*）；对相同的水压（上层水压及两个低透水层之间的承压水压）而言，情况①因在透水层中的挡水壁可能会渗漏，故其渗流量一般多比情况③大；对相同的水压（两个低透水层之间的承压水压）而言，情况②的渗流量一般比情况③大。为了了解施工开挖至 -30m 处地下水管涌渗流情况，特绘制了流线图，见图 4-15。假定开挖面下透水砂层间厚 2.5m 的黏土因

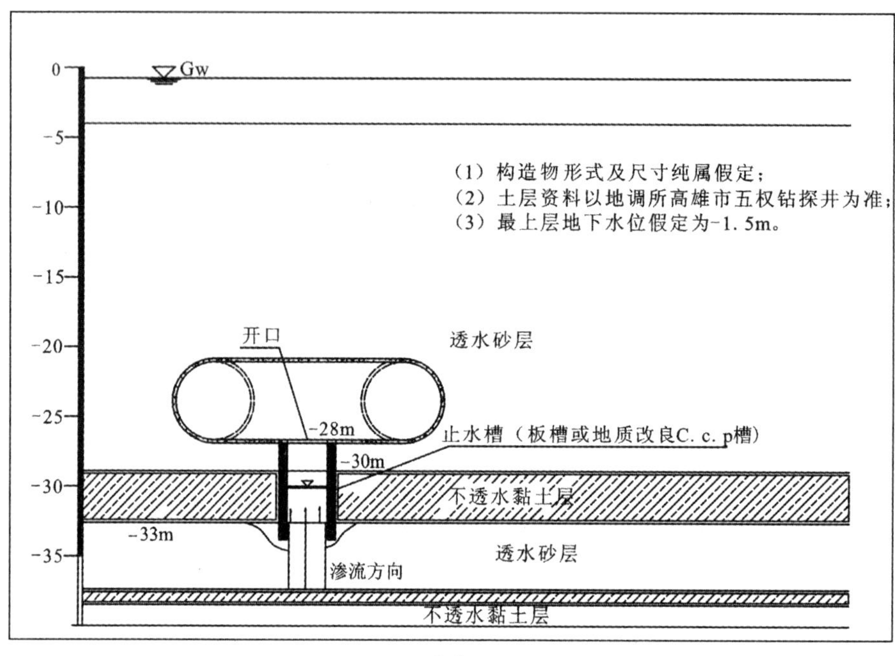

(a)

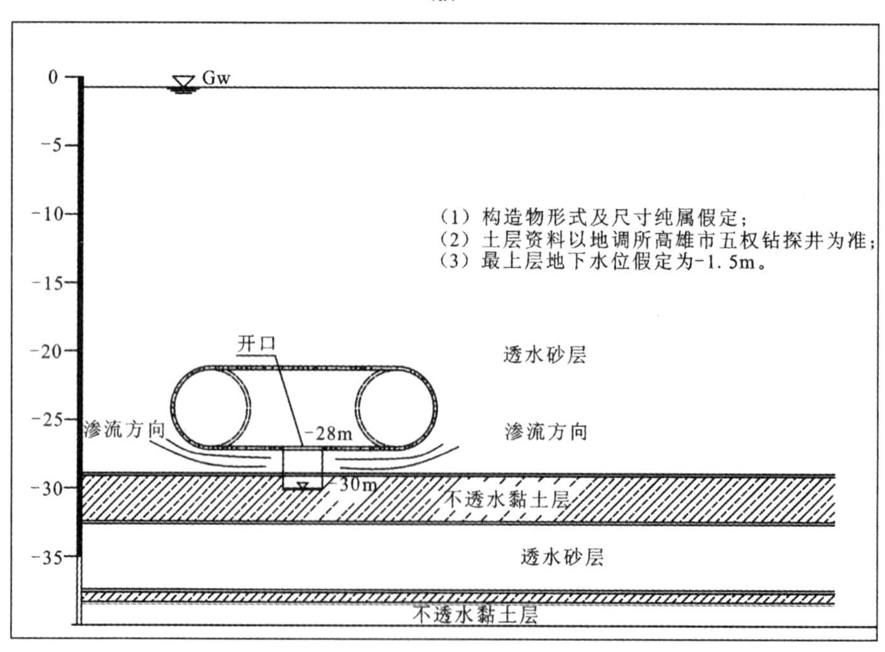

(b)

图 4-14 集水井施工 -30m 处地下水渗流示意图（一）

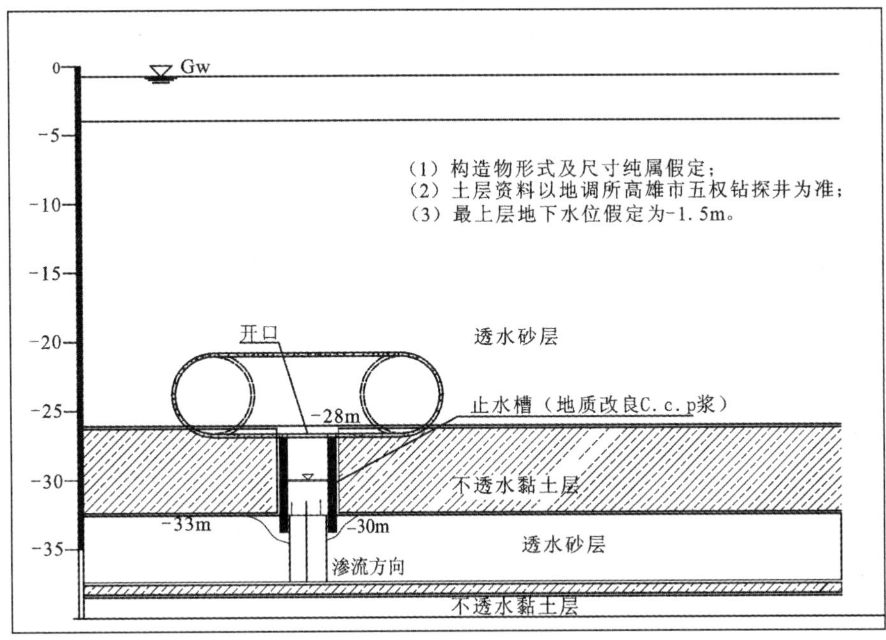

（c）

（d）

图 4-14 集水井施工 -30m 处地下水渗流示意图（二）

施工扰动而变得可透水，而周围的地层因加固质量不佳亦可假定其是可透水的。另外假定透水砂层干密度为 1.70t/m³，饱和含水量为 25%，则根据抵抗管涌的安全系数公式，取 $D = 2.5$m（开挖后黏土层厚度），$N = 11$（等势线网格数），$N' = 5$（P 点等势线网格数），安全系数为 1.0，可得地下水水头差为 6.2m。

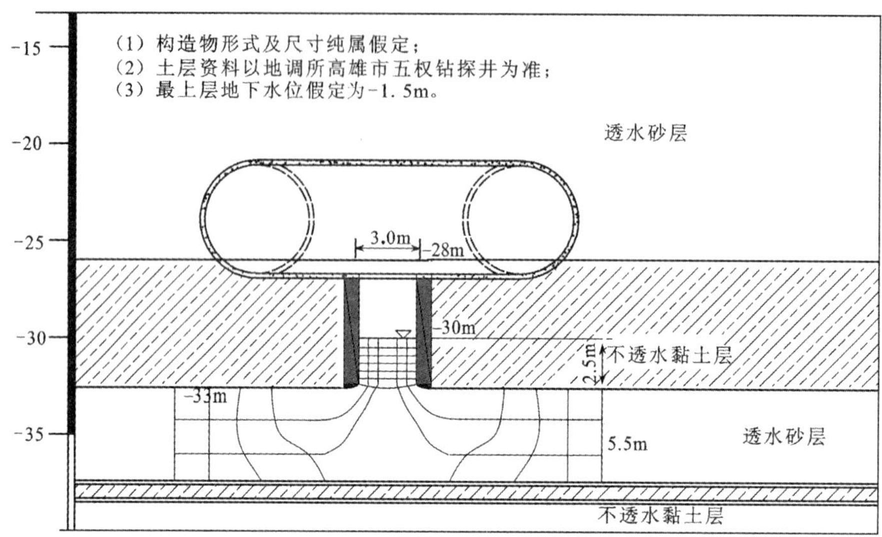

图 4-15　流线网图

根据经验判断，-33m 处静水压力约为 31.5t/m^2（水头为 31.5m），地下水水头差必须大于 6.2m，以此推断施工开挖至 -30m，如果施工时地层加固质量不佳，止水壁无法截断周围渗水时，管涌破坏应该是会发生的。进一步分析，假定集水井下厚 5.5m 砂土地层加固 C.c.p（化学药剂灌浆）完全止水，则依据抗浮公式核算，当承压水头高大于 21m 时，-38m 处黏土层便会产生上浮力破坏，更遑论开挖面降至 -33.0m 的上浮力抵抗了，见图 4-16。因此对于前文所述的四种情况，除非改变施工方式（如人工冻结法或预钻集水井压重下沉法）或增加抗浮能力（C.c.p 加固范围增加止水性能提高），最终都无法避免发生涌水事故。

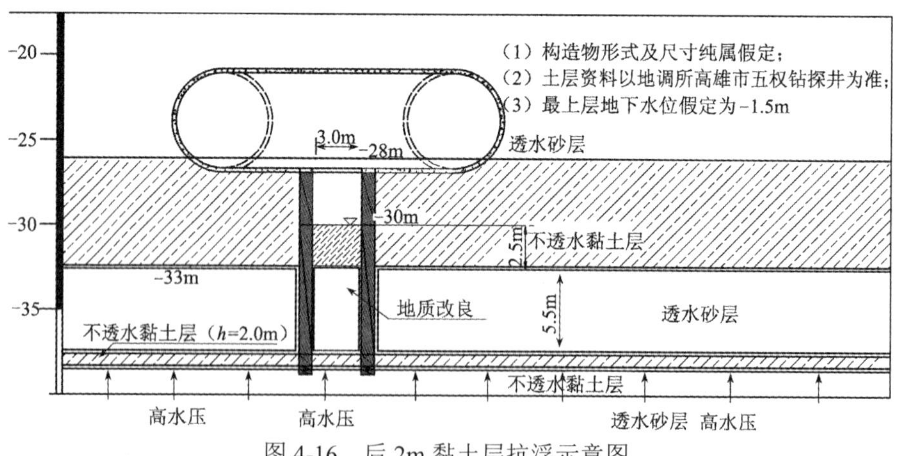

图 4-16　后 2m 黏土层抗浮示意图

再则联络通道底部在高水压情况下进行开孔及施工作业，见图 4-17，如同将密闭的沉箱构造物沉放在水面以下 25 ～ 30m 的河床砂土中，然后拔开底部开口铁盖的情形相类似。假定开口设有两道孔塞，第一道止水铁盖在外，第二道为细孔木塞（类似黏土层）在内，内部为自然大气压，开口底部下的土、水在高水压的作用下，必然冲开第二道木塞流进沉箱内，如图 4-18 所示。如果经过适度的修改，应可在高强度透明 PVC 或玻璃槽内，模拟现场实际条件，作小尺寸的室内试验，模拟和观察破坏现象。

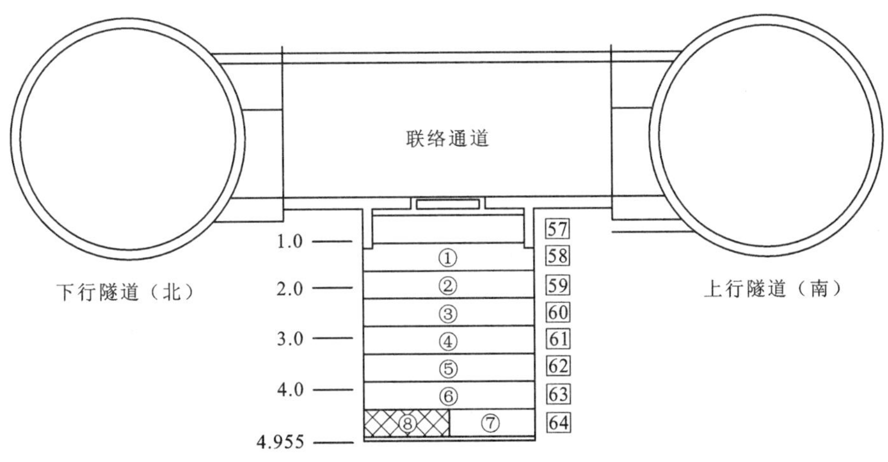

图 4-17　联络通道集水井开孔顺序示意图

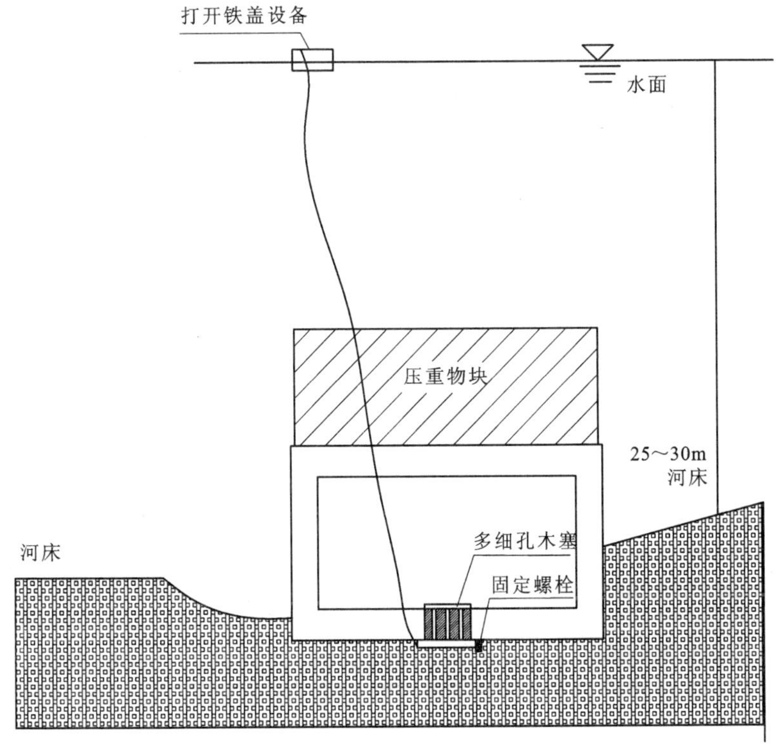

图 4-18　沉箱浸沉河床示意图

根据事故后工程人员的陈述分析讨论，还原事故可能经过如下：联络通道底部开凿缺口初期，因集水井预定位置下方已经先进行了地层加固，初期的渗流量并不大，因此施工人员失去了警惕。当开挖至地表下 -30m 时，黏土层已经挖掉 2m 剩下仅约 1.5m，加上开挖面暴露时间较长，黏土层被承压水层的上浮力上顶隆起产生黏土层开裂，而后渗流量逐渐加大，此时土砂已经开始涌进隧道内，施工人员以铁板覆盖缺口无效，而后土、砂和水大量涌进隧道内，水流掏空地层（有缺口中心以近同心圆向外扩展），掏空处上方塌陷，经过一连串的多米诺骨牌效应，最后可能连 -38m 处的黏土层都被更下层的水压冲破，事态愈发不可收拾。塌陷的示意图见图 4-19。

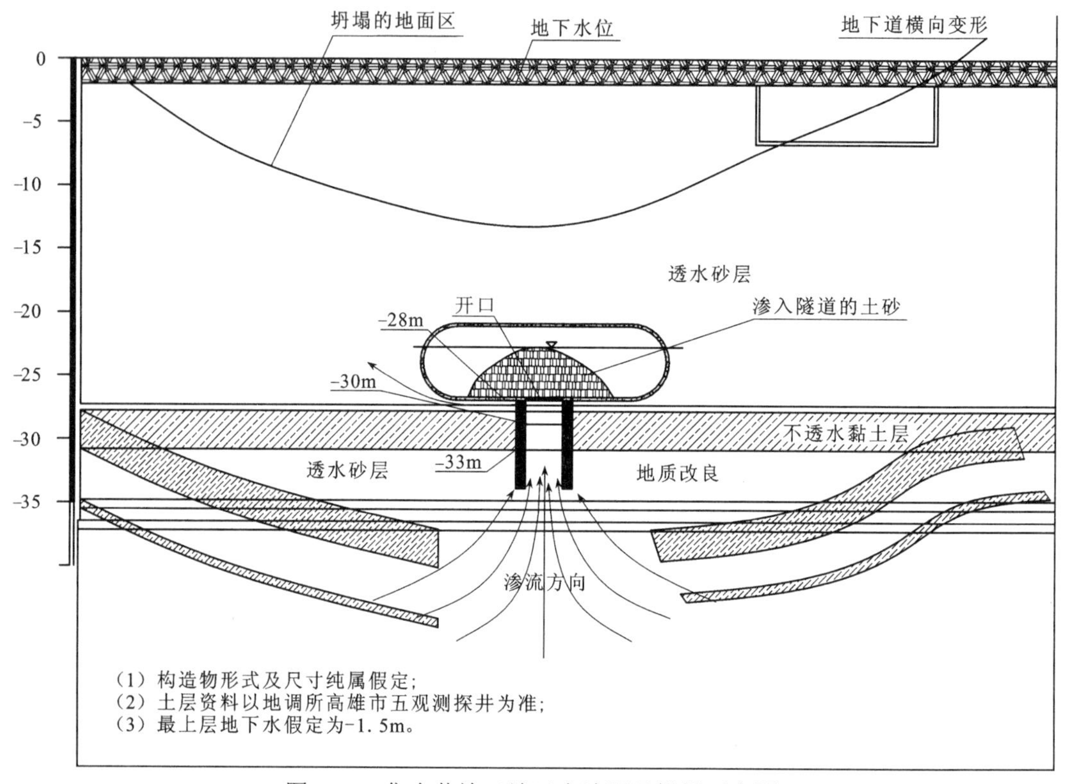

图 4-19　集水井施工地下水渗漏及坍塌示意图

总结起来，此次塌陷的最大及直接原因及其对策初步应该是：

（1）隧道开口位置低，地下水上浮力太大。地铁工程所在工地，一般作业环境先天都不良：①地层条件不佳，砂、土层标准贯入 N 值偏低，土壤强度弱；②水文环境不利，上层地下水位高（极接近地表），承压水层孔隙水压大。施工开挖作业（尤其是地下隧道掘进或壁体开洞），如地下水处理不当时，极易产生管涌和流砂，继而引发事故。联络通道集水井施工事故的罪魁祸首应属地下水无疑。根据抗浮验算的结果，基础开挖至 -33m 预定高程位置时，除非集水井利用预制压重慢慢下沉，或改用人工冷冻工法，或增加 C.c.p 加固范围提高止水性能以增加抗浮力，否则事故似乎是无法免除的。因为有了地层加固止水效果的认定，所以相关的设计和施工人员都认为开挖不会有安全问题，故当现场出现严重的渗漏水时，施工人员的直接反应就是在隧道内部以铁板覆盖缺口，或是在铁板下方放置止水橡胶垫片以及在铁板上放重物增重，均因处理不当而未能防止事故的发生。建议的集水井施工示意图见图 4-20。

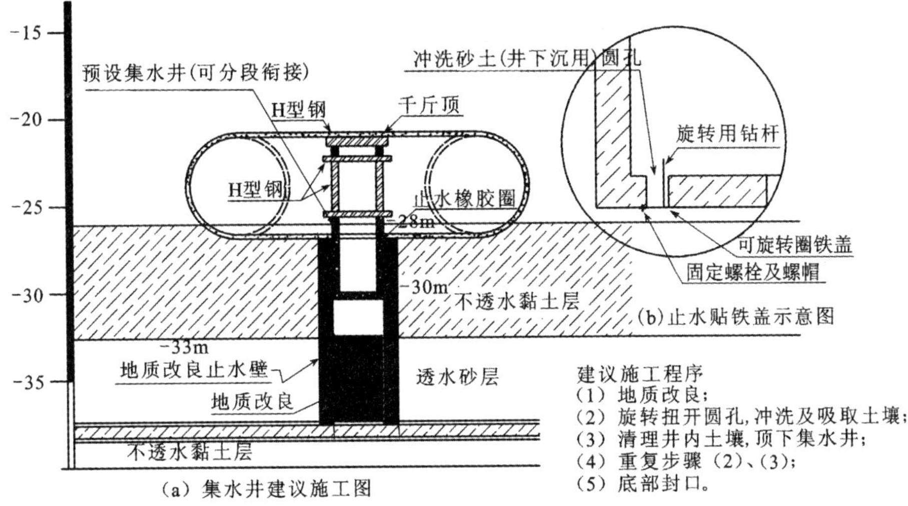

图 4-20 集水井建议施工示意图

（2）集水井工程施工作业并非完全没有问题，人为疏忽概率高。联络通道底部集水井施工时，相关的设计、监理和施工人员，轻视了地下水上浮力的严重性在先，施工现场第一线施工人员施工时疏忽在后，一连串的应变能力不足才导致了事故如此严重。如果事先在规划、设计、施工和监理中任意一环提出预警，事故是可以免除的，就算发生也不会如此严重。

（3）现场施工人员欠缺工程专业知识和技能，应变处理能力不足，均可导致事故程度扩大。隧道开孔是大事，尤其是深开挖，如果有负责的工程师或监工在场，工人应该不敢冒进，尤其是集水井施工必须先在隧道内切断底部混凝土凿洞。当进行集水井开挖高程约为 -30m（计划高程 -33m）发现渗水时，据记录资料推测开挖时间，应该是星期六或更早，而实际却选择在星期日同时切割混凝土和开挖土方。而若在星期六以前，则开挖暴露的时间又过长。现场人员未能警觉到施工区域有高水压的危险，没有深入研究地质调查、钻探报告和监测系统，在现场已经发现土、砂流进隧道后，只知道以铁板覆盖缺口，没有及时在铁板下设置止水橡胶垫圈及在铁板上压重（或以千斤顶顶隧道），也没有就地取材利用开挖遗留下来的钢筋混凝土块、散土和防火用的砂包就近紧急回填和压重。当然了解清楚事故的真正原因，应该彻底检查事故发生前后的工作日志、出勤记录及访查相关人员及资料。

（4）地层开挖（含隧道开口），应特别注意底盘稳定检查，高地下水压作用下的地层开挖（含隧道开口），应特别注意有关开挖工程安全性（如挡土工入土深度、流砂及管涌抵抗、地下水上浮力抵抗和地层隆起）的检查作业。

（5）地下水位高的地层中构造物可以考虑采用预制的方式施做，减少开挖面暴露时间和渗漏机会，提高工程安全性。

（6）浅层饱和砂层 N 值偏低，地下水位高，地震时极易造成砂土液化，应特别注意。以南部地区浅层（地表下 20m 范围内）饱和砂层为例，标准贯入试验 N 值偏低，多介于 2 ～ 10 之间，地下水位又高，约为 -0.13 ～ -4.5m 之间，地震时易发生砂土液化。利用冻结法进行施工时，可通过测温管检测地层中的温度以间接评估冻结效果，见图 4-21。

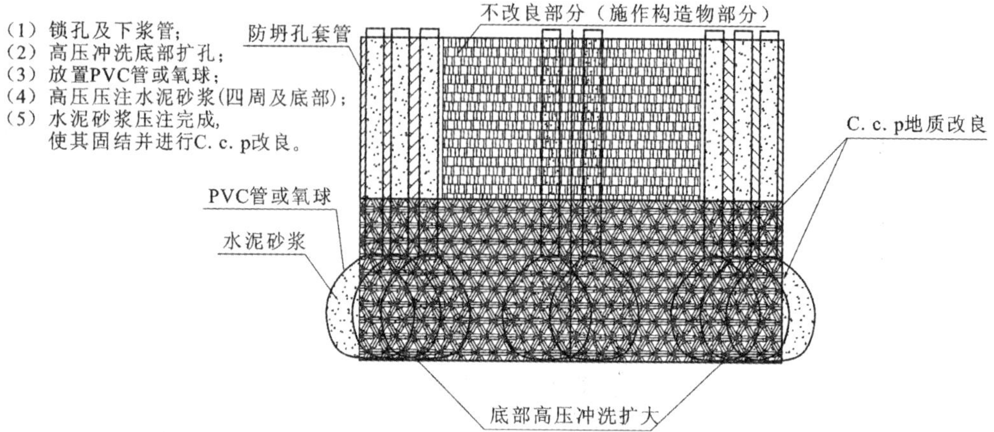

图 4-21　集水井地层加固建议示意图

4.3.2　隧道管片补强方案

盾构隧道管片外的间隙用 LW 灌浆进行补强，具体的过程见图 4-22。

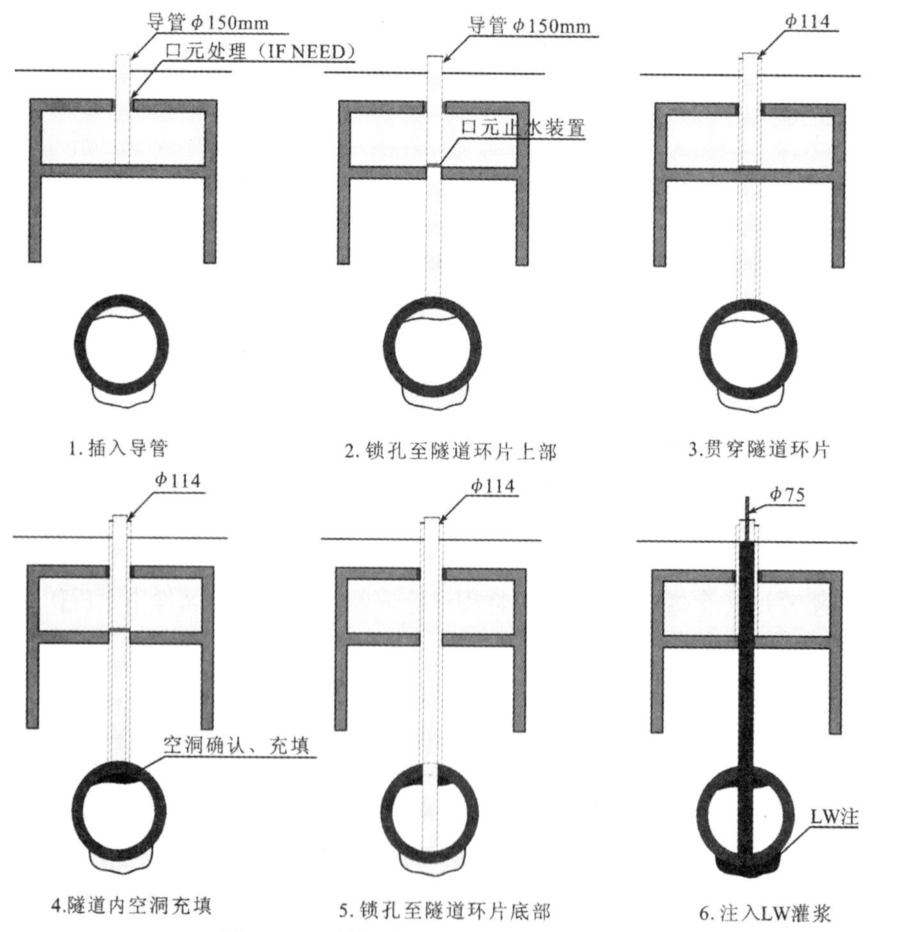

图 4-22　盾构隧道管片补强措施示意图

4.4 教训与提高

1．高雄的这一次地铁盾构隧道联络通道坍塌事件是高雄地铁工程开工以来最为严重的一次事故，其所牵涉层面以及影响范围极广，避开政治风波不谈，就总体经济而言，有形及无形的损失都很惨重，因为不论是工程施工方、政府部门、保险公司、邻近居民和社会大众都是输家；另外就工程层面而言，更是暴露出部分参建单位的脆弱面，诸如：（1）公司组织不健全，施工技术欠缺；（2）借用外商技术，沟通协调不力；（3）无承包重大及难度较高的工程额统包能力；（4）设计及施工作业经常顾此失彼，有设计能力者无施工经验，有施工经验者缺乏设计能力；（5）承包商现场作业人员工程技术水平参差不齐，现场意外事件应变能力不足，或疏忽职守情况严重；（6）施工计划不够周全或没有严格执行；（7）对可预见的工程事故既不事先做好抢修演练，也无事故后的修复标准、作业程序和规则等等。

2．盾构隧道周边的地层加固，应配合周边深井群井（预备井）与水位观测井（设于深井群井之间）来降低地下水位。在集水井区域进行开挖前，应先使用周边深井群井抽排水降低区域局部地下水位（制造地下水位坡降），由深井群井之间的水位观测井确认水位及抽排水降低区域局部地下水位的效果（即使无法将地下水位降低至集水井区域开挖深度以下，至少也减少地下水压渗透加固区的破坏力），然后在开挖集水井。如此才能达成安全开挖目的。毕竟，地层加固只能视为辅助工法，其可靠性不一定很高。

3．万一集水井区域在进行开挖时发生了涌水现象，而灌浆补救又收效甚微时（灌入浆液材料要等其固结后才能发挥作用，且注浆材料只有在静止状态的地下水中才能固结），此时最佳抢救对策应该是泄水降压，以夷制夷。即在局部区域进行围堵，并灌水以平衡地下水渗透压力（盾构隧道涌水处两端用砂包混凝土围堰工法筑起围堰，通知消防队协助将附近消防栓导水灌注）。只要在卸压井管加设止水阀，可随意开关泄水或止水，采用重力排水原理泄出地下水，无须电力就可以排水，泄出之水又可抽导入砂包混凝土围堰内加速抑制涌水。以哲学的思维来应对大自然地下水，真正做到四两拨千斤。如果抢救的思维方向对了，方法就简单多了。

第 5 章　上海地铁 4 号线工程事故案例

5.1　工 程 概 况

上海地铁 4 号线事故地段为浦东南路站到南浦大桥站隧道区间，如图 5-1 所示，该区间隧道上行线长 2001m，下行线长 1987m，其中江中段 440m，区间隧道底部最大埋深为 37.35m。区间采用盾构法施工，盾构从浦东向浦西推进，在穿越黄浦江后经防汛墙、外马路、文庙泵站、音像制品批发交易市场进入中山南路，在穿越多稼路后隧道上下行线逐渐由水平向推进转为垂直同向推进，直至浦西南浦大桥。事故段周边环境情况见图 5-2。

图 5-1　事故区间示意图

本工程的总承包商为上海隧道股份、联络通道的专业分包商是北京中煤矿山工程有限公司、监理方由上海地铁咨询监理科技有限公司承担。

事故的发生点位于隧道的联络通道处，如图 5-3 所示，联络通道采用冰冻法进行施工。事故的周围主要道路的上、下敷设有上水、电力、煤气、通信、电缆、雨污水等各类管线。中山南路交通十分繁忙，有数十条公交线路通过。事故区域东面沿黄浦江一线是按百年一遇大潮汛标准修建的防汛墙。

图 5-2　周围环境图

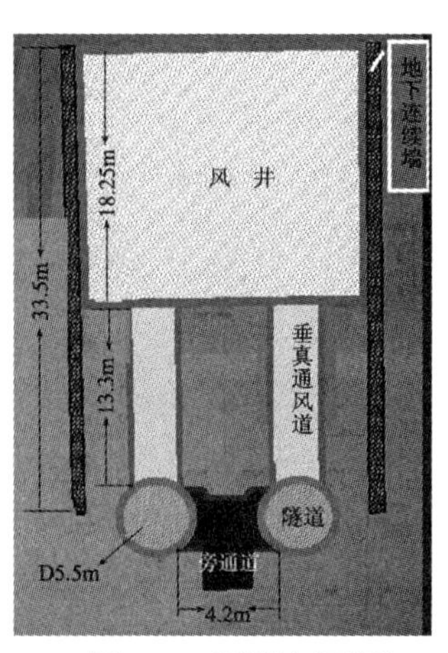

图 5-3　隧道剖面图

从地质报告可知在30m深度以下，地层为第七层（⑦$_1$、⑦$_2$层），该土层砂性重，易液化。联络通道位于第七层，同时该土层为上海第一承压水层，承压水最高水位为地面以下7.58m，最高水头为21.7m。

在主体工程区间隧道完工后，进行联络通道施工时，2003年7月1日，发生了险情，导致浦西董家渡地区隧道塌陷，隧道附近的土体流失，进而使得地面建筑物发生倾斜等问题。为平衡隧道内外压力，采用了向隧道内注水的方法，上、下行线隧道内已全部被水充满。原中间风井场区中山南路、临江大厦、外马路及董家渡路以内的原有建筑和构筑物发生不同程度的沉陷，地面以上部分在抢险期间已经全部拆除。

5.2 事故与抢险过程

事故发生后，时任温家宝总理、黄菊副总理等国家领导极为关心，分别做出了重要指示、批示。建设部还专门派出了专家组（表5-1为专家组名单），召开了技术座谈会，查阅了有关资料，进行了现场踏勘，并给予指导。

建设部专家组名单 **表5-1**

姓名	职务
汪光焘	建设部部长
金德钧	建设部总工程师
曹右安	交通部总工程师
黄熙龄	中国建筑科学研究院地基专家、中国工程院院士
王铁宏	中国建筑科学研究院院长、地基专家、高级工程师
刘金砺	中国建筑科学研究院顾问、总工程师
贺长俊	北京城建集团顾问、地铁专家、教授级高级工程师
徐波	建设部工程质量安全司副司长
勒军安	部长秘书

事故发生后，市政府立即启动了紧急抢险预案程序，成立了时任副市长杨雄任总指挥的现场抢险指挥部，迅速组织抢险工作。指挥部下设工程抢险、地区、管线、治安交通、新闻信息等工作组。特别是，充分发挥上海工程建设领域的专家力量，同时成立了专家组，由刘建航院士任组长。包括隧道、防汛、房建地基、道路桥梁等专家。

时任市长韩正同志亲自参加了指挥部专题会议，并传达了温家宝总理两次电话询问中，关于确保人民生命财产安全、加强4号线沿线质量安全检查、中央全力支持上海战胜险情的重要指示精神。

根据中央领导和市领导的指示要求，抢险指挥部多次组织召开专题会议，部署落实各项抢险措施。各项抢险工作按照预案，以地下隧道、防汛墙、地面建筑等为重点。具体包括六个方面。

（1）对事故影响段隧道进行封堵。

根据专家意见，对该段上下行线采用钢筋混凝土结构进行封堵，防止进水向两头蔓延，并抓紧实施后备防线。同时，实施隧道顶部钻孔灌填方案，进一步封堵事故区间，防止隧道塌陷蔓延。

（2）设置并加固临时防汛围堰。

已在开裂并沉降的原防汛墙外，用沙包堆垒临时防汛围堰，与现有防汛墙间用沙土填筑，并用板桩加固。

（3）对影响区域实施全方位注浆加固。

对事故现场周边的中山南路、董家渡路等道路和沿线建筑、管线，以及事故点周边部分区域实施全方位注浆加固，浅层与深层双管齐下，防止因沉降引发的险情进一步扩大 。

（4）妥善实施管线切断和改接。

自来水、燃气、电力、通信等管线部门，按照指挥部的统一部署，及时做好实施各自的管线切断和改接方案，在确保城市正常运行和居民正常生活的前提下，为抢险工作顺利实施提供保障。

(5) 加强实时动态监测。

组织了两支实时动态监测的队伍，同时对周边建筑、地面道路、防汛墙等重点目标进行监测，监测结果每半小时一报，同时对可能发生的状态，由专家组进行分析，为指挥部决策提供依据。

(6) 拆除或加固周边有关建筑。

拆除发生裙房倒塌的八层楼房和倾斜比较严重的七层楼房。

5.3　原因分析

事故原因为施工单位在用于冷冻法施工的制冷设备发生故障、险情征兆出现、工程已经停工的情况下，没有及时采取有效措施排除险情，现场管理人员违章指挥施工，导致了这起事故的发生。同时，施工单位未按规定程序调整施工方案，且调整后的施工方案存在欠缺。总包单位现场管理失控，监理单位现场监理失职。

经过专家组讨论一致认为:《冻结法施工方案调整》存在缺陷，施工中冻土结构局部区域存在薄弱环节，并又忽视了承压水对工程施工中的危害，导致承压水突涌，是事故发生的直接原因。

可见对风险意识的缺乏、对风险估计的不足以及准备得不充分，都是导致本次事故的主要因素。

5.4　修复方案比选与论证

5.4.1　前期调研与论证

上海市轨道交通 4 号线（明珠线二期）为轨道交通线网“申”字形框架的东半环，它与轨道交通 3 号线（明珠线一期）共同构成上海轨道交通线网中唯一一条环线，这条环线不仅对网络中其他放射线起到纽带联系作用，还通过环线上的换乘结点强化了网络的整体功能，对提高网线的整体效益十分重要[1]。

2003 年 7 月 1 日，轨道交通 4 号线浦东南路站至南浦大桥站之间的上、下行线区间隧道贯通，正在实施两条隧道的联络通道施工时发生重大险情，导致隧道附近的土体大量流失，约 270m 长的隧道发生塌陷损坏，地面发生了较大沉陷，最大沉陷量达到 7m 左右，事故区地面的一些建（构）筑物出现了不同程度倾斜与破坏。在事故的抢险过程中，为了平衡隧道外部的水土压力，采用了封闭隧道井口并注水的方法。在道路、重要建筑物和隧道轴线附近进行了大量的注浆充填和加固，地面发生严重损坏的建（构）筑物被拆除，并进行了回填。

事故发生后，业主、设计、施工等单位立即成立了上海市轨道交通 4 号线修复方案组，进行了大量现场调研、试验、和各项专题研究讨论会。这些前期工作包括：①对隧道损毁情况的探摸与评价；②对扰动后地层的重新勘探；③对所涉及的新工法和新设备进行市场调研与考察。

（1）对隧道损毁情况的探摸与评价

无论采用何种修复方案，首先必须了解已经被完全掩埋地下的隧道状态，即隧道的损毁程度与范围，以及障碍物的分布情况等。经过多次专家讨论决定采用最直接和准确的方法——探摸隧道顶部标高与隧道竣工后的实际标高是否吻合。通过从地面打探孔探摸地面下 30m 左右的圆形隧道不可避免地存在一定的施工误差，经过与隧道设计院讨论，最终将隧道顶标高与设计标高相比下沉在 10cm 以内作为隧道结构完好的标准。

探摸的具体施工操作为在指定孔位上钻孔，上部回填层或原建筑基础层用 G150B-0 型潜孔冲击器钻孔，原始未被破坏土层采用常规刮刀钻头钻进。在钻进中根据进尺快慢判断是否接触混凝土管片；当判断遇到隧道管片时，换用 ϕ150mm 金刚石环状取芯钻头钻进，并取岩芯。根据被取岩芯的所在位置、质地、形状、判断隧道的受损情况。因本地层遭到了严重扰动，在该地层中钻进中存在着严重的漏浆的危险。因此根据钻进中的漏浆情况，并在必要时对个别钻孔的局部孔段钻取土样，判断地层扰动情况。在全部钻孔完成后，综合各钻孔钻进情况和芯样判断，以确定隧道受损状态。

在 2003 年 7 月抢险期间、2003 年 9 ～ 10 月以及 2004 年 4 月先后进行了三次探摸，探摸成果基本吻合。表 5-2 是隧道临界点附近的探摸成果。

损毁隧道顶标高探摸成果 **表 5-2**

方位	点号	里程	隧道顶标高差（m）	探摸时间
中山南路侧	Y_1	XK12+088.000	−0.138	2004 年 4 月
	Y_2*	XK12+083.000	0.241	2004 年 4 月
	Y_9	XK12+085.000	−0.052	2004 年 4 月
	Y_3	SK12+103.088	−0.047	2004 年 4 月
	Y_4	SK12+098.089	−0.014	2004 年 4 月

续表

方位	点号	里程	隧道顶标高差（m）	探摸时间
黄浦江中	W_1	XK11+826.365	-0.017	2004 年 4 月
	江 3	XK11+842.400	-0.110	2003 年 10 月
	W_2	SK11+834.000	-0.057	2004 年 4 月
	江 4	SK11+847.600	-0.067	2003 年 10 月

注: Y_2* 点误差较大，又进行了 Y_9 点补测。

其中江 3、江 4 点是 2003 年 10 月黄浦江中探摸成果，其他为 2004 年 4 月探摸成果。Y2 点成果误差较大，在邻近点 Y9 进行了补测。Y1 点距 2003 年 7 月隧道打孔进行灌注混凝土的 S1 点 1m。根据上述多次探摸成果可以基本判定，隧道损坏临界点为 SK11+832 和 SK12+106.091 附近，下行线隧道损坏临界点为 XK11+824.364 和 XK12+091.478 附近。

（2）扰动后地层的重新勘探

事故发生的过程中地层发生了严重的扰动，因此对事故影响范围内的地层进行了重新勘探并与原地质条件进行对比。

（a）工程地质

工程事故区段所涉及的范围为临江侧外马路、董家渡路、中山南路沿线，地形较平坦。根据本工程的原有岩土工程勘查报告，主要土层的地基土物理力学性质见表 5-3。

原土层的地基土物理力学性能指标 **表 5-3**

层号	地层名称	层厚（m）	含水量 W（%）	重度 γ（kN/m^3）	孔隙比 e	内聚力 c（kPa）	内摩擦角 φ（°）	标贯 N
①	杂填土	2.0 ～ 6.0						
$②_2$	灰色黏质粉土	10.5 ～ 13.6	33.5	18.1	0.96	10	26.0	5
$⑤_1$	灰色黏土	3.5 ～ 5.1	42.1	17.4	1.20	14	13.5	
$⑤_2$	灰色粉质黏土	3.9 ～ 4.5	35.5	18.0	1.02	17	18.5	
⑥	暗绿色粉质黏土	4.3 ～ 4.4	24.4	19.4	0.72	38	22.0	
$⑦_1$	砂质粉土	8.5 ～ 9.2	29.6	18.5	0.85	7	32.0	36
$⑦_2$	粉细砂	未钻透	25.7	18.9	0.76	3	35.0	50

事故范围内地下水为潜水和承压水。潜水水位埋深为 0.4 ～ 1.0m，承压水埋藏于⑦层，为上海地区第一承压含水层，最高水位为地面以下 7.58m（标高 -3.31m），场区内地下水对混凝土无腐蚀性。考虑到原风井位置发生险情后，地下 15m 范围内埋有各类障碍物，同时可能导致地层错层、承压水与潜水及江水沟通等情况，故结合对原区间隧道具体受损情况探摸的同时，在原孔号 Q10G15 附近进行原位岩土工程补充勘查，提供新的土层和地下水资料。从两次勘察的地质资料物理力学指标分析，发生险情后，场区土层明显发生了错位，但土层的各项力学性能指标基本没有恶化。

2004 年 4 月，现场进行了事故场区的地质补充勘探，并与原勘察报告中邻近孔地层进行了对比分析：沿基坑外侧（约 8m）地层层位基本上未有明显差异，仅第②层在局部有沉陷，层位有一定变化。在两条隧道轴线中间的地层错动和塌陷较大，土层的下陷量在 4.5 ～ 7m 左右，与 2003 年补勘情况基本一致，见表 5-4。

补勘土层的地基土物理力学性能指标 **表 5-4**

层号	地层名称	层厚（m）	含水量 W（%）	重度 γ（kN/m^3）	孔隙比 e	内聚力 C（kPa）	内摩擦角 φ（°）	标贯 N
①	杂填土	7.70	33.5	18.7	0.98	14	27.5	
$②_2$	黏质粉土	1.80	30.9	18.7	0.90	7	32.0	10
⑤	灰色黏土	7.10	43.3	18.2	1.24	14	12.5	
⑥	暗绿色粉质黏土	3.50	24.4	20.2	0.70	43	15.5	
$⑦_1$	砂质粉土	12.30	35.1	20.3	1.04	0	33.0	40
$⑦_2$	粉细砂	22.86	28.2	19.8	0.78	0	37.0	50
⑨	粉细砂	未钻穿	25.2	18.7	0.71	0	35.5	50

隧道塌陷导致地层错位的情况见图 5-4。

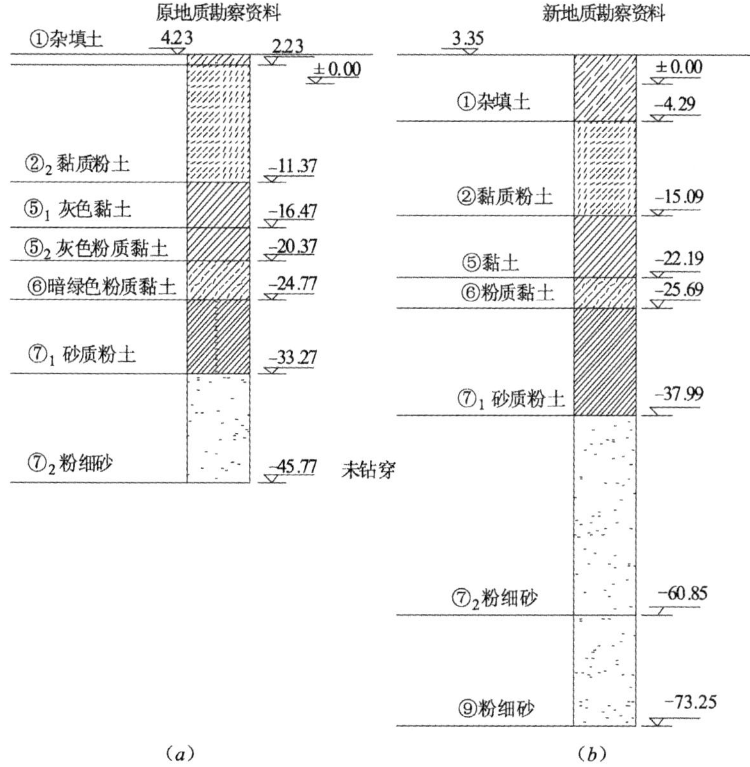

图 5-4 事故前后的地层情况对比

（*a*）事故前；（*b*）事故后

（b）水文地质

根据已有勘察资料表明，沿线地下水主要有浅部黏性土、粉性土层中的潜水及深部粉性土、砂土层中的承压水，第⑦层为上海地区第一承压含水层，第⑨层为上海地区第二承压含水层，场区内第一、二承压含水层相通。

潜水位和承压水位随季节、气候、湖汐等因素而有所变化。潜水水位埋深一般离地表面约 0.3 ～ 1.5m，年平均水位埋深一般为 0.5 ～ 0.7m。原详勘期间测得的浅部土层中潜水位埋深为离地表面 0.4 ～ 1.0m；本次勘察期间根据部分钻孔测得的潜水位埋深为离地表面 0.5 ～ 1.0m（大部分孔因及时注浆，故未测得潜水稳定水位）。第一承压含水层水头埋深为 3 ～ 11m，年呈周期性变化。原详勘时测得的⑦层承压水位为地面以下 7.58m（标高 -3.31m），补勘时测得的⑦层承压水位为地面以下 11m。本次测得的⑦层承压水位埋深为 9m（标高 -5.40m）。

详勘期间进行了地下水与黄浦江的水力联系观测。观测成果表明，潜水和承压水均与黄浦江水无明显的水力联系。但承压水水位受黄浦江高潮、低潮变化的影响，变幅约 50cm。

本次对各地基土层进行了室内和现场渗透试验，结果见表 5-5，表 5-6。

土层渗透系数成果（室内试验） **表 5-5**

层号	地层名称	室内试验渗透系数（cm/s）	
		竖直向	水平向
$②_0$	黏质粉土	4.53×10^{-04}	3.21×10^{-04}
④	淤泥质黏土	4.05×10^{-08}	6.40×10^{-08}
⑤	粉质黏土	5.72×10^{-08}	6.44×10^{-08}
⑥	粉质黏土	8.38×10^{-08}	9.51×10^{-08}
$⑦_1$	砂质粉土	5.34×10^{-04}	6.43×10^{-04}
$⑦_2$	粉细砂	8.00×10^{-04}	1.07×10^{-03}
$⑨_1$	粉细砂	1.20×10^{-03}	1.96×10^{-03}
$⑨_2$	含砾细砂	2.13×10^{-03}	3.50×10^{-03}

补勘期间的现场抽水试验成果：补勘期间曾布置了 2 口抽水井（孔深分别为 77m，74m），10 口地下水位观测孔。进行⑦层、⑨层混合水位的量测，根据试验数据计算的结果，$K_H = 4.92$m/d（5.69×10^{-3}cm/sec），$K_V = 3.94$m/d（4.56×10^{-3}cm/sec）。本次现场抽 / 注水试验成果：第$②_0$、⑤、⑥层渗透系数见表 5-6。

土层渗透系数成果（现场试验）* **表 5-6**

层号	地层名称	渗透系数（cm/s）	备注
$②_0$	黏质粉土	$5.10 \sim 6.90\times10^{-04}$	抽水（3 个孔）
⑤	粉质黏土	$4.34 \sim 12.60\times10^{-06}$	注水（2 个孔）
⑥	粉质黏土	1.01×10^{-05}	注水（1 个孔）

* 注：第④层淤泥质黏土土层较薄，且为局部分布，本次现场抽 / 注水未实施。

从上述两表中可以看到，一般现场抽、注水试验得出的渗透系数比室内渗透试验得出的渗透系数大，这是由于土层一般呈水平层理，均夹有薄层粉砂，增加了透水能力，而室内渗透试验则受取土质量、试验边界条件的限制，建议以现场试验得出的渗水系数作为设计依据。

（3）事故范围内的障碍物分布情况

在发生险情的同时，为了阻止塌方区域的不断扩大，保护塌方区域附近的建筑物和交通道路（即临江花苑大厦和中山南路），同时补充该区域流失的土体，在塌方区进行了大规模的充填注浆。

根据现场的实际情况，充填浆液选择了速凝的水泥－水玻璃双液浆。对于一些关键部位，如：黄浦江防汛墙附近、中山南路附近隧道轴线位置选用了油溶性聚氨酯。另外在中山南路附近 S_1、S_3 孔向隧道内分别孔灌注了 97m^3 和 218m^3 速凝混凝土封堵隧道。场区内共压注聚氨酯约 122t，双液浆 6800m^3。聚氨酯压注区域分布情况见图 5-5。

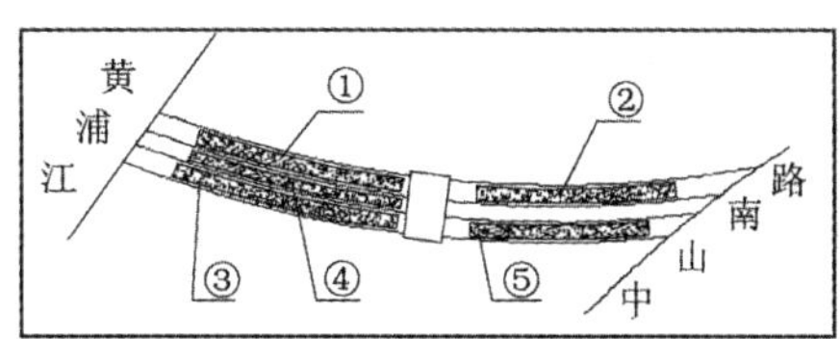

图 5-5 聚氨酯压注区域分布情况

中山南路路面下 10m 左右的深度范围内注浆；临江花苑大厦周围区域和风井附近隧道轴线及两侧区域主要在 25m 以上深度范围内注浆，即基本上双液注浆都在隧道顶部以上范围内进行。另外，在塌陷范围（外马路、董家渡路、中山南路、临江花苑围成的区域）地面以下 15m 范围内含有大量障碍物，如文庙泵站、临江自行车库、生化处理系统以及原建筑物地下基础地下室桩基及大口径下水管道等（图 5-6）。

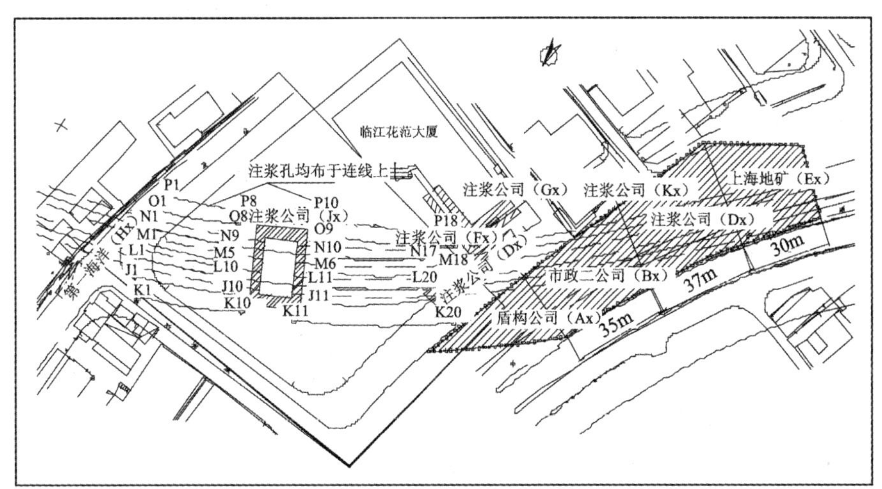

图 5-6 场区双液浆加固分布

根据目前掌握的资料，隧道塌陷时有 2 台冷冻机和大量 ϕ40 钢管在隧道内，盾构推进时使用的轨枕、轨道有部分还留存在隧道内（具体分布见图 5-7），这些障碍物的存在对修复工程造成了很大的影响。根据国内外调研资料和交流情况，在 30m 左右深度有如此复杂的障碍物条件，在地面进行切割清理的可行性很低。

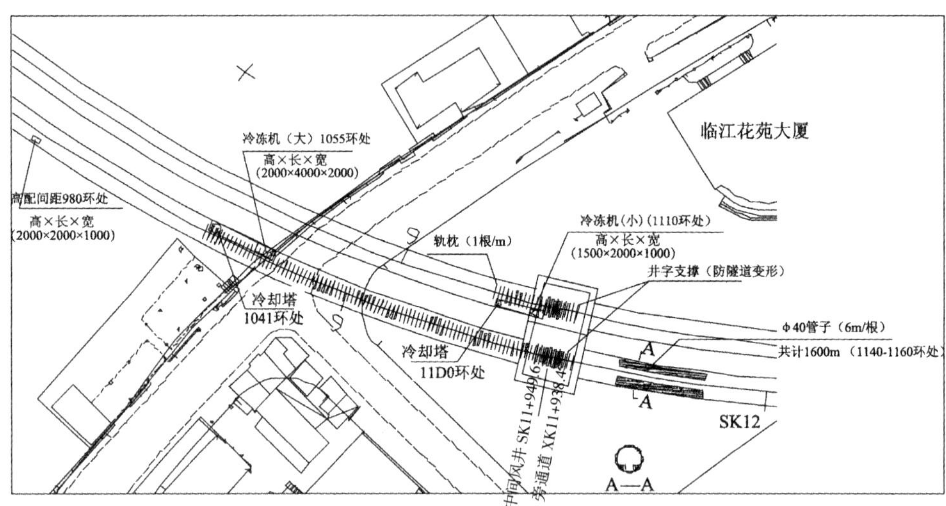

图 5-7　隧道内深层障碍物分布

5.4.2　修复方案主要风险

由于本修复工程设计的基坑埋深较大，暗挖修复部分均在⑦层砂土中进行、修复场区地下障碍物复杂，且周边环境保护建筑多及保护要求高，为修复施工带来了极大的困难及风险。下面分别分析两个方案的主要风险。

5.4.2.1　原位修复实施风险

原位修复在原塌陷场区进行施工，施工中有较多的风险。经过对修复工程的仔细分析以及专家的反复讨论，总结原位修复方案最主要风险如下：

（1）江中围堰对隧道沉降影响风险，围堰变形风险；

（2）隧道探摸成果风险（探摸临界点与实际临界点距离过大）；

（3）临江大厦保护风险（切割底板、基坑及暗挖施工造成的严重沉降）。

此外，原位修复还存在以下一些风险：

（1）隧道切割风险，特别是切割使隧道进一步塌陷风险；

（2）场区内大量深层障碍物风险（围护无法施工、加固失效）；

（3）深基坑施工风险（超深围护塌孔、接缝渗漏、围护严重变形）；

（4）超深地基加固风险（加固不均匀、失效或渗水）；

（5）超深承压水降水风险（降水不到位、周边沉降巨大）；

（6）隧道抽水清理风险（抽水、清理过程接缝再次流砂）；

（7）暗挖段施工风险（暗挖过程发生流砂）；

（8）隧道对接风险（冻结风险、接缝渗漏）。

5.4.2.2　改线修复实施风险

由于改线修复方案同样涉及深基坑，故诸多原位修复方案中所面临的风险也将遇到。另外，改线修复方案中还涉及超深盾构进出洞施工、废水泵房和旁通道施工的风险。

改线方案的主要风险有：

（1）临江大厦保护风险（同原位方案）；

（2）隧道切割风险（同原位方案）；

（3）隧道抽水和清理风险（同原位方案）；

（4）超深基坑施工风险（同原位方案）；

（5）超深基底加固风险（同原位方案）；

（6）超深承压水降水风险（同原位方案）；

（7）隧道对接风险（同原位方案）；

（8）超深盾构进出洞及砂土中推进风险；

（9）废水泵房和联络通道风险；

（10）码头桩基拔出风险；

（11）废弃隧道处理风险。

5.4.3　修复方案比选

事故发生后，有关各方和社会专家对修复方案进行了广泛的征集和讨论，一些国外公司，尤其是日本企业也积极献计献策，提出一些具有特色的修复方法。所提出的各种修复方法，可归纳为原位修复方案和改线修复方案两大类。两大方案均需要开挖超深基坑和冻结法施工隧道接头，其中蕴含多种已知和未知的风险因素，都是高风险的工程。很多专家认为，虽然原位修复方案的风险数量和损失估值总和略大于改线修复方案，但是从宏观上讲，经过对社会影响、动拆迁量、工程造价、工期等综合比较和论证，最终还是确定采用原位修复的总体技术方案。

（1）改线修复方案

改线方案即线路局部调整，方案的总体设想是在浦东和浦西设置两个工作井，将线路调整到损坏区域的外侧，然后在两个工作井中间再重新施工两条区间隧道。其中浦西侧的工作井位于临江大厦与南浦搭桥上匝道之间，浦东工作井位于浦东塘桥新路、浦明路和茂兴路交叉口。改线方案可以根据新建隧道与原隧道的位置关系分为北线方案和南线方案。

改线方案工作井也必须保护性切断既有隧道，基坑开挖深度在 36 ～ 38m，相应的地下连续墙、基坑降水和地基加固等工艺和技术与原位修复方案相当，但场地地质条件为原状土，优于原位修复方案的扰动地层。改线方案中还涉及超深盾构进出洞的难点和风险点。

根据环境影响、线性条件、施工难度及对沿线建筑构筑物的影响等综合比较，改线总体方案选择北线方案。改线方案的平面布置见图 5-8。

（2）原位修复方案

原位修复方案的总体设想是在隧道损坏区间的原来位置进行隧道的修复工作。在确定了原位修复方案的总体技术路线后，根据施工条件和工况的不同，分别比选了围护明挖、加固矿山法暗挖、水平冻结暗挖、气压沉箱法以及简易盾壳支护暗挖等多种施工工艺和方法，其中盾构法暗挖与新奥法暗挖示意图见图 5-9 ～图 5-11。根据多方案比选论证，在综合研究明挖和暗挖的施工难度、风险、工期、环境影响等因素，原位修复工程主体部分确定采用深基坑为主，连接段采用冻结加固暗挖施工的总体思路。原位修复方案平面布置见图 5-12。

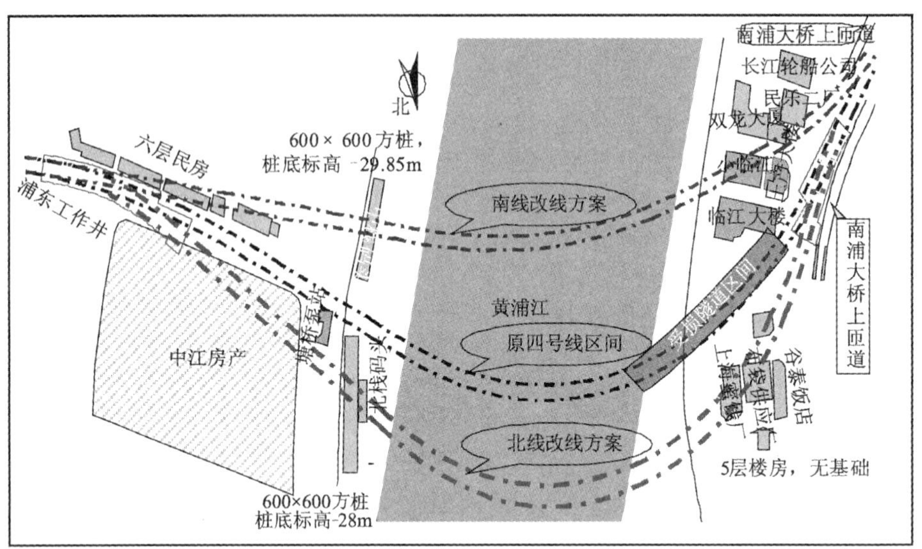

图 5-8　改线修复方案平面图

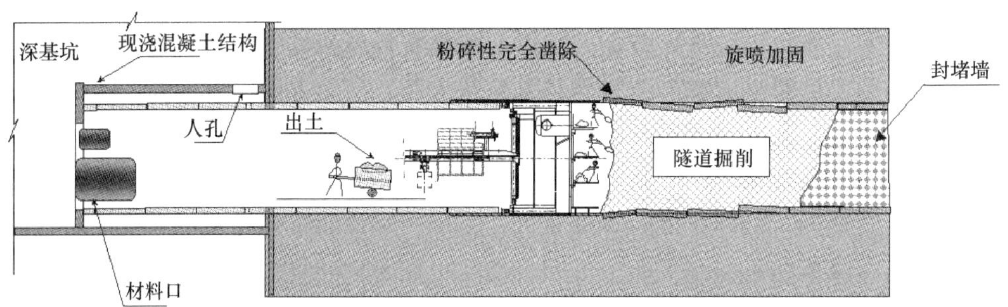

图 5-9　盾构法方案示意图

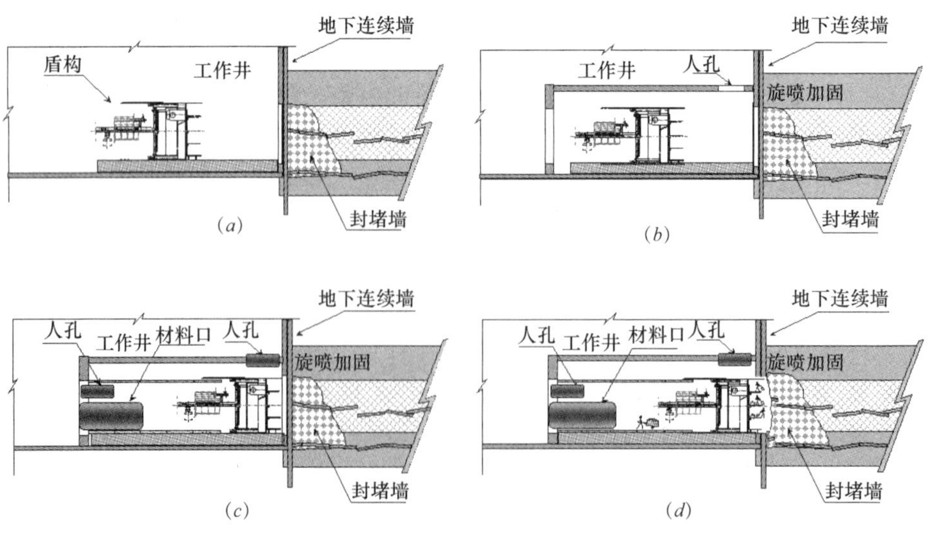

图 5-10　盾构法方案示意图

(*a*) 盾构安装；(*b*) 浇筑混凝土结构；(*c*) 安装密封装置；(*d*) 开挖隧道

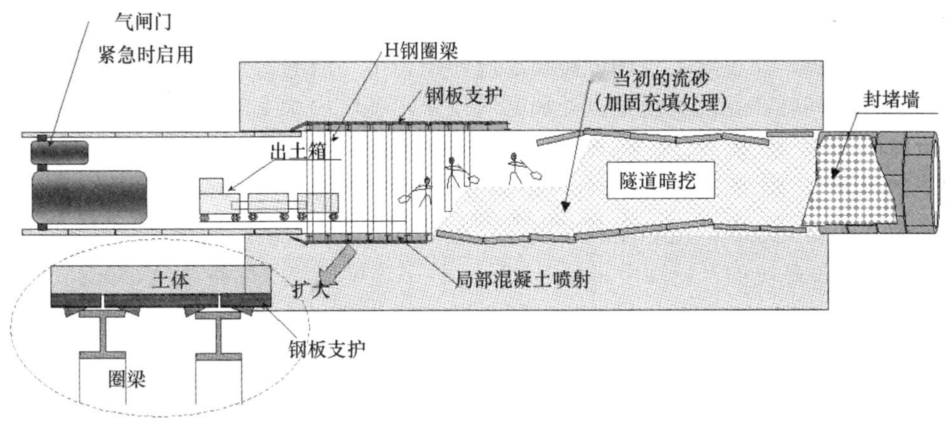

图 5-11 新奥法暗挖方案示意图

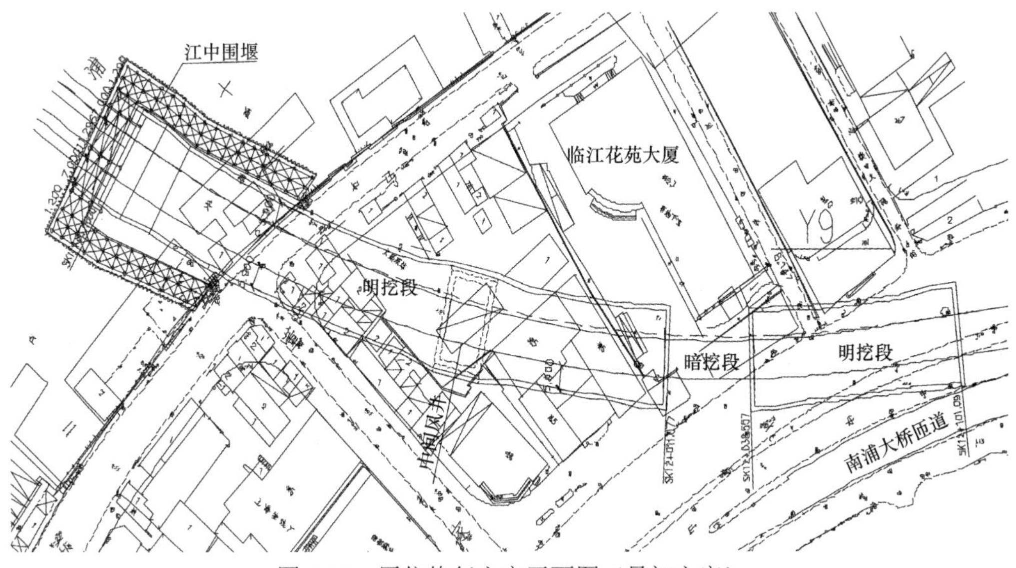

图 5-12 原位修复方案平面图（最初方案）

根据调研的基础资料显示，在原隧道风井至黄浦江边的隧道区间内具有较多的设备材料等障碍物，这些障碍物必然会严重影响修复工作中的加固成孔和加固效果。因此该区域宜采用围护明挖的方案。由于隧道损坏部分已进入黄浦江内 50m 左右，可通过施工临时围堰结构将水上作业环境转换为陆上环境。

在原风井的西侧隧道通过临江大厦角点处，隧道边线已经侵入大厦围护桩下部，如采用深基坑方式施工，围护结构十分困难，且隧道轴线要进行局部调整。该区段拟采用水平冻结后暗挖施工。

临江大厦西侧直至完好隧道临界点范围内障碍物较少，该区域内可以采用围护基坑明挖，也可以采用加固降水暗挖。若采用暗挖施工则可与临江角点附近的暗挖区结合起来，暗挖区采取加固区后设隔水帷幕，然后降水后施工。隔水帷幕形式多采用地下连续墙，其深度与施工难度大致与基坑围护地下墙相当，同时暗挖的风险和不确定性增加，因此西侧区段拟采用围护基坑明挖方式施工。

经过综合分析，原位方案东侧近黄浦江段和中山南路段的修复区拟采用围护明挖基坑的修复方式，中间临江花园大厦角点处局部区段采用基坑内水平冻结加固暗挖。这样可以避免对大厦的围护和底板进行切割。

（3）两种修复方案的比选

无论是原位修复还是改线修复其难度和风险都是前所未有的。两种修复方案共同的问题主要有：①超深基坑的开挖深度将接近 40m，地下连续墙的深度将达到 65m；②基坑施工时对完好隧道的切割与保护；③完好隧道内充填物的清理，并避免新的损坏；④修复隧道与完好隧道之间的对接；⑤修复方案实施过程中对周围敏感建构筑物的保护等。同时两种方案又表现出各自的特殊性。两种方案的对比见表 5-7。

两种修复方案的综合比较分析　　表 5-7

比较项目	改线方案	原位方案
工程的主要难点及风险	① 对废弃隧道的处理； ② 新联络通道，中央风井施工； ③ 新修隧道施工及码头桩基处理； ④ 基坑施工过程中的道路翻交及社会交通组织较困难	① 江中段基坑开挖需要设置围堰； ② 暗挖段对临江花园大厦的影响较大； ③ 暗挖段施工难度及风险较大； ④ 基坑的开挖深度较改线方案深，地下连续墙最深达 68m
动拆迁及管线搬迁	较多	较少
工程量	相对较多	相对较少
环境影响	浦东：对浦明路，塘桥新路影响较大； 浦西：对中山东路影响较大，南浦大桥上匝道需阶段性封闭	对交通影响较小
社会影响	较多	较少
工期	约 3 年半	约 3 年

根据前述的方案以及综合比选的内容，得出如下结论：

1）从施工难度和风险来看，两个方案都有很多共同的创纪录突破，总体的难度和风险大致相当。原位方案牵涉的不确定因素较改线方案多一些，难度和风险略高；

2）从环境影响来看，原位方案因集中在隧道塌陷区域施工，对临江花苑和江中有一定影响，但改线方案浦西段的影响比原位大，而且牵涉浦东段大量房屋拆迁、道路翻交、管线改道和批租地块征用等工作，总体社会影响远大于原位修复方案；

3）根据初步方案估算，在不计征地拆迁的前提下，改线方案比原位方案的工程量仅多 10% ～ 20%。但是考虑超过 12000m^2 拆迁、大量道路翻交和管线搬迁工程量，改线方案的实际工作量和总体造价超出原位方案约 40% 以上；

4）从建设工期看，原位修复比改线修复的工期稍短，原位修复为 36 个月，改线修复为 43 个月。

综合上述意见，推荐采用原位修复方案，并对原位修复方案主要风险进行深入研究，采取相关技术措施进行解决。

5.4.4 实施过程中的方案优化

由于修复方案涉及诸多技术创新，再加之地下的真实状态也随着施工的不断深入而有新的认识，原修复方案的优劣也逐渐体现出来。本着提高施工的可行性，降低工程风险，缩短工期和节省造价等方面的考虑，实施过程中又对部分节点和区段进行了优化和改进，这些优化的内容包括：①临江角点暗挖改明挖；②中山南路的水平冻结改垂直冻结。

5.4.4.1 临江花苑角点暗挖改围护开挖

（1）优化方案及原因

根据最先完成 2 个断面的全回转切割取出管片障碍物的情况判断，临江大厦处水平冻结区内隧道管片在事故后发生沉陷，其标高位置满布在水平成孔区域隧道的底部，冻结孔成孔须穿越众多的钢筋混凝土管片。为此广泛调研国内外专业机械设备厂商（如德国宝峨）的设备性能和成孔施工工艺，针对此类情况暂无较好的解决办法，打孔过程中，必须频繁地更换钻头，在$⑦_1$承压水层中钻管的反复抽拔极易引发水砂突涌，施工风险较大。这也是目前无法解决的重大难点和风险点。

经与设计单位协商，对临江大厦角点处的线路进行优化调整。根据现场实地放样，在满足地铁行车限界以及保证围护地下墙施工的情况下，可以避让开临江大厦的承重桩基，只需清楚其一小块外挑底板和部分围护桩（深 20m，ϕ800mm 钻孔桩和搅拌桩隔水帷幕），对临江大厦的影响可控制在允许的范围内。

同时根据第一阶段全回转钻机的施工情况，其工作效率，切割钢筋混凝土的能力和垂直度控制等关键技术上表现优异，对于顺利清除障碍物有确凿的把握。

（2）实施效果

优化后采用地下墙围护的基坑开挖施工方案，根据施工筹划和交通组织该小基坑施工在两侧基坑开挖完成后进行，且采用全盖挖进行施工，减少对环境尤其是临江大厦的不利影响。

优化方案确定后，针对临江大厦角点处的地铁线路作了适当调账，在满足规范允许的复曲线最小半径的情况下，将中基坑近临江侧的地下墙回缩之 3.7m，以尽可能地减小对大厦的切割清理范围。采用全回转钻机对临江花苑角点的部分围护结构进行切除，钻孔深度约 25m，孔径为 2m，孔间距适当加密，便于切割后的钢筋混凝土取出。切割完成后，回填 8% 掺量的水泥搅拌土，采用三重管高压旋喷对清障区进行弱加固，以确保槽壁成槽过程中槽段的稳定性，避免成槽塌方，减少临江大厦周边土体的变形。

通过上述措施，地下墙成槽的稳定性良好，槽段无坍方，监测数据显示，清障开始至地下墙施工结束，临江大厦的沉降量只有 1mm。

在东、西两个基坑开挖取得成功的基础上，中基坑的开挖和结构制作比较顺利，从 2006 年 9 月上旬开始基坑开挖至 2007 年 2 月初顺利实现基坑封底。监测结果表明，自清障施工至结构封底，临江大厦的沉降控制在 15mm 以内，整体倾斜度也远小于预定控制指标。方案优化不仅消除了暗挖水平成孔的难度和风险，东、西 2 个基坑的局部开挖深度减少 3m，大大降低了工程总体难度和风险。

5.4.4.2 中山南路冻结方案优化

原初步设计方案中，中山南路和江中段完好隧道与基坑段的连接形式运维水平冻结后矿山法暗挖。由于前期需要实施好坏隧道的隔离而进行了垂直冻结和保护性措施。水平冻结沿渔安隧道管片须打设两排冻结孔，冻结壁厚度保证不小于3m，考虑到隧道下部水平孔的布置和打孔操作空间，相应端部的基坑开挖深度落深3m，增加了工程难度和风险。

由于是垂直冻结和水平冻结交错施工，先期施工的垂直冻结管不可避免地成为水平管打设的障碍，必须予以拔除，增加了工序的烦琐性。

（1）优化原因及方案

中山南路连接段施工在江中段之后，在江中段施工的经验基础上，全部采用垂直冻结，取消水平冻结。主要的优化原因如下：

1）从简化程序考虑：结合一期施工的发挥保护性切割作用的垂直冻结塞，在此基础上，两侧各增加几排垂直冻结孔，将整个连接段须修复的隧道范围全部包含进去，省去了拔除一期垂直冻结管的工序，同时增加部分的垂直冻结工作量小于水平冻结的工作量。

2）从施工风险考虑：取消了水平冻结施工，相应的西基坑端头可不考虑水平管布置和打设需要，开挖深度可减少3m，大大降低了基坑开挖的难度和风险。再者，水平打孔的范围基本位于⑦$_1$粉砂层内，成孔时水砂突涌的风险很大，方案调整后也可避免。

3）从工期角度考虑：水平冻结的施工必须在基坑开挖、结构制作完成后方可实施，水平成孔和积极冻结的工期约4个月，原方案基坑结构制作完成后至少4个月，才可以进入矿山法开挖的工序。而全部优化为垂直冻结后，在基坑开挖的同时即可穿插进行垂直冻结管的打设和积极冻结，在基坑内部结构制作完成后立即转入矿山法的暗挖作业，可大幅缩短工期。

调整后的中山南路冻结方案分三期实施，一期3排垂直冻结孔作为好坏隧道隔离的冻结塞，为隧道清理施工和地下墙作业创造条件。二期在靠近基坑一侧增加1排冻结孔，可以在基坑开挖阶段即完成打孔和冻结，形成1个冻土加固区，有效地保证了基坑端头部位的稳定性和围护抗渗性能，增强了基坑开挖的安全系数。三期在完好隧道一侧增加4排垂直孔，冻结壁范围超出隧道内的封堵墙3m。其中最后2排垂直孔位于完好隧道的上方，不得穿越管片，隧道下部的冻结区依靠在隧道内部打设局部冻结管，在隧道内设置小型独立冻结站来实施冻结。

封堵墙至地下墙之间的几排冻结管由于对穿隧道管片，矿山法暗挖过程中，存在1个转接过程，即开挖暴露出冻结管后，割除开挖断面内的冻结管。隧道以上部分封堵后继续冷冻循环，隧道下部进行转接，利用基坑内重新布置的盐水干管连接管路实施冻结。

（2）实施效果

中山南路垂直冻结依据筹划分期实施，方案优化所设想的各期冻结加固应发挥的作用都得以体现。基坑开挖阶段，二期冻结壁对于控制围护变形和防止围护渗漏也发挥了积极的作用；三期冻结壁达到设计要求后，与基坑内部结构制作完成基本同步，进度安排上有了较好的衔接。矿山法开挖过程中，A—F排冻结孔对穿隧道，开挖进尺的同时增加了管路转接的工序。

综合对比初步设计中的垂直冻结结合水平冻结的方案，优化后方案大大降低了基坑开挖和水平成孔过程中的施工风险；工序上在隧道内部增加了一个小型的冻结站，产生了部分冻结管转接的工艺，但总体工程量和工期均有所减少，从而确保了整个修复工程按期完成。

西基坑内部结构于 2007 年 2 月上旬完成，暗挖段三期冻结也已经进行积极冻结 30d。在基坑内完成开挖相关准备工作后，立即进入暗挖施工，施工衔接十分理想，总工期缩短 90d 以上。优化方案的优缺点比较见表 5-8。

中山南路冻结暗挖段方案综合比较表 **表 5-8**

对比项目	垂直冻结与水平冻结方案	垂直冻结方案
施工难度	水平成孔难度大，矿山法暗挖难度较低	垂直成孔难度低，暗挖施工难度增加
工程风险	基坑开挖加深 3m，水平成孔风险高	基坑开挖风险降低，无成孔风险
工程量	水平成孔孔数 200 孔	垂直孔数 168 孔
工期	成孔 60d，积极冻结 50d，共 110d	节省 90d 以上

经过优化之后的修复方案总体布置见图 5-13。

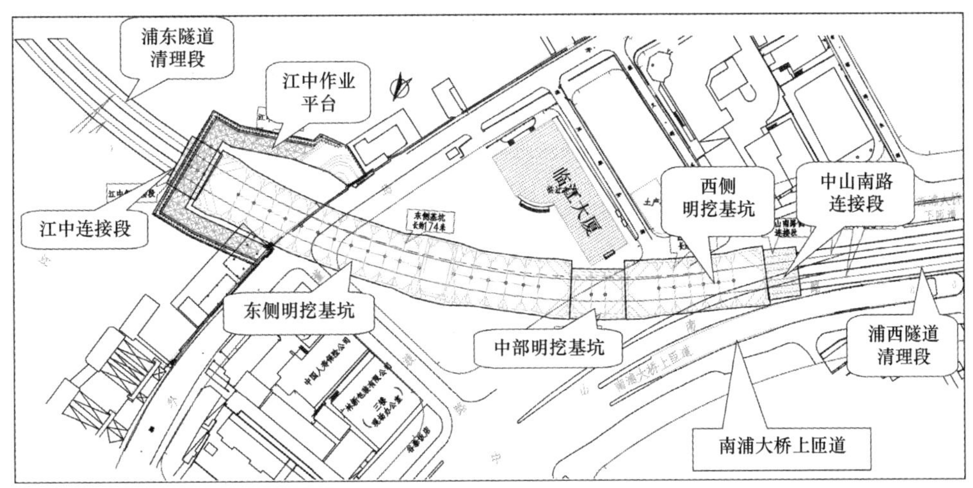

图 5-13 改线修复方案平面图（优化方案）

5.5 修复方案的实施

5.5.1 修复方案的主要特点与概述

修复工程于 2004 年 8 月正式开工，工程于 2007 年 6 月底顺利实现了结构贯通，历时 34 个月。设计由上海市隧道工程轨道交通设计研究院承担，施工由上海隧道工程股份有限公室承担。在修复工程实施过程中先后攻克了多项技术难点，开创了软土地下工程施工领域的众多第一。 这些技术难点包括：①对深埋于地下近 40m 的隧道进行切割清理，同时还要保护完好隧道不因切割而被破坏；②在扰动过的软土地层中进行 65m 的地下连续墙施工；③超深地基加固；④超深承压水降水；⑤超深基坑开挖；⑥通过反复冻结实现最终接头对接。

由于隧道塌陷范围达到防汛墙外侧约 50m，本修复工程设计江中段的施工，该区域采用在水上施工钢结构平台和围堰，然后清理回填后形成的陆地条件。另外两侧未破坏隧道须进行抽水清理。

5.5.1.1　东侧明挖修复段

本施工区段为临江大厦角点东侧直至黄浦江中的临界点，约 174m，该区段采用超深基坑明挖修复，基坑最大开挖深度为 41.2m。为了保证施工安全，基坑采用钢筋混凝土框架支撑体系，设 9 道钢筋混凝土支撑（江中局部加深段设 10 道）。坑内还设置双高压旋喷地基加固措施，以减少基坑变形，保护周边环境。

5.5.1.2　西侧明挖修复段

本施工段为临江大厦角点西侧直至中山南路上隧道损坏点，约 65m，该区段采用超深基坑明挖修复。基坑开挖最大深度为 36.7m，设 9 道钢筋混凝土支撑。该施工区域全部位于中山南路上，施工期间根据中山南路的翻交情况分两阶段实施，为了确保中山南路通行，基坑局部实施盖挖法施工。

5.5.1.3　中部明挖段

该修复区域为临江大厦角点区域，约 27m。该区域的修复隧道已经局部侵入大厦围护结构以及大厦底板下方。原方案拟采用冻结暗挖的方式施工，在后期方案优化中考虑到冻结成孔和暗挖的难度和风险较大，且地下复杂障碍物切割清理技术取得了较大成功，施工方案进行调整。在确保临江结构安全的基础上，本区段改为全盖挖深基坑方式施工。基坑开挖深度为 36.8m，设 9 道钢筋混凝土支撑。

5.5.1.4　隧道对接段

基坑明挖修复段与两侧的完好隧道之间，必须实施对接施工。两侧对接段长度约 10m，实际对接段长度根据完好隧道抽水清理状况确定，该修复段采用冻结加固后矿山法暗挖施工。

5.5.1.5　两侧隧道清理段

隧道清理修复段长度共约 1760m。抢险期间为了控制区间隧道的塌陷，控制地面沉陷和损失，在塌陷段两侧的隧道内都已灌满水，以平衡隧道外侧水土压力。修复工程中须将区间隧道未塌陷区段内的隧道积水、积泥、施工抢险期构筑的水泥坝等进行清理。经过方案优化，隧道清理采用常压施工，预留气压施工条件，一旦发现隧道有渗漏立即转为气压法施工。

5.5.2　深层障碍物切割与清理

上海轨道交通 4 号线修复工程采用原位修复方案，即在原先隧道发生破坏和地层产生塌陷的位置进行修复工作，使修复后的隧道路线与原路线保持一致。因此，与第一章所介绍的工程案例类似，需要对大量的深埋障碍物进行切割清除后才可进行地下连续墙，降水井等后续工艺的施工。本修复工程同样也是选用全回转钻进行施工，该设备的配置以及施工流程在第一章已有介绍，此处不再赘述。

深层障碍物埋在地表以下 30 ～ 40m 范围内，根据目前掌握的资料主要有：塌陷的隧道管片（C50 的高强钢筋混凝土和高强螺栓），隧道塌陷时有 2 套冷冻机组和大量 ϕ40 钢管在隧道内，盾构推进时使用的轨枕、轨道有部分还留存在隧道内，这些障碍物的存在对修复工程造成了很大的影响。

原始隧道上下行线轴线标高约在 −26 ～ −27m（绝对标高），但依据隧道探摸结果发现隧道最大沉降约为 9m，而且隧道区域土层在隧道塌陷过程中发生不规则的位移、错位，与破损管片混为一体，塌陷区内土层及管片空间分布情况复杂。

根据四号线的修复方案，需要切割清理的工作面如下：①基坑的 1 ～ 4 号端面对原破坏隧道的切割清理；②地下连续墙与老防汛墙相交的部分的桩基础切割清理；③临江花苑大厦角点的底板与围护桩的切割清理；④基坑内格构柱与降水井点位置处的障碍物切割与清理。各切割施工的位置分布见图 5-14。其中 1 ～ 4 号端面以及临江花苑大厦的角点切割是施工的重点与难点，尤其是 1 号和 4 号端面在进行破坏隧道切割的同时还要对完好隧道实施保护。

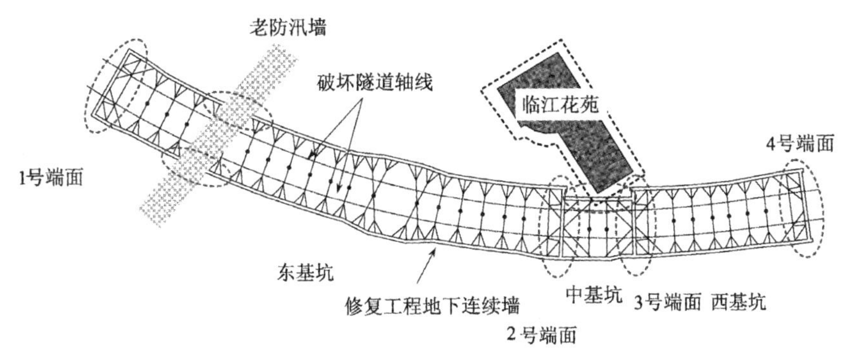

图 5-14　修复工程主要障碍物切割断面分布

5.5.2.1　全回转设备概况

通常对障碍物的清除，浅层的可以采取开挖清理，或从地面直接拔出的方式，埋深较大的地下障碍物则需利用专用设备进行处理。国内外常用的深层清理设备主要为全套管式钻机。通过套管连接、叠交的钻孔，可形成一个切削清理断面。目前，主要分为摇管机和全回转钻机两大类。

全套管钻机施工法的基本原理是利用摇动装置的摇动或回转装置的回转，使钢套管与土层间的摩擦阻力大大减少，边摇动或边回转边压入，同时利用冲抓斗挖掘取土，直至套管下到设计深度。

采用全套管钻机施工方法钻孔通常具有以下特点：

① 钻孔质量高。利用全套管支护土体，有效防止土体坍塌，且成孔垂直度可达到较高精度。

② 环保效果好。不使用泥浆，无泥浆污染，噪声低，振动小，施工现场整洁，适合于在市区内施工。

③ 适应地层广。对黏土、砂土、各种杂填土，以及含砖、石、混凝土、甚至钢筋混凝

土等障碍物的底层均有较强的适应性。

④ 成桩质量好。相比钻孔、冲孔等灌注桩成桩方法，该方法不产生塌孔，清底效果好，桩径均一，节约混凝土，质量缺陷少。

针对四号线修复工程地下障碍物特点，需要采用全套管式钻机进行切割清理，在对设备厂家及国外施工单位充分调研的基础上对摇管机和全回转钻机这两类设备进行比选。

两种设备清障的原理相同，在下压力和扭矩的共同作用下驱动套管转动，利用管口的高强刀头对土体、岩层及钢筋混凝土等障碍物的切削作用，将套管钻入地下。在钻进过程中，可以使用重锤破碎障碍物，并用冲抓斗将套管内的杂物取出。障碍物清理完成后，在套管内回填土体，同时顶拔套管。

两种设备明显的不同是，摇管机驱动套管在小角度范围内往返转动，全回转钻机则是驱动套管全圆周回转。旋转方式的不同导致两种设备在使用性能上存在一定差异。见表5-9。

摇管机与全回转钻机比选表 **表5-9**

项目	摇管机	全回转钻机
垂直度	低	高（1/500）
刀头受力	不均匀	均匀
刀头磨损	快	慢
切削速度	较慢	较快
提升、下压速度	较快	较慢
扭矩	较大	较小

根据两种设备对比情况，考虑到设备的垂直度、刀头受力均匀程度、刀头磨损等因素，结合四号线障碍物的特殊性，最终选用引进日本生产的RT260H型360°全回转钻机进行障碍物的切割清理工作。

全回转钻机整套设备包括全回转驱动装置、钢套管、冲抓斗，为了实现对切割后的大体积混凝土进行破碎，有些情况下还配有十字重锤或其他专用钻头，另外，还需要配备专用吊车，进行冲抓斗的使用并为套筒扭矩提供平衡反力。整套设备见图5-15。

1）全回转动力设备

全回转动力设备主要是为套管360°回转以及刀头切割障碍物提供动力，包括上下抱箍夹紧系统和一套竖向顶升系统。

上抱箍夹紧系统为主要紧锁系统，在液压驱动下将套管卡紧，便于给套管提供驱动扭矩和向下的压入力。套管的管径为1300～2600mm，当套管的管径较小时，可以在抱箍系统的内侧加钢垫块。下抱箍夹紧系统为辅助紧锁系统，当套管顶拔过程中上、下夹紧装置交替对套管紧锁，以防止套管出现下落的情况。竖向顶升系统主要用于对套管进行顶拔。驱动系统所能提供的最大压入力为机身的自重，当压入力不够的情况下可以额外增加压重块。在套管回转系统中，为防止机身跟着套管一起回转配备专用的反扭矩锁将机身卡紧。

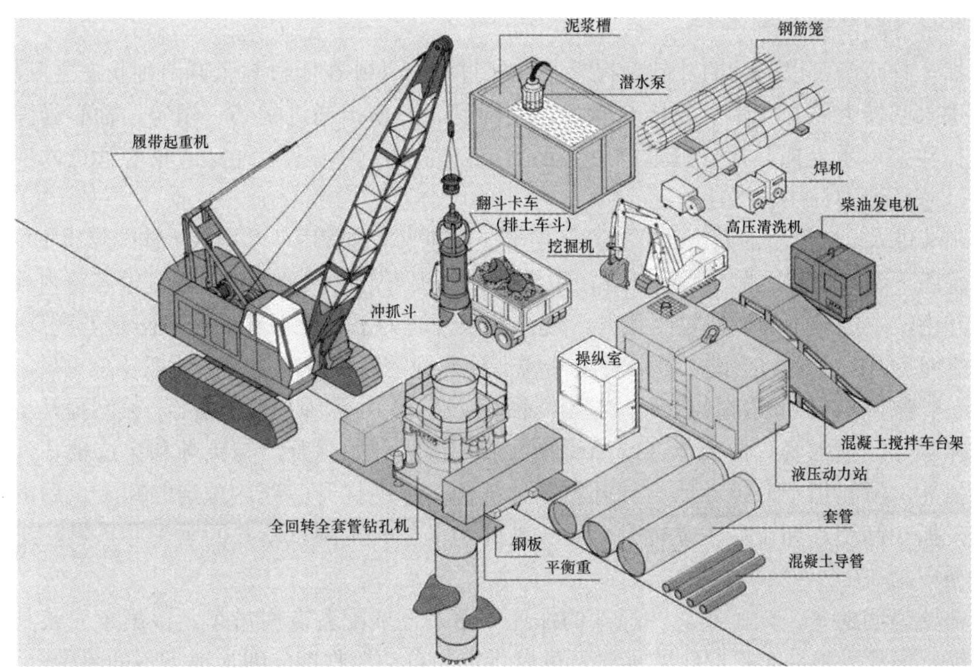

图 5-15 全回转钻机设备

在设备的工作能力范围内驱动装置可以任意调节套管的回转扭矩、回转速度、压入力以及夹紧力。回转速度设高、中、低三挡速度，可以根据套管直径、地质条件以及扭矩的变化情况等选择最适宜的回转速度。水平调整油缸采用专用的液压回路，所以在套管回转时也可以调整其垂直度。

全回转驱动设备的限界尺寸为 6.75m×4.78m×3.60m，液压系统与设备驱动分离，通过高压油路供应。

2）套管

套管有两个方面功能：一方面将顶部驱动设备提供的扭矩和压入力传递给刀头，同时在钻进的过程中还起到支护孔壁、防止孔壁坍塌的作用。套管厚度为 48mm 的钢制桶式结构，根据需要钻进的深度情况分长度不同的若干节，四号线修复工程所用的套管长度有 9m、6m 和 3m 三种。最底部一节长度一般为 2m，在管口附近布置刀头。每节套管的中间为桶身，两头为套叠式接头。接头螺栓孔和剪力键，相邻两节靠螺栓和剪力键连接传递荷载。

刀头为切割障碍物的关键部件，材质为合金钨钢。刀头按布置角度不同，分为外齿、中齿和内齿。针对不同的地质条件及切割对象，刀头有不同的布置形式。在 4 号线修复工程中切割的深层障碍物主要为 C50 高强钢筋混凝土管片及高强度螺栓等，选择了两外齿一内齿的间隔布置形式，一周共 24 把刀头。为了便于冲抓斗对切割的管片进行抓取，在底部套管的内侧壁加焊了 8 把刀头，以扩大切割的间隙，便于抓斗抓取大块切割物。

套管主体材质为 16Mn 钢，两端接口材质为 24Mn 钢。套管管壁分三层，内外两层各为 20mm 的钢板，中间层为 8mm 的钢网片。

3）冲抓斗

冲抓斗是套管钻进后进行桶内土体和障碍物清理的重要设备，对于全回钻清障而言，冲抓斗是必配的设备之一。

抓斗有两扇可以活动的斗叶，在整个冲抓过程中斗叶在闭合与张开两种状态之间转换。抓斗进入回转套管抓土前处于闭合状态，副绳受力，横担通过帽芯、帽勾、轴心管弹簧传力到抓斗架，承受抓斗部分重量。主绳上固定有勾头，勾头下主绳穿人轴心管进入抓斗滑车组，并经传力杆闭合抓斗片。

抓斗进入回转套管后两扇斗叶打开，便于在加速下落过程中斗叶插入土体或障碍物中，式中该状态下副绳帽芯、帽勾吊住抓斗，主绳松掉勾头下落进入轴心管，冲过轴芯管内斗勾进入抓斗内，主绳放下后，滑轮组松开，使抓斗张开。为了实现抓斗加速下落副勾脱离抓斗，此时主绳提升，主绳勾头进入轴芯管被斗勾卡住主绳继续提升，主绳承受抓斗总重量。副绳松掉，帽套下落，帽套内帽勾上转，帽勾与轴芯管脱开后，副绳把整个帽芯、帽套提升。

抓斗斗叶插入套管内土体（或障碍物）后，主绳开始提升，勾头顺利穿过轴芯管中间脱出抓斗，滑轮组上升抓斗闭合斗叶将物体抓起。单绳提升，到达预定的卸土点后滑轮组松开，抓斗卸土。卸土后主绳提升，勾头被斗勾卡住，主副重新共同承受斗重量，进入下一步循环。

需要说明的是，为了实现冲抓斗的加速下落，需要配备专用吊车。该吊车应该具备用单根钢丝绳承受抓斗与抓取物的重量，可以设定和自动控制钢丝绳加速下落的范围。

切割与清理的基本原理为：在压入力和扭矩的共同作用下驱动套管转动，利用管口的高强刀头对土体、岩层及钢筋混凝土等障碍物的切削作用，将套管逐节钻入地下。利用重锤对套管内的大体积混凝土障碍物进行破碎，然后利用冲抓斗对破碎后的障碍物清理干净，最后向套管内回填土体并逐节顶拔套管。整个过程中，套管钻进与套管顶拔是施工的关键。

钻进过程中的压入力为：

$$F_y = W_1 + W_2 - R$$

式中　F_y——全回转钻机压入力；

W_1——套管的自重；

W_2——机身的自重；

R——管壁的摩阻力。

顶拔过程中的顶拔力为：

$$F_d = P - W_1 - R$$

式中　F_d——全回转钻机的顶拔力；

P——设备提供的液压顶拔力；

W_1——套管的自重；

R——管壁的摩阻力。

其中，套管侧壁摩阻力的计算是设备选型的关键。

5.5.2.2　全回转设备切割清理施工工艺

（1）施工准备

1）场地条件

首先应根据钻孔深度和选用的套管直径和每节长度，预留足够的套筒堆放场地范围，为防止套筒变形，一般采用竖直堆放的方式。另外每台设备作业的面积还包括全回转机、夹板、抓土吊车（120t）及土方运输车辆，不计套筒一般约 400m²。在市区等场地狭小的环境，切割和清理施工应与其他工序错开进行，充分利用场地空间。为确保钻机安装及作业的稳定，施工作业场地地面要求平整，对软弱地面可添加 8% 水泥土进行硬化处理，或者浇筑承重（300t）钢筋混凝土道路地坪。

2）电源及动力

全回转设备动力由内燃机提供，施工前应准备好足够的相应燃油、液压油及设备润滑保养油脂。远程有线操控盘使用常规电源，操作盘附近应设置供电电源以及回填土方、排水及其他附属物件的动力电源。

3）附属物件

钻孔时，需使用两台经纬仪对套管垂直情况随时进行校核；钻孔钻进阶段需对管内土体标高及水面标高进行测量，施工前应准备标有刻度的悬线随时进行深度测量；施工前还需检查全回转设备配套专用钢丝绳、油管盖头、切割刀头、接管螺栓等其他原设备零星附件是否都准备好；回填施工水泥土搅拌上箱；回填压实重物（可使用冲锤下焊圆钢板）。

（2）钻机就位和开孔

首先由测量人员对设计钻孔桩位进行精确放样，复核后并做出标记。定位钢板按标记安放并固定。钻机就位后调整好设备的水平度，并随时观察和控制套管的垂直度，使其不低于 1/500。

（3）套管压入及钻进

在钻机就位后，开始进行套管的埋设和钻进作业。施工过程中每节套管压入的精度都将直接影响钻孔的施工质量。每节套管放入夹管装置，收缩夹管液压缸，利用钻机和导向纠偏装置将套管的垂直度精度调整到要求的范围内。钻进过程中随时利用设备自带的水平监测系统检验套管垂直度，并每孔 3 次在套管的两个垂直方向架设经纬仪，进行垂直度复核控制。

每节套管连接好并检查垂直度后，通过全回转钻机的回转装置使套管进行不小于 360°的旋转，以减少套管与土体的摩擦阻力，并随即利用套管端部的刀齿切割土体或障碍物，压入土中，开始正常作业。

在利用冲抓斗抓除套管内土体时，如遇到大块的钢筋混凝土等障碍物，则利用重锤破碎后抓出。

（4）成孔及清理

依次连接、旋转、压入套管，清除套管内部障碍物，直至套管内抓出的土体为原状土，并至少达到需要清理障碍物底标高，方可确认该孔清障工作已经完成。

（5）套管拔出及回填

每孔清障结束起拔套管时，可在套管内回填 8%水泥土，边回填边起拔，并进行阶段抽水，拔出最后一节套管，并将钻机移至下一桩位进行同样工序施工。最后，直至回填至道路标高，留作后续工序施工。

5.5.2.3 全回转切割清理技术要点

（1）桩位布置

根据工序施工所需无障碍物地层范围的净宽要求，进行全回转切割清理孔位布置。以修复工程为例，在厚度为1200mm地下连续墙提供无障碍物地层空间，考虑到全回转设备成孔垂直度偏差及搭接宽度等因素，配备 ϕ2000mm套管施工，相邻桩位搭接900mm，保证切割后净距不小于1670mm（满足1200mm厚65m深地下连续墙施工的垂直度偏差1/300）。全回转施工导墙的净宽度为2200mm（两侧各外放100mm）。

切割孔位由原隧道轴线向两侧布设，在隧道边线外侧增设一孔，以保证隧道全部被切除，施工时还可依据实际钻进清障情况决定是否在隧道边线外侧另外再增设孔位。施工中首先从隧道轴线孔位开始，然后采用跳一孔对轴线两侧孔位进行施工。布孔主要技术参数，见表5-10。

全回转切割孔位布置技术参数　　**表5-10**

项目	数值	备注
孔距（mm）	1100	单排孔
搭接距离（mm）	900	保证切割净距1670
孔径（mm）	2000	
钻孔深（m）	48	依实际情况，保证管片清除

（2）测量定

位孔位按照原隧道轴线与地下墙中心相交点确定，依据布孔距离使用全站仪进行孔位中心放样。钻机就位前，依据钻机底盘固定尺寸，将孔中心引出，并在地面做好相应标记，以便随时观察钻进时钻机是否有移位现象。钻机回转平衡板使用取土吊车履带固定在地面。钻机定位后，孔位平面偏差不得大于3cm。后续孔位应依据前完成孔位最终管片位置偏差情况进行孔位平面定位调整，保证所有切割孔搭接不小于900mm。

每根套管安装好开始钻进前应对其垂直度进行测量，测量垂直度值可依据全回转机座侧面厘米刻度差值进行计算，相差一格则其垂直度为1.75‰，数量刻度直接乘该值即为套管垂直度数值。钻进过程中同样对其可进行垂直度测量，但应考虑经纬仪所扫视套管长度进行修正计算。

（3）回转切割

首先，根据拟定切割的深度，配置足够深度的套管，以确保可以彻底切割清理地下深层障碍物。

钻进时，控制盘操作人员必须密切注意仪表指针变化情况，下压套管时，如发现机座水平指针（前后、左右）出现超过一小格（0.10）时上拔套管，让套管空转，待指针回归原水平（经纬仪同时对套管垂直情况进行校核）位置再下压套管。回转切割首先使用高速挡进行钻进，当回转扭矩超过 160×10^4N·m，改用中速挡，当中速扭矩超过 250×10^4N·m，应停止向下钻进，上拔套管，待扭矩减小到合理值再向下钻进。初始钻进及遇到坚硬土层或障碍时，应反复上拔套管，采用轻压快转方法进行切割，保证钻孔垂直度。

套管上拔力最大一般为300kN左右（钻机极限上拔力约为380kN），当超过该值，应进行回转上拔，减少上拔力。当处于砂上层因某种原因需要较长时间暂时停工，如超过1h，应将套管上拔一段距离2～3m。但实际施工中应尽量避免此种工况出现。

停钻接长套管时，应操控钻机控制套管螺栓孔高度约 80cm，施工人员使用塑料薄膜包裹连接部位。吊机起吊加长套管对准原套管徐徐下放，经纬仪垂直校正后，施工人员安装螺栓。

取土与钻进同时进行，每接长 1 根套管（一般为 6m/ 根）钻进前原管内土体应及时取出，管内从底向上约留 4m 高土方。

为防止因不明地质原因导致承压水在管内上涌，将砂土带入管内，造成地面沉降，当钻进至 20m，应在套管内注水至地表下 2m，保证后续钻穿含承压水土层时，不致出现承压水涌入套管现象。

当进入软硬土层交界面或者触碰障碍物时，扭矩会突然出现增大，应放慢钻进速度，随时观察扭矩及钻机底盘水平变化情况，当发生扭矩过大或底盘水平指针超过一格时，反复上拔、下压套管，直到仪表显示正常时再往下钻进。

（4）障碍物清除

对于外直径为 2000mm 的套管，其内径为 1890mm，冲抓斗净宽为 1850mm，考虑到切割下来管片有可能为一圆饼状，容易将冲抓斗卡住。钻头套管内焊，4 只内刃刀，保证有足够空隙，让抓斗将切割下管片顺利取出。

使用冲式抓斗取土及障碍物，遇到较大钢筋混凝土管片块体先使用冲锤破碎再行抓出，每接长一根套管，套管内土体取至管底标高上 4m 再行钻进。

冲抓取上时吊车司机应在专人指挥下进行，缓拉慢转，入套管时必须动作缓慢，严禁抓斗摇晃进套管。进入套管，抓斗稳定后，缓慢放下当中钢丝绳，打开抓斗，松开顶套环，徐徐将抓斗放至套管底部，上拉当中钢丝绳，取土抓斗闭合，上提抓斗直至装车。

在无法确定地下深层障碍物是否完全清除时，须根据前期勘探或地质资料加深钻进深度或增加孔位，确保完全清理干净，对后续工序施工无影响。

（5）土体回填

在确定地下深层障碍物（如修复工程中的隧道管片）被完全清除后，即进行套管内回填施工。回填采用同一冲抓斗进行，抓斗应将回填土送至套管底部才进行打开送土，严禁在套管口打开抓斗抛土作业。

回填可以采用 8% 水泥土（盾构土加 8% 水泥，机械搅拌均匀），盾构土土质必须单一不含建筑垃圾或其他杂物。为避免坍孔等情况发生，回填作业是随起拔套管同步进行的。即套管正式起拔前，先在套管内回填一定高度的水泥土，分 2m 一层使用冲锤进行压实（水下除外），每回填 2m 上拔套管 2m，边回填夯实边上拔套管，始终保持套管内填土面高于套管底面 4m 高度。最终回填至道路标高。

15m 以下为水下回填，回填同时进行管内阶段抽水，抽出泥浆及浑水不得直接排入下水道，必须经过沉淀后将清水排入下水道，厚浆以废浆形式使用罐车拉出工地排至指定地点。回填至 15m 时，可将管内水一次抽干，然后进行干环境回土，并同时用重锤分层进行压实处理。

（6）旋喷加固

在切割清理的断面位置，由于回填土体密实性较差，在后续施工中如采用泥浆护壁方式施工的工序，如地下连续墙、钻孔灌注桩等，还需要在回填位置进行旋喷地基加固。为不影响后续工序施工，旋喷加固强度一般不超过 0.6 ～ 0.8MPa。

旋喷施工时随时留意翻浆情况，如果发现翻浆不明显或地下空洞出现，必须加大注浆量，直到确认空洞完全被加固浆体填满为止（翻浆正常）。同时，做好相应情况记录。

修复工程对于切割后施工地下连续墙的位置，于切割两侧布置两排三管旋喷对回填土体进行加固，旋喷孔距 1100mm，孔深同清障深度。加固为弱加固，加固体强度控制在 0.5 ～ 0.8MPa。

旋喷浆液配方（重量比）为水∶水泥∶粉煤 = 1 ∶ 0.5 ∶ 0.5

以上配方需要依据加固强度要求，适当进行调整，旋喷其他控制技术参数同普通三旋管喷工艺。

全回转设备切割示意图如图 5-16 与图 5-17 所示。

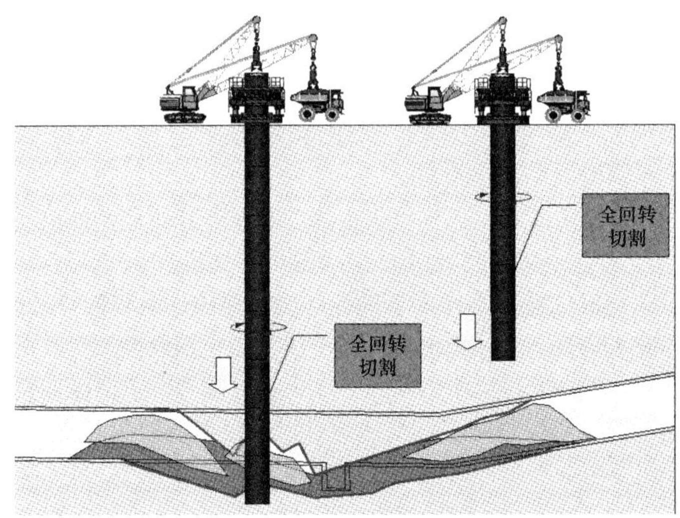

图 5-16　全回转设备切割示意图

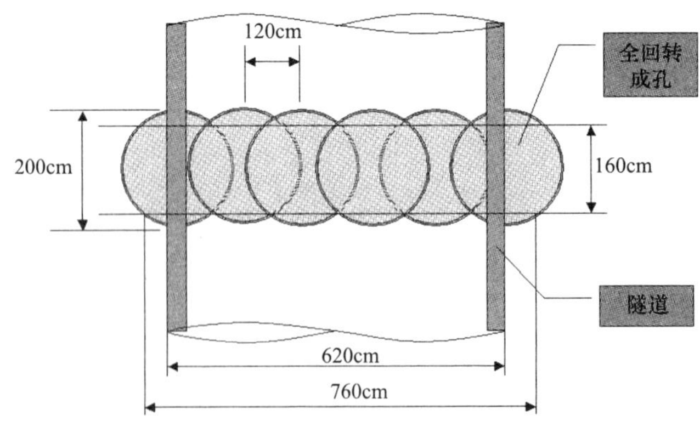

图 5-17　全回转设备切割示意图

5.5.2.4　应用效果

（1）基坑的端面切割

基坑端面切割清理施工是为地下连续墙施工扫清障碍，障碍物主要为破损的隧道，切割清理的对象为C50高强钢筋混凝土管片，以及管片之间的高强度螺栓。套管直径为2m，通过叠交布孔形成一个连续的切削断面。地下连续墙的厚度为1.2m，考虑到钻孔与成槽的垂直度误差，叠交区域的最小宽度为1.7m。基坑端面隧道切割的布孔图见图5-18。切割的孔数根据隧道破损情况而定，1～4号端面的布孔数依次为14孔、18孔、20孔和14孔。

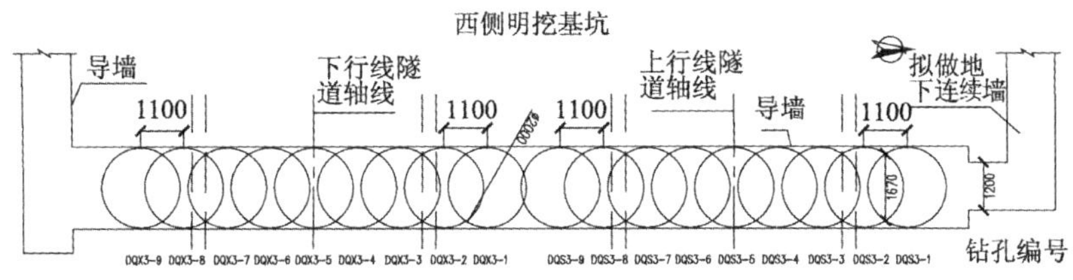

图5-18 基坑端面隧道切割布孔图（单位：mm）

每一孔的切割清理工作内容根据预定的施工方案进行，包括：施工准备工作、定位孔、套管钻进、取土（障碍物）、回填土和套管顶拔等工序。对于有承压水层的地层中，取土到一定的深度后采用了向套管内加水以防止承压水引发套管内水砂突涌。

实施过程中，为了保证相邻两孔的叠交部分满足预定要求，以确保地下连续墙的施工有足够的无障碍物范围，严格地控制了套管的垂直度这一关键指标，全回转机配有专门的纠偏控制装置，在开始钻进的时候结合经纬仪对套管的垂直度进行观测，以便及时纠偏。一孔钻进完成后取土前需要对该孔的垂直度进行超声波检测，如果垂直度不满足要求则需要对孔位进行加密。

套管的钻进深度为39m，在地面以下20m范围内为高度低扭矩钻进，地面以下20～30m深度范围内随着套管周围的摩阻力增加，扭矩也逐渐增加，转速相应降低，在30～40m深度范围内先后遇到两层管片，扭矩达到最大约320kN・m。四号线修复工程处的承压水分布在地面以下30m的地方，套管内取土至20m左右时开始加水。

每一孔位完成后进行超声波垂直度测量和记录，同时对切割清理施工过程中取出的障碍物的深度与情况进行详细的统计与分析即可判断出切割断面处隧道的破损情况。某端面切割统计的情况见图5-19。统计分析结果表明切割钻孔垂直度达到1/700，最低为1/500；隧道管片损毁严重，已经不是整圆，封顶块管片塌陷深达5m。

（2）对隧道的保护性切割

根据多次对隧道破损情况的探摸结果表明，1～4号4个端面有2种不同的工况：

工况1：2号、3号端面（常规切割）

2号、3号端面为隧道塌陷最严重的区段，因此在进行切割施工中不存在对周围结构的影响问题。在此工况下，无需进行隧道内填充施工，可直接进行隧道管片切割施工。

工况2：1号、4号端面（保护性切割）

但1号、4号端面的情况则不一样，由于上述两个端面为完好隧道与破损隧道的临界点。此处的区间隧道基本保持原有断面，同时也可能存在较大部分的空洞。

在此工况条件下，如果不将其内部空隙进行填充加强，全回转钻机施工特别套管下压时产生的荷载极可能会对局部已出现损坏或处于变形后不稳定状态下的隧道产生不利影响，

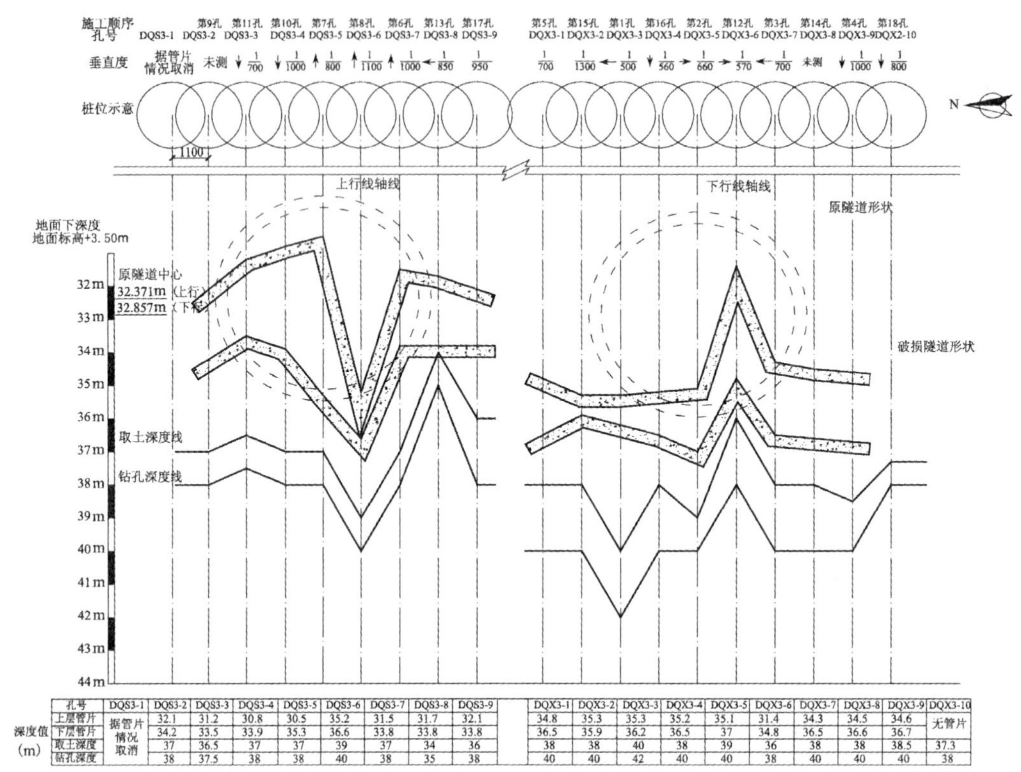

深度值（m）

孔号	DQS3-1	DQS3-2	DQS3-3	DQS3-4	DQS3-5	DQS3-6	DQS3-7	DQS3-8	DQS3-9
上层管片	据管片情况取消	32.1	31.2	30.8	30.5	35.2	31.5	31.7	32.1
下层管片		34.2	33.5	33.9	35.3	36.6	33.8	33.8	33.8
取土深度		37	36.5	37	37	39	37	34	36
钻孔深度		38	37.5	38	38	40	38	35	38

孔号	DQX3-1	DQX3-2	DQX3-3	DQX3-4	DQX3-5	DQX3-6	DQX3-7	DQX3-8	DQX3-9	DQX3-10
上层管片	34.8	35.3	35.3	35.2	35.1	31.4	34.3	34.5	34.6	无管片
下层管片	36.5	35.9	36.2	36.5	37	34.8	36.5	36.6	36.7	
取土深度	38	38	40	38	39	36	38	38	38.5	37.3
钻孔深度	40	40	42	40	40	38	40	40	40	38

图 5-19　基坑端面切割清理情况统计分析图（单位：mm）

导致受到新的附加应力而产生形变，从未可能使完好管片一侧的隧道受到损坏。为此，在采取垂直封头墙隔断隧道的基础上，全回转钻进切割隧道前，还必须对隧道内的空隙进行有效填充，增强其受力强度，确保隧道管片被内部固定，减少套管切削时对修复范围外隧道管片的影响，从而达到保护性切割的目的。

对完好隧道实施的保护主要是采取措施增大完好隧道的刚度。隧道内部填充施工采取了如下步骤和措施：

1）地面打孔

填充施工时既要确保填充密实，又要避免对土体产生过大扰动，这其中打孔是关键工序。施工中采用套管钻机成孔，直径为 150mm，成孔须打穿隧道顶部管片。使用套管钻的作用是：在打穿隧道顶部管片后，外套管保持原位，内套管拔出后进行填充施工，可以里面套管起拔后的孔壁坍塌、流砂进入隧道造成上部土体沉陷，影响周边环境。

2）灌浆填充

隧道内的填充物要求具有一定的强度、自立性，但不会对全回转钻进切割产生较大的负面影响。首先回灌黄沙，然后注入水泥浆液作为固定填充物（用低强度砂浆进行充填）。

水泥浆液水灰比为 0.8，压力不大于 0.6MPa。注浆钻机钻头直径为 73mm，注浆至地面标高，结束后拔出注浆管。

为确保填充效果，可以在隧道顶部多打设几个钻孔，部分进行灌砂、注浆施工；部分释放隧道内的水和空气，同时检验填充效果。

3）垂直冰冻墙辅助

然后再打垂直冻结孔对充填处的隧道实施局部冻结，形成一个刚度较大的冰塞体，冻结体的平均温度保持在 -10℃以下，在此条件下冻结体的抗压强度为 4.5MPa 以上，可以满足切割过程中对完好隧道的保护。保护性切割措施见图 5-20。在江中临界点保护性切割过程中冻结体温度变化曲线见图 5-21。

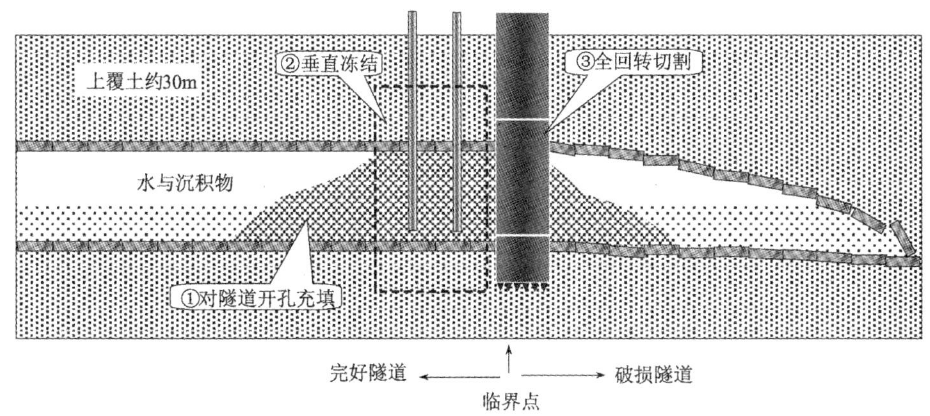

图 5-20 对隧道实施保护性切割示意图

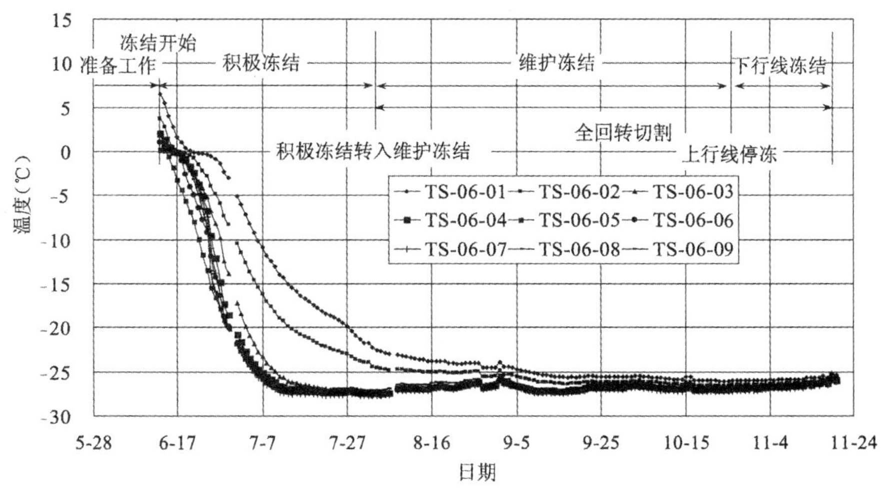

图 5-21 实施保护性切割过程中冻结体温度场曲线

（3）临江花苑大厦的角点切割

对临江花苑大厦角点进行切割是工程中的又一难点。临江花苑大厦是一座 23 层的钢筋混凝土高层建筑，为桩筏基础，地下室共 3 层，采用 ϕ800mm，间距 950mm，深度 20m 左右钢筋混凝土灌注桩作为围护结构。原临江花苑角部围护桩和搅拌桩止水帷幕侵入到中基坑内，因此地下墙施工前需要将其切割清除。施工过程中，将围护桩范围开挖出来，并进行真实位置测绘后发现，围护桩实际位置和原图纸所提供的位置有一定差异。经分析，实际围护桩位置北移是因为该处在抢险过程中发生了大面积沉陷，导致围护桩沉降和位移。

除了围护桩需要切割拔除外，还有一部分外挑底板也需要进行切割清除。底板为 2.15m 厚的钢筋混凝土结构，位于地面以下 12.2m，由于比隧道管片 0.35m 的厚度大出许多，一整圆切割块无法直接抓取。需要切除部分形状为 1m×1.6m 的直角三角形，根据全回转钻机的设备限界要求，切割过程中套管将与承重桩距离较近，为了不伤及大楼的承载桩，对套管的垂直度提出了较高的要求，见图 5-22。

针对上述情况采取的措施是：①在需要切割的范围内加密全回转的布孔，全回转的孔间距为 400 ～ 500mm，将需要切割的桩和底板混凝土分割成小块，便于冲抓斗直接抓出；②加强套管垂直度控制，特别注意贴近承重桩孔位的施工控制，确保承重桩不受影响；③整个临江大厦侧面切割面划分为 3 个施工段，分别进行全回转切割、土体回填和旋喷地基加固，以尽量减少施工对临江大厦的影响。临江大厦角点切割施工阶段对临江大厦监测情况见表 5-11。工程实践结果表明，该方法是行之有效的。

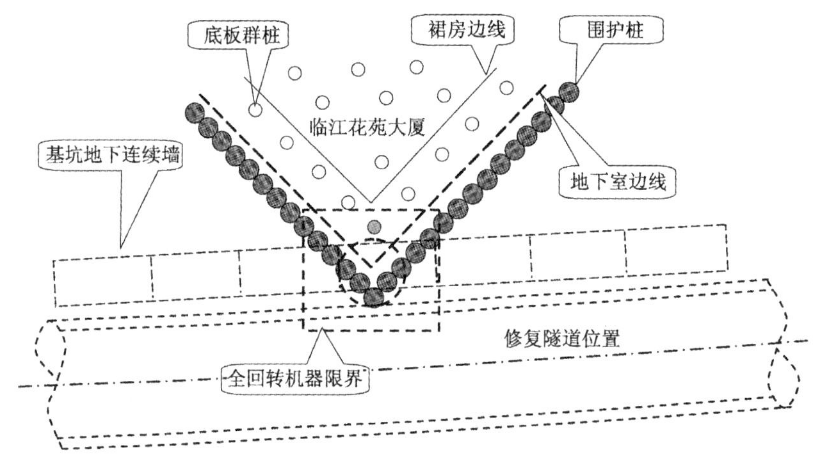

图 5-22　临江花苑大厦角点切割示意图

临江大厦角点切割施工阶段沉降和倾斜监测值　　**表 5-11**

序号	项目	预定变形控制标准	切割过程中变化量	切割完成后指标
1	沉降	6cm	3.6mm	11.96mm
2	倾斜	1.6‰	0.06‰	0.27‰

由表 5-8 中的监测数据可以看出，切割过程中临江大厦变形发展很小，切割完成后变形指标值也远小于控制指标，表明上述的针对性措施该方法是行之有效的，也为后续紧贴临江大厦的超深地下连续墙施工和超深基坑开挖在环境变形指标的余量上争取了有利条件。

深层障碍物的切割清理施工是该修复工程中的重点与难点。需要切割清理的障碍物主要包括：破损的隧道管片、抢险期间充灌的注浆充填物、机械设备和钢构件等，障碍物的深度在 30 ～ 40m，对如此复杂与深度的地下障碍物进行切割清理在国内尚属首次，国外亦属少有。在综合比较摇管机和全回转钻的基础上，选择 360º 全回转钻机作为切割清理设备。通过对全回转钻机在四号线修复工程中的应用情况的系统总结可得出如下结论：①由于全回转钻机能够驱动套管作全圆周回转，与摇动式全套管相比精度与施工效率等指标都要优越;②选用直径2m的套管对基坑的端面进行切割，通过叠交布孔形成连续的切削断面，叠交区的最小宽度为1.7m，满足厚度1.2m的地下连续墙的成槽施工要求；③在完好隧道与破损隧道分界点处，通过在完好隧道一侧进行充填垂直冻结形成冰冻塞体以增加隧道的刚度，在对破坏隧道切割的同时实现对完好隧道进行保护；④对临江花苑大厦角点的围护桩和底板的切割，采取加密全回转钻布孔的措施，将需要切割的桩体和底板进行分割，便于冲抓斗进行清理，实践证明该方法是行之有效的。

5.5.3 超深地下连续墙施工

修复工程分东、中、西三个基坑共有超深地下连续墙157幅，地下连续墙施工深度达到创纪录的65.5m，厚度为1200mm，幅宽先行幅为2.6m，顺幅为4.2m。地下墙施工主要涉及的难点有：场区浅层和深层障碍物的处理；成槽及槽段稳定性的控制；地下墙的接头形式优选及接缝处理；钢筋笼的起吊安全；反力箱的下放与起拔工艺等。经过综合比选，选择了使用德国利力渤海尔成槽机的“液压抓斗工法”进行地下连续墙施工，选用止水效果好、接头装置更便于起拔的十字钢板止水接头作为地下连续墙的接头形式。

（1）成槽施工技术

本工程为超深地下连续墙施工，槽段开挖深度达到创纪录的65.5m，无类似的工程可以借鉴，成槽施工难度极大。结合在以往地下连续墙施工中的经验和教训，充分发掘现有施工设备和工具的功效，针对本工程成槽难点和风险点，进行研究和克服。根据地质资料分析及现场65m地下连续墙实验幅的施工情况，针对该工程的成槽施工需要面临成槽效率低下，垂直度控制较为困难，成槽塌方严重，在⑦号砂质粉土容易因为径缩而卡斗等问题。

经过对成槽设备的比选，选用了德国的LIEBHERR HS855HD型成槽机。这是当今世界上性能最好的液压式抓斗成槽设备之一，其理论最大开挖深度为70m。地下连续墙施工照片见图5-23。

(*a*)

(*b*)

图5-23 地下连续墙施工图片
(*a*) 成槽用的液压抓斗；(*b*) 钢筋笼起吊

为了提高在标准贯入度数超过50的$⑦_2$层粉砂层中的成槽效率，该工程的槽段开挖辅以“辅助钻孔成槽”工艺（以下简称先导孔），即开挖前先利用反循环钻机在反力箱位置施工先导孔，直径为 1.2m，其深度与地下墙深度相同。在此条件下成槽至 40 ～ 50m。如果成槽的效率仍然低下时，再次利用 GPS20 型钻机在该槽段两端先导孔连线的中心处施工先导孔，形成两个隔墙更小的“两钻一抓”工作面，然后继续成槽，这样可以有效地保证在硬土内的成槽质量与效率。先导孔成槽工艺见图 5-24。

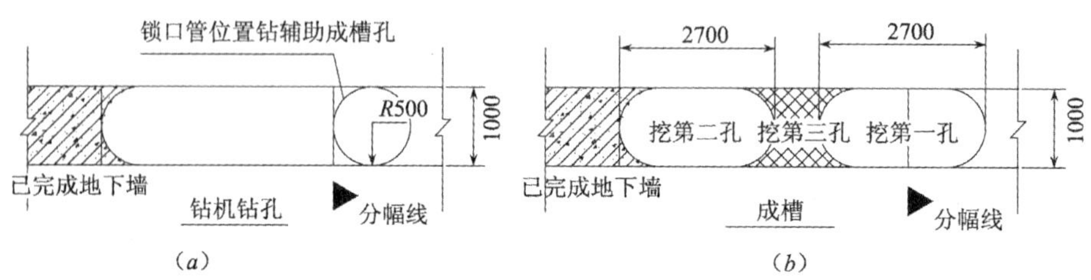

图 5-24　辅助钻孔成槽工艺流程

（a）先导孔施工；（b）成槽施工

先导孔完成后，由于⑦号土径缩，孔径往往变小，容易造成液压抓斗在端头抓土时因受到阻力增加而导致端头倾斜的现象，端头发生倾斜时无法直接用液压抓斗进行修正，所以必须在成槽完成后，在液压抓斗处理接头的同时安放一根直径 1.2m 的锁口管作为液压抓斗的靠山，然后将端头修正后进行扫孔作业。这道工序是针对本工程地下墙槽段深、土质硬、土体被扰动容易产生径缩等原因造成端头垂直度不易控制的情况而专门增加的。

该工程中，当地下墙发生壁面偏斜时，采用以下几种方式进行纠偏：①利用起、趴臂杆上下反复拉动强行铲除倾斜的土体，这在偏斜程度不大、土体强度不高的情况是可行的，但是纠偏的速度慢且效果一般；②如偏斜过大，可采取在不同深度在反力箱上焊槽钢垫块作为壁面靠山，配合薄壁液压抓斗强制纠偏的措施；③采用锁口管底部焊制钢板铲刀的措施予以冲铲纠偏。纠偏时从垂直精度较好的一端开始，准备一根长度超过倾斜深度 2m 以上的锁口管，在其底部焊接钢板铲刀。将钢板铲刀吊起后，面向突出的一侧，冲铲到倾斜范围底部，并以 30 ～ 50cm 的间距向前推进，利用锁口管的刚度反复冲铲，直至壁面垂直度达到要求。

（2）槽段稳定性控制

泥浆是开挖槽段保持稳定的保证，本工程泥浆控制存在以下难点：

1）工程地质多为扰动土层，超深地下连续墙各道工序施工时间长，槽孔暴露时间长，极不稳定；

2）地下 30m 以下就是⑦号砂质粉土层，该层土容易发生径缩；

3）同样由于砂质粉土层厚的原因，槽内泥浆含砂率非常高，槽内沉渣容易增厚。

针对以上问题，在施工过程中选择新型的泥浆材料、确定针对性泥浆指标、拌制方法、回收控制和泥浆管理。

该修复工程中采用一种名为“优钻 100 复合纳基膨润土”，是一种高造浆率、添加特制聚合物的 200 目纳基膨润土，适合各种土层，尤其是超深地下墙的护壁要求。复合纳基膨润土由纳基膨润土和高分子量聚合物、添加剂组成。其护壁机理为聚合物分子在槽壁表面的吸附胶结作用，由聚合物和膨润土颗粒共同构成的泥皮对槽壁的胶结作用。由于采用了纳基膨润土，其水化后的膨胀倍数为钙基膨润土的 10 倍以上，膨润土的小板结构充分打开。膨润土的小板与高分聚合物间的桥接作用，可在槽壁孔壁形成又薄又韧致密的泥皮。

大大降低了泥浆的滤失，使泥浆的失水量减少，从而降低了对周边地层含水量的扰动，使孔壁周边的地层尽量地保持原状，防塌性能增强。泥浆作用的机理见图 5-25。

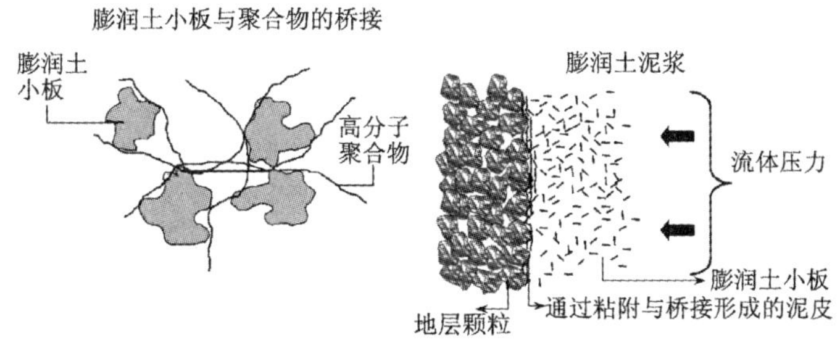

图 5-25 泥浆作用机理示意图

采用的新型泥浆有较低的固相含量。配置泥浆膨润土加量少，只有 3% ～ 4%。具有一定的选择性絮凝作用：①泥浆化学稳定性强，携砂能力强；②低密，低切力；③配置简单，快速。

新型泥浆不是利用高密度来提高防塌能力，而是利用聚合物增强泥皮的护壁作用；不是通过较高密度、黏度和切力来增强泥浆的悬浮土屑能力；相反，是以低密度、适当黏度和低切力获得好的泥浆净化效果。新型泥浆配置简单，护壁能力强，稳定性高，携渣能力强，尤其适合于土质较差和超深地下连续墙施工。

（3）地下墙接头形式优选与接缝处理

超深地下连续墙的接缝止水性能对基坑开挖的安全至关重要，由于基坑自 30m 开始进入⑦$_1$、⑦$_2$层粉砂层，开挖前在坑内设置降压井实施基坑内降水，形成坑内外较大水头差，一旦发生围护接缝渗漏水的险情，堵漏工作极其困难，将对基坑安全和周边环境带来致命的影响。

选择的合适接头要同时满足地下墙接头强度要求、接头止水防渗要求和满足接头装置安全起拔要求，这一点，是超深地下墙施工成败与否的关键所在。在本修复工程的前期研究中，主要针对最常用的十字钢板接头和普通锁口管接头进行了对比，对比的情况见表 5-12。

地下墙接头形式比选 **表 5-12**

特点	普通锁口管接头	止水钢板抗剪接头
接头防止渗漏效果	防渗效果一般	防渗效果好
	地下墙接缝为半圆形状，水的渗漏渠道短，在成槽中液压抓斗容易碰坏接头及在混凝土浇灌中接头容易夹泥、夹砂，渗漏水可能性高	止水钢板在地下墙接头上呈十字，在接缝处止水钢板伸出长达 50cm，延长水的渗流渠道。由于在成槽过程中，接头配有保护装置，所以接头不容易被破坏，不容易夹泥，防渗效果好
地下墙整体强度	一般	高
	属于一般的铰接接头，接头刚度较差，当地下墙发生不均匀沉降时，接头容易被破坏，产生裂缝，增加渗漏水的可能	属于刚性接头，地下墙整体强度高，地下墙在基坑开挖中稳定性好

续表

特点	普通锁口管接头	止水钢板抗剪接头
接头装置起拔	风险大	风险小
	由于锁口管接头是和所浇灌的混凝土直接接触的，施工中必须配备大于5000kN顶拔力的液压顶拔机，且必须根据混凝土初凝时间，仔细掌握好锁口管起拔时间，如果早拔会造成接头处混凝土坍落，造成临近一幅地下墙施工困难，晚拔了会造成锁口管拔不出的质量事故，并给基坑开挖安全带来严重隐患，因此施工的风险性高	由于和止水钢板连接的封头钢板将混凝土和接头反力箱相互隔离，使反力箱不和混凝土直接接触，且钢筋笼上密封薄钢板，防止水泥浆液从两侧绕到反力箱处，接头起拔容易控制，接头质量能够保证，施工可靠性强。风险小

通过对比，确定了十字止水钢板接头形式（图5-26），十字钢板和钢筋笼制作为整体进行起吊、沉，确保地下墙接头质量，由于十字钢板存在，使在浇灌的混凝土不和接头装置（以下简称反力箱）直接接触，确保反力箱安全起拔，由于十字钢板中间的止水板伸出的长度达50cm，水的渗流路径长，止水效果大大增加，可杜绝因接缝质量问题产生水砂突涌的情况，提高了基坑开挖的安全度。

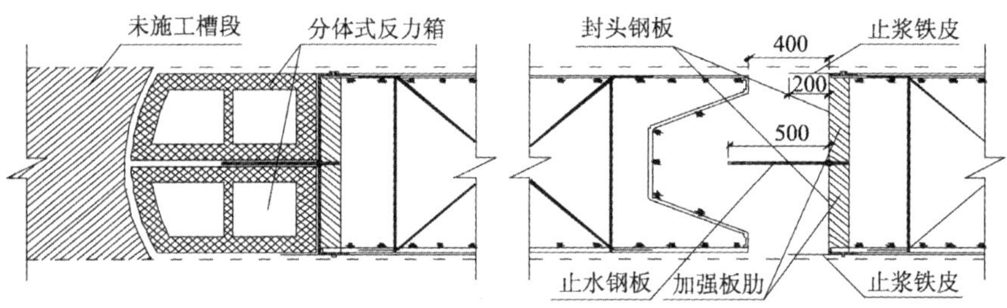

图5-26 十字止水钢板接头细部

在完成成槽和初步扫孔后，开始处理接头止水钢板两仓仓内的淤泥，而后再进行第2次扫孔施工，将地下墙接头处理出来的淤泥和沉渣彻底清除后，再进行下一道清孔工作。

虽然采用了防渗性能、反力箱起拔能力都很强的十字钢板接头，但是由于槽段超深，且反力箱直接保护十字止水钢板，超长反力箱和十字钢板很难完全紧密贴合，从而导致浇灌混凝土的过程中，在反力箱和十字钢板夹缝内不可避免地产生或多或少混凝土砂浆和进入的砂性土体、石子等混合结牢物。在成槽中悬浮在泥浆中的砂颗粒迅速沉淀在十字钢板的两仓仓内，沉积后，又形成了非常坚硬的胶结物。而该附着物如果不能有效清除，地下墙接头就形成了夹泥，成为基坑开挖后渗漏水的渠道，会严重危害基坑开挖的安全。夹泥处理的主要方式有：

1）液压抓斗附加式铲刀

拔出反力箱后，立即紧贴十字钢板成槽，然后装上特制的液压抓斗铲刀铲除十字钢板两仓混合附着物。该措施对40m以内止水钢板两仓附着结牢物在硬化前，起到了良好清除的效果。

2）反力箱铲刀

对于40m以下混合物，由于成槽时间较长变得较硬且液压抓斗铲刀冲击力减小而难以铲除，则在槽段成槽结束后采用1000mm厚地下连续墙反力箱（单榀实际厚度为46cm）底部增设钢板三角铲刀，并借助锁口管进行定位冲击。

经过以上两种施工措施后，均能较好地铲除十字钢板两仓硬化附着物，保证止水钢板的止水效果。

（4）清孔工艺技术

清除槽底淤泥和沉渣可以确保地下连续墙施工质量，降低地下连续墙夹泥风险。

清底方法：使用D_g100空气升液器，由起重机悬吊入槽。采用3～6m^{3}空气压缩机输送压缩空气，以泥浆反循环法吸取沉积在槽底部的土碴淤泥，清底开始时，令起重机悬吊空气升液器入槽，吊空气升液器的吸泥管不能一下子放到槽底深度，应先在离槽底1～2m处进行试挖或试吸，防止吸泥管的吸入口陷入土渣里堵塞吸泥管。

清底时，吸泥管由浅入深，使空气升液器的喇叭口在槽段全长范围内离槽底0.5m处上下左右移动，吸除槽底部土碴淤泥。清底换浆是否合格，以取样实验为准，当槽底处各取样点的泥浆采样试验数据都符合规定指标后，清底换浆才算合格。

在清底换浆全过程中，控制好吸浆量和补浆量的平衡，不能让泥浆溢出槽外或让浆面落低到导墙顶面以下30cm。

（5）超长、超重钢筋笼起吊技术

通过缩短槽段分幅，顺幅幅宽为4.2m，先行幅幅宽为2.6m来降低单元槽段的钢筋笼重量，同时配置280t重型吊车来吊装本工程钢筋笼。

及时缩短了分幅，对于64.5m的地下连续墙钢筋笼长度，其先行幅钢筋笼重量约为58t，填舱幅钢笼重量超过60t，如此庞然大物对起吊设备要求极高，同时起吊的安全至关重要。

我们在施工中采取了如下措施降低风险、确保钢筋笼安全吊装。

钢筋笼分两节制作、起吊，在导墙上进行拼装。配LIEBHERR 280t履带吊作为主吊、150t作为副吊进行双机抬吊，主吊、副吊均设置三道吊点。

为保证施工质量和起吊安全，降低起吊风险，钢筋笼分两节制作、起吊，在导墙上进行拼装。连接主筋采用单面焊错位连接，然后整幅起吊入槽。制作时两端钢筋笼分别长50m和15m(至两段焊接点中心)，钢筋采用35d搭接，局部焊接，在起吊桁架处加强焊接。两排焊点范围内分布筋和保护层钢板在起吊拼装后另行焊接。

起吊钢筋的方法多种多样，根据修复工程的实际情况，采用的6点双机抬吊的方法。根据有限元分析计算，起吊时钢笼，吊点安全度在6以上，最大变形为42.6mm，因此钢筋起吊整体是稳定的，经过施工实践证明是成功的。

（6）超深地下混凝土浇灌技术措施

墙体混凝土按照浇灌水下混凝土规范要求采用高于设计强度一个等级的商品混凝土。水下混凝土浇筑采用导管法施工，混凝土导管选用D270mm的钢导管，法兰接头。实际施工中，由于幅宽较小，先行幅和顺幅浇灌混凝土采用单根导管，钢筋笼制作时均设置备用导管仓，转角幅和填仓幅采用两根导管浇筑。用吊车将导管吊入槽段规定位置，导管上顶端安上方形漏斗。在混凝土浇筑前要测试混凝土的坍落度，并做好试块。

钢筋笼沉放就位后，应及时灌注混凝土，导管插入到离槽底300～500mm，灌注混凝土前应在导管内设置球胆，以起到隔水作用，并检查混凝土配合比后方可浇筑混凝土。检查导管的安装长度，并做好记录，每车混凝土填写一次混凝土上升高度及导管埋设深度的记录，在浇筑中导管插入混凝土深度应始终保持在 2 ～ 6m。导管间水平布置一般为 1.5m，最大不大于 3m，距槽段端部不应大于 1.5m。在混凝土浇筑时，不得将路面洒落的混凝土扫入槽内，污染泥浆。混凝土泛浆高度为 50cm，以保证墙顶混凝土强度满足设计要求。

（7）超深反力箱顶拔技术措施

本工程反力箱放置深度达 65m，经计算，反力箱自重、混凝土的握裹力和土体的摩擦力极大，常规的反力箱和顶拔设备难以达到施工要求。另外，极高的顶拔反力要求导墙的基础必须牢固，防止出现导墙坍陷的风险。在确保反力箱能顺利起拔方面，主要采取了以下措施：

考虑到混凝土浇筑时将产生极大的侧向推力，导致反力箱的摩擦力增加，本工程地下连续墙钢筋笼制作时采用以先行幅和顺幅施工为主的措施，其中先行幅的钢笼两侧均设置止水钢板，与钢筋笼水平筋牢固焊接，整体起吊入槽。顺幅设置单边止水钢板，减少反力箱起拔的风险。

为增强顶拔时的基础强度，导墙壁、道路均采用配筋为双层双向 ϕ16@200mm 的 300mm 厚 C30 混凝土结构，并在施工深度导墙的同时，对应反力箱顶拔位置的导墙两侧，各施工一根截面为 300mm×300mm 的钢筋混凝土壁柱。

反力箱涂抹减摩剂，以减小摩阻力。

为了减小混凝土从止水钢板底部和侧面发生绕管的可能性，整幅钢筋笼在封头钢板的折边上固定包裹防翻浆薄钢板，薄钢板厚 1mm，与止水钢板之间利用螺栓和压条固定，宽 1m，可有效保证铁皮在混凝土浇筑过程中被撑开贴向两侧土体，起到防护作用，有效减少混凝土或水泥浆的绕管现象发生。

严格控制反力箱的起拔时间，是成功、安全起拔反力箱的关键所在，必须严格以标准起拔反力箱，哪怕延迟 5min，也会造成反力箱难以拔出的质量事故。

混凝土浇灌 4h 后开始松动接头装置，每次抬高 5cm，每间隔 5min 顶拔一次。

严格按照“混凝土浇灌记录曲线表”实际记录的混凝土在某一高度的终凝时间计算接头装置允许顶拔的高度，严禁早拔、多拔，一般拔除的接头装置下面的混凝土加固试件不少于 6h。

如商品混凝土掺加过缓凝型减水剂，开始顶拔接头装置时间还需延迟。

按照实际情况，详细记录接头装置起拔的过程控制记录。

如是因为混凝土浇灌造成机头装置起拔困难，则在接头装置起拔完成后，必须立刻用液压抓斗挖出浇灌混凝土，以确保后续一幅地下连续墙的施工。

常常在浇灌混凝土后，劣化泥浆充满反力箱内部，无法通气，使起拔反力箱过程中，反力箱底部形成真空，对反力箱有一股强大的吸力，增加反力箱起拔的困难。

另外劣化浆充满反力箱后，增加了反力箱的自重，也会增加反力箱起拔困难。

对此，必须顶起清理反力箱内部隔层，起拔反力箱过程中如发现底部抽真空时，则沿反力箱外侧用阿托拉斯钻机打释放孔，保证反力箱的起拔。

5.5.4 大深度、大直径旋喷加固

（1）旋喷加固设计

修复工程中的高压旋喷加固主要包括三部分：①坑内裙边加固；②坑外接缝止水加固；③全回转切割回填后的弱加固。由于全回转切割后的弱加固桩径较小，本书对施工情况不做介绍。

根据设计平面上裙边加固范围为：基坑内侧近地下墙 4.0m 范围内需要进行裙边旋喷加固。在剖面上的加固范围为：第 7 道支撑底面以下至坑底开挖面以下 5.0m，以及自第 4 道支撑至第 6 道支撑起每道支撑下 2.0m 范围内。设计桩径为 1800mm，最大加固深度为 46m，共设四排局部经过优化后变成三排，排距为 1400mm，桩间距为 1300mm。坑内裙边加固布置见图 5-27。裙边加固的强度指标：第 7 道支撑底面以下加固区，28d 无侧限抗压强度 $q_u \geqslant 1.5$MPa；第 7 道支撑底面以上加固区，28d 无侧限抗压强度 $q_u \geqslant 1.0$MPa。检测方法采用钻孔取芯，根据规范按一定的比例进行抽样取芯。

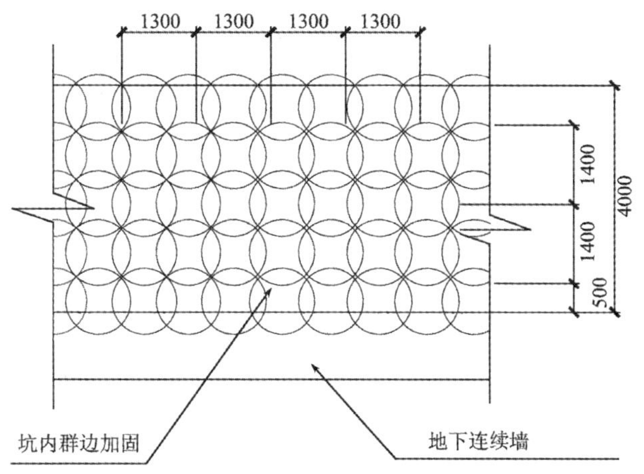

图 5-27 坑内裙边加固平面布置（单位：mm）

由于基坑开挖深度大，地下连续墙内外将形成较大的压力水头差，因此地下连续墙接头的防水需要引起足够的重视。在接头形式选型上选择防水效果较好的“十字钢板接头”。尽管如此，由于地墙混凝土浇灌或者十字钢板夹泥等原因可能导致接头防水质量难以保证，需要在坑外接缝处施工旋喷桩封水。旋喷桩设计桩径 1800mm，搭接不小于 600mm。加固深度为地面以下 15.0 ～ 50m（相对标高）。旋喷加固 28d 无侧限抗压强度不小于 1.2MPa。

桩位布置，原则上在需要加固的每个地下墙接缝布置两排旋喷桩，根据接缝实际情况加固分为三种情况：①对于不连续的单个接缝，止水钢板有一定偏斜度，但倾斜度不大、混凝土充盈系数小于 1.0 或大于 1.0 但很接近于 1.0 及十字钢板上附着物较少，较少根数旋喷桩就能保证接缝止水的情况可采用方案一布孔进行加固增强接缝隔水性能：该方案在接缝位置布设三只旋喷孔，以“品”字形布置，内排离地下墙 400mm，孔距 1200mm，行距 1000mm。②对于不连续的单个接缝，止水钢板偏斜度较大，十字钢板附着物较多时采用方案二布孔进行旋喷加固增强接缝隔水性能：该方案近地下墙一排布置三根桩，外侧布

置两根桩。桩间距1200mm，第一排桩距离地下墙400mm，两排间距1000mm。③特殊部位须加强的地下墙连续接缝加固可采用方案三的桩位布置形式：该方案每个地下墙接缝均布置两排桩，每排3根。由于每幅地下墙长度约为3.6m，旋喷桩间距1200mm，因此，有可能形成两排连续的止水围幕，该方案较安全。坑外地下墙接缝旋喷加固桩的布置见图5-28。

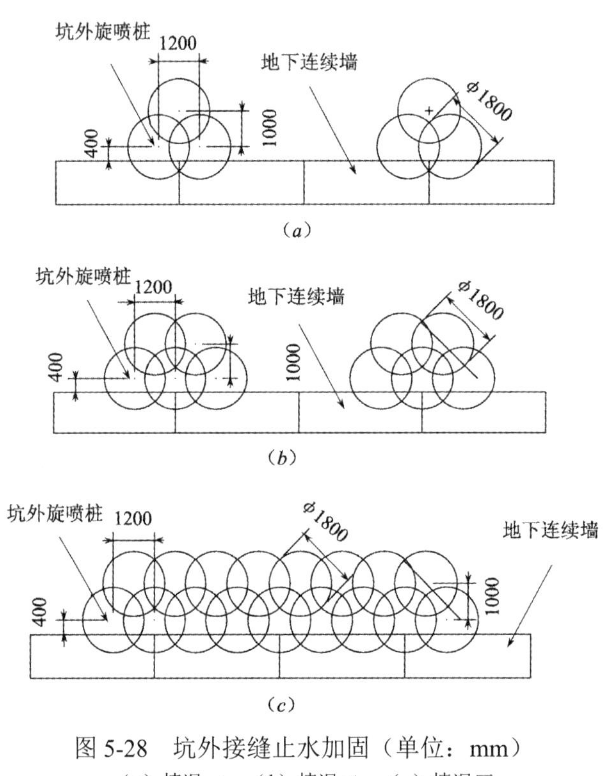

图5-28　坑外接缝止水加固（单位：mm）
（a）情况一；（b）情况二；（c）情况三

从基坑横断面看，坑内群边旋喷加固和坑外接缝止水加固的情况见图5-29。整个修复工程中的旋喷加固工作量见表5-13。

（2）旋喷加固的施工工艺

鉴于该工程中的旋喷桩径大（1800mm），加固深度最深达到50m，这些指标国内已有的普通三重管旋喷技术难以达到，为此，隧道工程股份有限公司牵头成立专门的科研项目“大深度、大直径旋喷设备和施工技术研究”，开发出有自主知识产权的双高压旋喷（RJP）设备体系与施工工艺，既为4号线修复工程服务，也为将来上海市大深度的地下空间开发提供技术储备。

双高压旋喷工法Rodin Jet Pile（RJP）是将超高压水和空气喷射流，以及超高压固化材料和空气喷射流通过安装在多重管前端的喷射器分两个阶段对土体进行切割搅拌，通过旋转提升在土体中形成圆柱形加固体的一种地基加固方法。与普通三重管不同的是RJP工法中固化材料喷射流也是高压介质，对土体形成二次切割与搅拌。RJP工法的概念图及旋喷器的实物见图5-30。地墙接缝加固施工的工艺参数见表5-14。

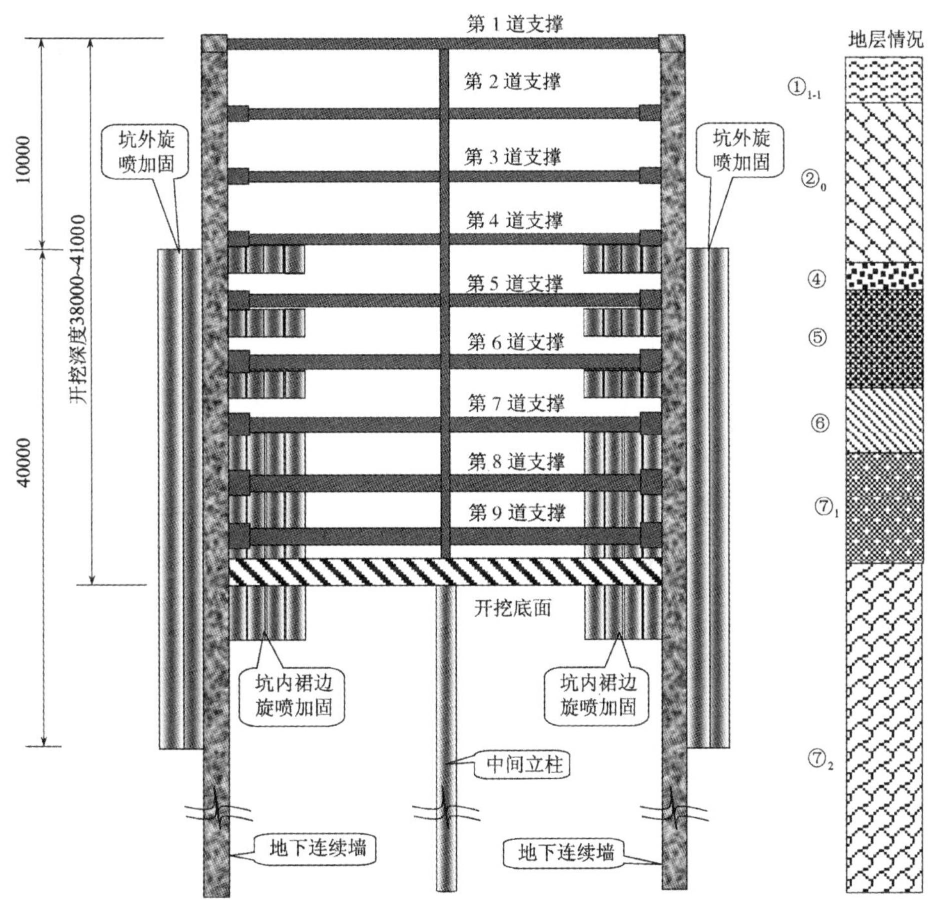

图 5-29 典型基坑断面及旋喷桩的深度情况（单位：mm）

4 号线修复工程旋喷工作量汇总 **表 5-13**

项目	设计桩径（mm）	最大深度（m）	总根数		备注
坑内裙边加固	1800	47	东基坑	642	沿深度方向间断成桩，最大加固深度 47m
			中基坑	78	
			西基坑	107	
坑外接缝止水加固	1800	50	东基坑	140	沿深度方向连续成桩，加固深度为地面以下 15m ～地面以下 50m
			中基坑	46	
			西基坑	37	
全回转切割槽段内加固	1500	42.5	1 号断面	34	沿深度方向连续成桩，加固深度为地面以下 42.5m
			2 号断面	40	
			3 号断面	38	
			4 号断面	36	

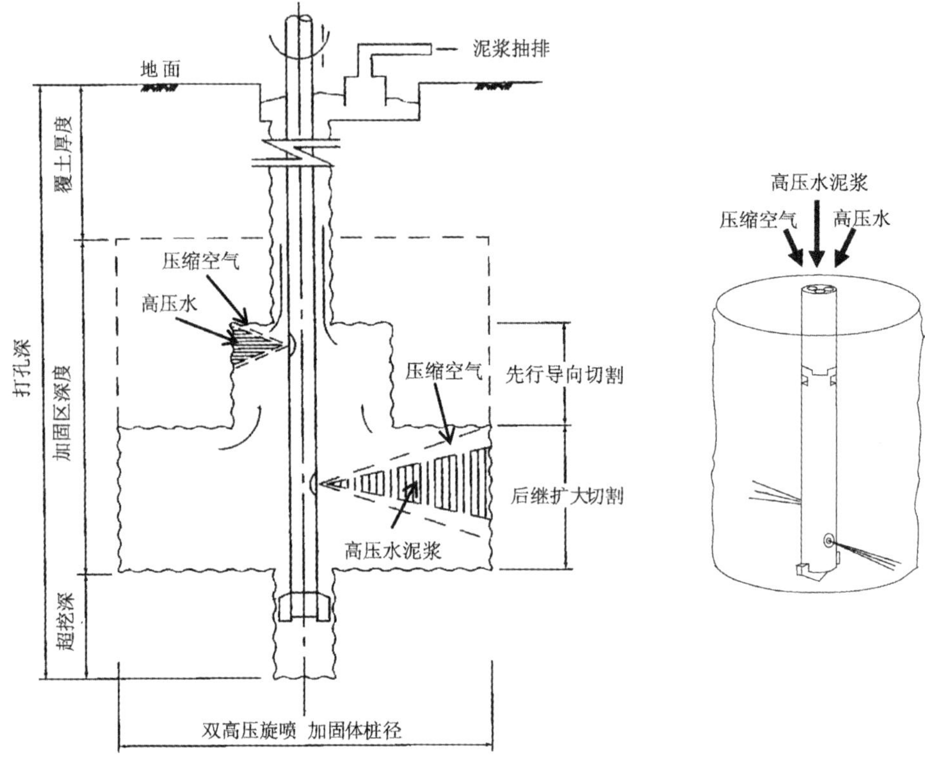

图5-30　RJP 工法的概念图

接缝止水加固 RJP 工艺参数　　**表5-14**

名称	项目	施工参数
高压水	压力（MPa） 流量（L/min）	35 ～ 38 75
压缩空气	压力（MPa） 流量（m^3/min）	0.5 ～ 0.7 3.0
水泥浆	压力（MPa） 流量（L/min） 水灰比	20 75 ～ 85 1 ∶ 1
注浆管提升	提升速度（cm/min） 旋转速度（r/min）	4 ～ 6 5 ～ 7

注：注浆材料为C30普通硅酸盐水泥。每方土体水泥掺量550 ～ 600kg。

（3）旋喷加固效果检测

旋喷加固属于隐蔽工程，除了需要加强施工过程的监控与管理外还需要对施工效果进行监测，效果监测主要为取芯强度试验。对于坑内加固体还可以通过基坑开挖暴露的情况了解旋喷加固效果。

整个修复工程中东基坑、中基坑和西基坑合计坑内桩数827根（其中坑底5m抽条加固桩31根），地下墙接缝止水桩合计223根。根据检验方案，旋喷桩加固采用现场取芯的方法进行检验，检验数量为总桩数的 1%。计划坑内加固取 9 根桩，坑外止水桩取 3 根桩。

根据现场情况，中基坑已无取芯条件，取芯位置全部布置在东基坑与西基坑内。取芯平面位置应尽可能在东、西两基坑加固区内均匀分布。计划西基坑坑内加固取 2 根桩，坑外接缝取 1 根桩;东基坑坑内加固取 7 根桩，坑外接缝取 2 根桩。具体桩位可根据现场条件，并与监理等有关单位协商的基础上确定。取芯平面位置见图 5-31。

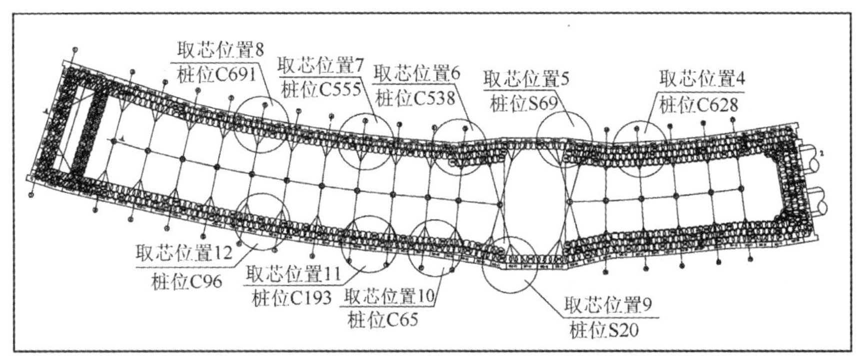

图 5-31 取芯位置分布

芯样取出后，采用钢丝据或其他切削工具将其切成 7.07cm×7.07cm×7.07cm 的立方体试块，每组三块。并尽快送交力学试验室进行抗压强度试验。如不能及时送试验室，应在标准养护室进行养护。取芯结束后，采用 1 ∶ 1 水泥浆进行孔内回填，确保旋喷桩不因取芯而影响质量。取出的芯样及送检试件见图 5-32 和图 5-33。

图 5-32 地面以下 35m 深度处取出的芯样

图 5-33 送检测的式样

试件无侧限抗压强度的统计结果见图 5-34。不同深度取芯情况及对应土层见表 5-15。

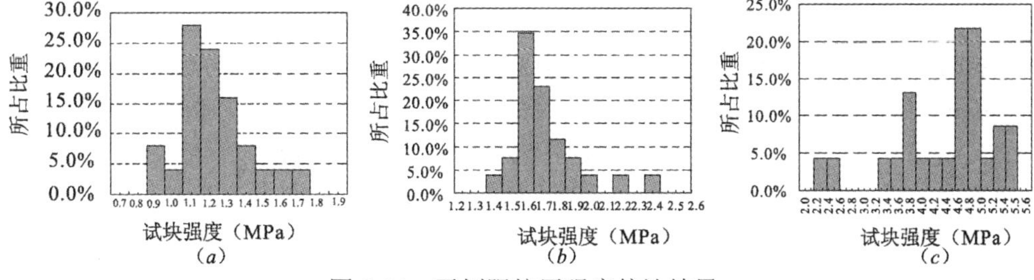

图 5-34 无侧限抗压强度统计结果

（*a*）取样深度 -15.0 ～ -25.0m；（*b*）取样深度 -35.0 ～ -35.0m；（*c*）取样深度 -35.0 ～ -50.0m

不同深度取芯情况统计结果 表 5-15

序号	取芯的深度（m）	涉及的土层	目标强度（MPa）	实际代表强度（MPa）	备注
1	-15.0 ～ -25.0	②$_0$，④，⑤	1.0	1.25	强度值均为无侧限抗压强度
2	-25.0 ～ -35.0	⑤，⑥，⑦$_1$	1.5	1.73	
3	-35.0 ～ -50.0	⑦$_1$，⑦$_2$	1.5	4.22	

通过对 77 个试件强度值的统计分析，结果表明：①实际取样的强度值均超过了设计值；②不同土层加固强度差异较大；③随着深度加大及土层变化，强度分布的离散性加大，说明该工法的稳定性在降低。

随着东基坑向下开挖，对坑内的旋喷加固体的暴露情况也进行了跟踪。不同深度暴露的旋喷加固体图片见图 5-35。从图片可以看出加固体质地较均匀，整体性良好，不同土质色泽有一定的差异，在黏性土质中呈现暗灰色，砂性土中呈银灰色。

（a） （b） （c）

图 5-35 不同深度的旋喷加固体

（a）地面以下 15m；（b）地面以下 28m；（c）地面以下 35m

5.5.5 超深承压水降水

（1）承压水降水的总体特性

上海市地处长江三角洲第四纪松散地层的沉积区域，厚度达到 250m 以上，其中普遍发育有 4 ～ 5 层分布较稳定的承压含水层，浅层 100m 以上沉积有多层厚度较厚的软土层。近年来，地下空间开发的规模向着超大、超深方向发展，目前有些基坑突破 30m，甚至超过 40m。基坑的底板已经进入上海市第一承压含水层（⑦$_1$、⑦$_2$层），该承压含水层的特点是：压力水头较高、水量丰沛补给速度快、该层土主要是砂性土稳定性较差，所以该承压含水层的降水难度越来越大，相应承压含水层对基坑开挖施工的威胁也越来越大。

承压水对基坑开挖施工的威胁主要表现在：①井位不够，或井位布置不当导致水位降不下去，从而开挖工作无法进行；②降深不够导致水砂突涌，或者坑底隆起过大；③大量抽排地下水导致地层压缩或者环境土层沉降等。为了解决好超深基坑开挖过程中承压水的问题，除了要有科学合理的降水方案外，自动控制系统以及承压水位的实时监测系统也是必不可少的，以便及时掌握水位的情况以及在险情发生时能够快速反应。

上海市轨道交通 4 号线南浦大桥站～浦东南路站区间隧道修复工程包括三个明挖基坑，

基坑最大开挖深度 41m，最大降水深度达到 43m。基坑开挖深度和降水深度均达到上海软土地区之最。已有勘察资料表明，沿线地下水主要有浅部（第⑥层以上）黏性土、粉性土层中的潜水及深部（第⑥层以下）粉性土、砂土中的承压水，第⑦层为上海地区第Ⅰ承压含水层，第⑨层为上海地区第二承压含水层，根据区域资料，场地缺乏第⑧和⑩层黏性土，所以场区内第Ⅰ、Ⅱ、Ⅲ承压含水层的连通区，承压含水层的厚度超过 100m。

鉴于对承压水位的实时监测的重要性与必要性，依托上海市轨道交通四号线修复工程建立承压水降水的自动控制系统与实时监测系统。

修复工程区域承压含水层水头受开采和回灌（冬灌夏用）的影响，呈动态年周期性变化，埋深为 6 ～ 11m；原详勘时（2001.3）测得的⑦层承压水位为地面以下 7.58m（标高 -3.31m），地质补勘和现场抽水试验时（2003.9）测得的⑦层承压水位为地面以下 11m；修复段详细勘察期间（2004.5）测得的⑦层承压水位埋深为 9m（标高 -5.40m）。抽水试验得到 s-lg$t$ 曲线形态和水质分析等都未反映出黄浦江江水与下部或塌陷后地层承压水有直接水力联系。这种随潮汐的水头波动是由于潮汐变化使黄浦江水位涨落，而作用在江底土层上的荷载相应变化，使含水层变形，涨潮时含水层受压缩，承压水水头增高，退潮时江底卸荷，含水层膨胀，承压水头降低，这种变化反映较敏感，称之为似潮汐影响。黄浦江水位与承压含水层水头的关系如图 5-36 所示。

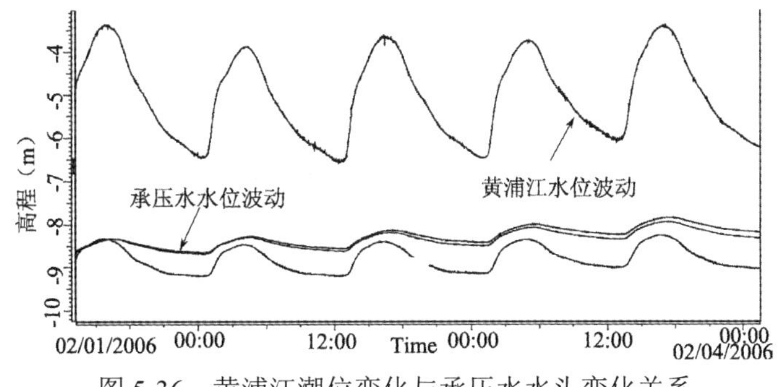

图 5-36　黄浦江潮位变化与承压水水头变化关系

（2）降水系统的组成

四号线修复工程的降水属于文献 [2] 中的第三类情况，承压含水层厚度较大，围护结构不可能隔断承压含水层，降水井设在基坑的内部，地下水渗流特征为：由于受围护结构的阻挡，上部基坑内、外地下水不连续，下部含水层连续相通，地下水呈三维流态。根据降水设计总体上采用坑内降水的原则。如图 5-37 所示。

整个降水系统由三部分组成：①抽水与排水系统；②自动控制系统；③实时采集与监测系统。整个降水系统的总体示意图见图 5-38。

a．抽排水系统

抽水系统包括：降水井、水泵以及其他附属设施。排水系统主要为积水总管。

坑内降水井井深 61m，井管采用 6mm 厚钢板轧制成的口径 273mm 钢管，井点管从由深至浅分为三个部分：自底部向上 1m 是沉淀管，作为成井洗井和抽水过程中进入了抽水井管而未被抽出的泥沙沉淀处。沉淀管以上 15m 范围内是井点管中的滤管部分，该工程选

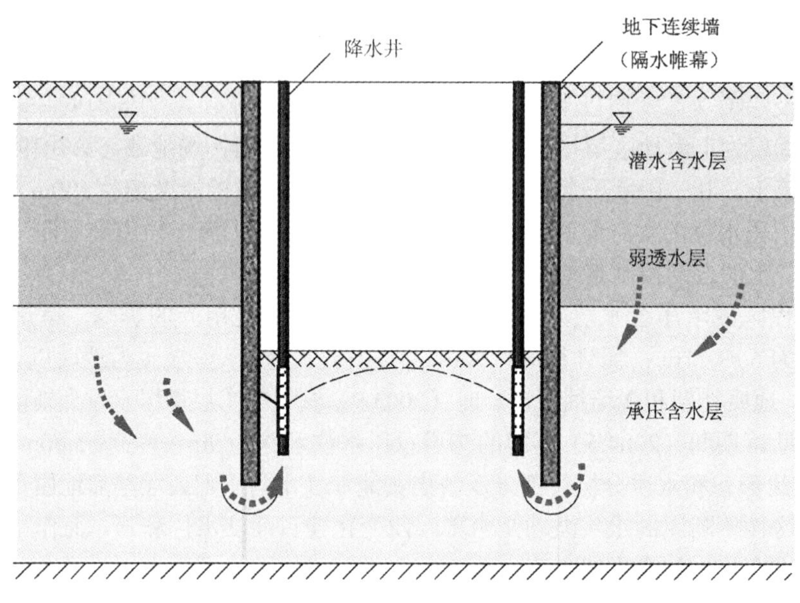

图 5-37　修复工程降水过程中渗流场特征

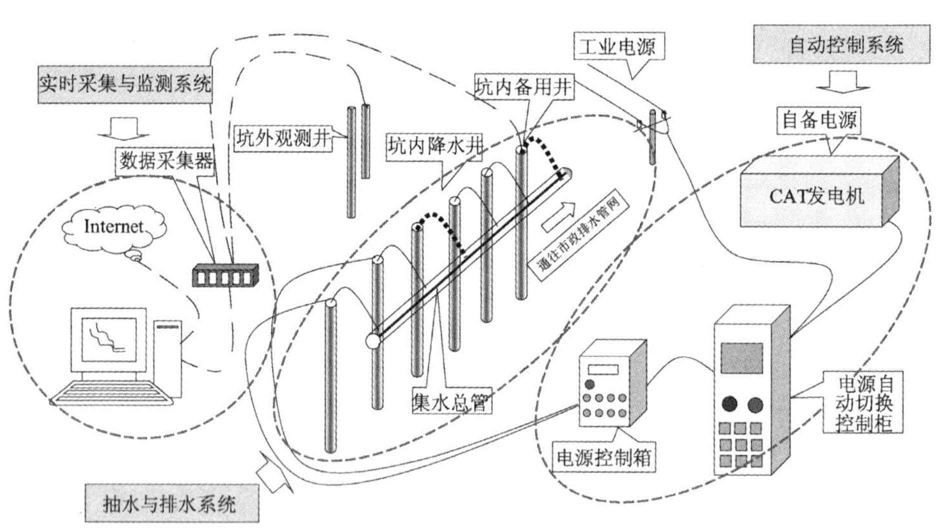

图 5-38　降水系统示意图

用桥式滤管，桥高 7mm，起到滤去砂土引进地下水的作用。在滤管的外部包有钢纱网，纱网外填有近 200mm 的优质黄砂，防止过滤管的滤孔被泥土堵塞，起反滤作用。滤管以上直到地面 45m 范围内为普通井管，起井壁作用。降水井管的结构与实物见图 5-39。

基坑内共布置 55 口降水井，井深 61m 中，分别布设东基坑 34 口，西基坑 15 口，中基坑 6 口，其中 10 口备用井，45 口坑内降水井。东基坑共布设 34 口降水井，其中 28 口工作井，7 口备用井，坑外水位观测孔 22 个，分层沉降孔 7 个及孔隙水压力孔 7 个，B7 井边坑外水位异常观测井 2 个。井位布置见图 5-40。

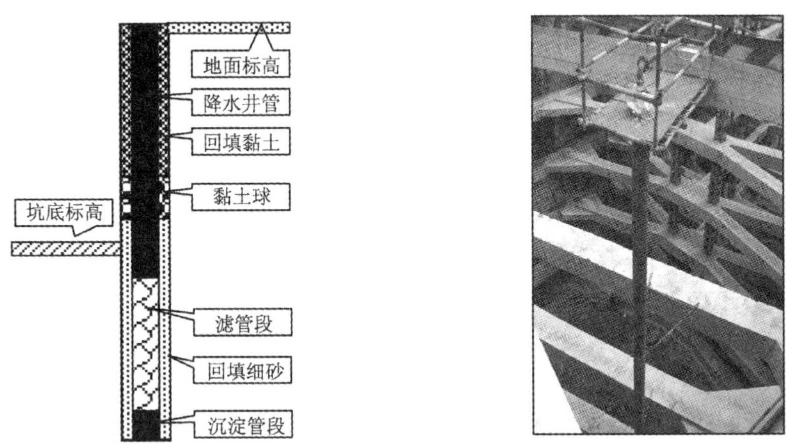

图 5-39 单井结构与实物图

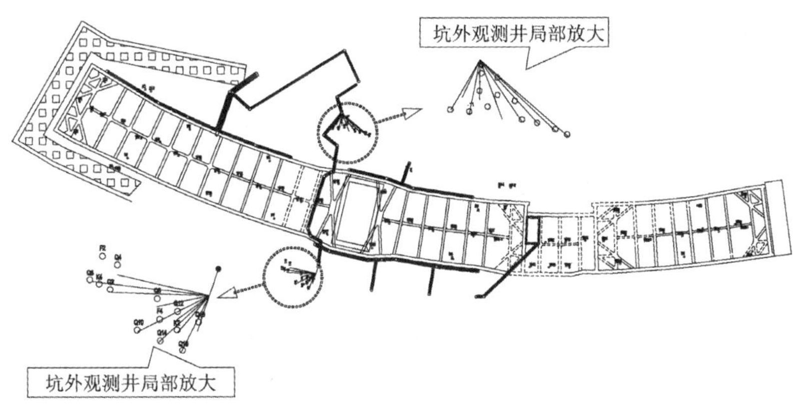

图 5-40 修复工程降水井平面布置图

施工现场沿圈梁顶布置 8 根总的集水管（钢管）作排水用，集水管直径为 273mm，壁厚 6mm，明布和埋设于施工场地。集水管紧贴坑外护墙，尽量减少占用面积，不影响开挖和结构施工时的机械车辆的使用，同时也最大程度避开了被机械车辆冲撞的空间。排水总管在基坑护墙两侧均有排布。由于降水井所抽为承压水，水源干净清洁，故总排水口有两种选择，一是直接排放于市政下水道中；二是直接排放于黄浦江中。现场东基坑和中基坑的降水排水管汇集于 3 处排放（西基坑未展开降水施工）：根据场地环境，北侧和南侧各一处排入两个地下污水管道，南侧近黄浦江处则直接延伸至黄浦江边排入江中。集水总管的实物见图 5-41。

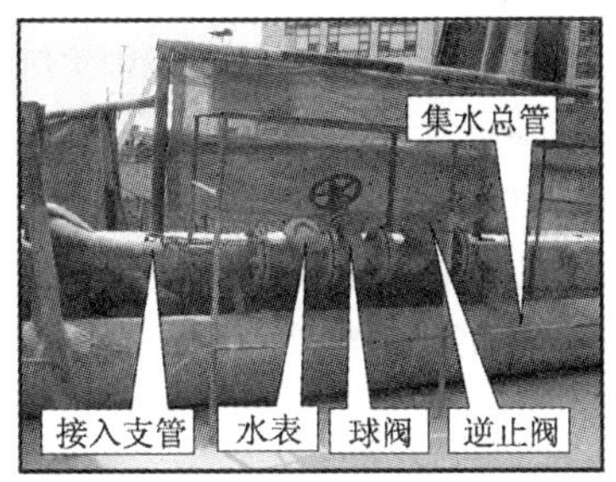

图 5-41 集水井管实物图

该修复工程的抽水试验结果表明，水泵停抽后 2min 内水头能够上升 10m 左右，15 ～ 30min 内能够恢复到原始水头。停抽后的水位恢复过程线见图 5-42。也就是说整套抽排水系统必须具有高可靠性，要配备备用电源、备用工作井以及自动控制系统，确保整个降水工作的安全可靠。

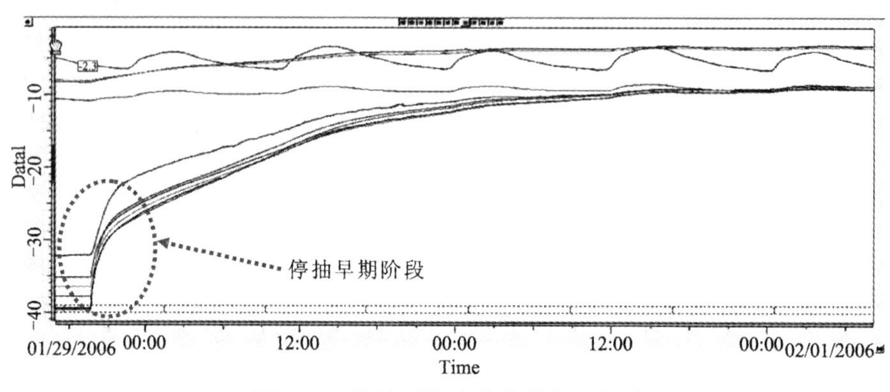

图 5-42　停抽后坑内水位恢复过程线

b．自动控制系统

所有井点设备布设完成后，所需要的电源与监测电缆则通过第一道支撑表面汇集于基坑边，然后连接至电源控制室。管线系统的布置应尽量避开常规作业频繁区域，并应以较少的消耗达到所需要的效果。基坑抽水井点距各道支撑距离都不远，于是采用就近原则，出水管与监测电缆均利用近处支撑为铺设平台，顺延支撑铺设至基坑边。然后将电缆通过地下预埋管道接过施工路面，安全连接至电源控制室。通过电源控制室，降水施工人员只需要对各控制箱上电箱按钮控制即可控制各个井点的降水运行情况，并根据施工需要对降水井进行调整。

由于降水施工对于整个工程是极为重要的，因此此项工序一旦运行绝对不能产生大规模的降水井停工。对于电源情况的掌握是极为重要的，由于值班人员可能在人力判断上并不能及时准确，降水系统增加了一套电源电箱运行异常报警设备。每个电箱都和报警系统连接，每盏灯代表一个电箱。如果该电箱出现异常或停止供电工作，该相应的红灯就会立刻亮起，方便工作人员的判断，同时也提高了相应问题的工作效率。

考虑到上海市用电情况和工地施工情况，一旦发生市电断电情况或供电电缆在施工中意外切断，造成的后果影响将不堪设想。为了使系统继续正常运行必需添加备用电源。因此，四号线修复工程引进了一台 800kW/h 的 Caterpiller（凯特彼乐）3500 柴油发电机组和 Caterpiller SR4 型发电机作为降水系统的应急电源使用。通过该发电机组，即使突然发生大规模断电，整个运行系统也可以在 10s 内将电源切换到备用发电机组。首先是有一台 24V 的电源控制信号器，在市电正常情况下不断给自身电池充电，在市电断开后用立刻自身电源向发电机组传递信号。CAT 发电机组得到启动信号后立刻开始运行，10s 的时间内将发电机组发动正常工作，代替市电继续向降水系统供电。在这 10s 期间基坑内的水位变化将会是很少的，绝对保证了整个工程正常、安全地运行下去。待到市电系统恢复正常后，系统则自动将供电系统转换。

通过以上一系列自动控制措施，结合现场人工辅助，4 号线降水系统以最快的反应，最小的消耗，达到最好的降水效果。

c. 实时采集系统

4 号线线修复工程深基坑降水监测包括：深基坑降水坑内外承压水水位变化监测、潜水和承压水水力联系监测、承压水潜水与黄浦江潮水波动关系监测。监测系统要具有精度高、灵敏度高、耐用、安全等特点，监测采用商业化软件，进行数据自动采集和实时监测。降水实时监控地下水水位采用孔隙水压力计作为水位探头，DT515 GeoLogger dataTaker 数据采集仪全自动采集数据，配备的软件和 PC 机对所采集的数据及时换算成地下水位，并绘制成实时曲线监控地下水水位，同时能够自动报警，一旦数据值超出警戒值就能报警，提醒地下水位有异常情况，以便能够在最短时间内发现问题。测量一般地下水位数据间隔监控时间为 1 ～ 30min。该工程中设定为 5min。

压力传感器采用 600kPa 级别 PW 系列弦式渗压计，用来测量承压水压力。所测得的数据可评估换算成地下水水位。将 PW 系列渗压计安装在降水井或观测井中会自动监测各井点中的相应水压力。在坑内抽水井点内 PW 渗压计置于井口以下 50m 以下，观测井内 PW 渗压计将根据不同观测井深度而定，以确保渗压计的量程范围。所测到的压力指标将通过电缆到井点的顶部，然后连接到 DT515 自动数据采集仪上。所有作连接用的电缆在连接两端都标明有数字代号，以确保数据连接的准确无误。

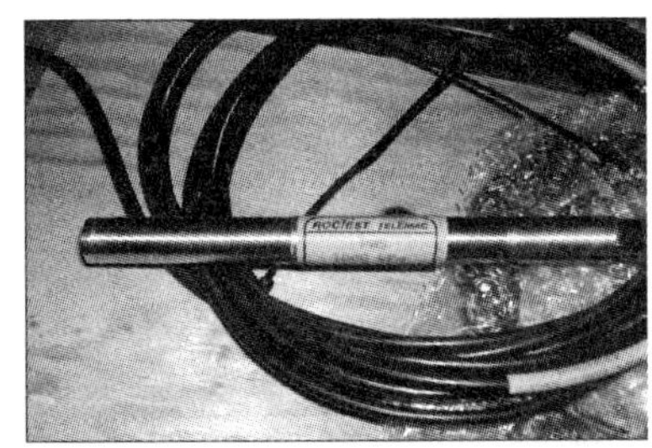

图 5-43 降水工程用压力传感器

图 5-44 DT515 数据自动采集仪

本次降水监测系统采用的 DT515 数据自动采集仪，原产于澳大利亚，是适用于岩土工程的，低功耗的数据采集仪。容易安装，数据能够方便和安全地存储数据。该仪器可以同时连接 40 只传感器。有高速的数据处理能力，还可以存储卡存储数据，监测数据被记录入内存，方便下载，以及数据断电保持。且具有报警和控制功能，并配备智能化的数据处理软件，对数据处理与监测数据的报警方面则更为快捷和方便。

施工现场水位监测系统采用 2 台 DT515 全自动数据采集仪和约 30 只 PW 式传感器以及 2 台电脑组成。监测数据电缆线均采用 2 芯线。从井口开始布设，应就近沿支撑布设，经过路面时，为防止被破坏，将其置于钢管内，预埋在地面下通过，安全连接至东基坑监测控制室。

在设备与管线等一切安装完成后，自动监测系统即可以投入运行中。在保证电源的情况下，PW 渗压计不断将其在井点管水面以下所受的水压力转换为信号向外传递，DT515 自动采集器此时以每五分钟采集一次所有渗压计所反应的压力信号，储存于采集器中。DT515 自动采集器会通过传输路径向监控中心电脑主机传递。主机电脑将安有相应的 DeoLogger 软件，并通过事先已经调校好的参数将所得到的信号转换为水深，同样记录并反映于软件界面上。出现于观测人员面前的将是准确的各井点水位深度与形象的图文表示。

DeoLogger 软件可以实现对采集数据的实时显示，包括数据文件、报表以及曲线等形式，可视化显示的界面见图 5-45。

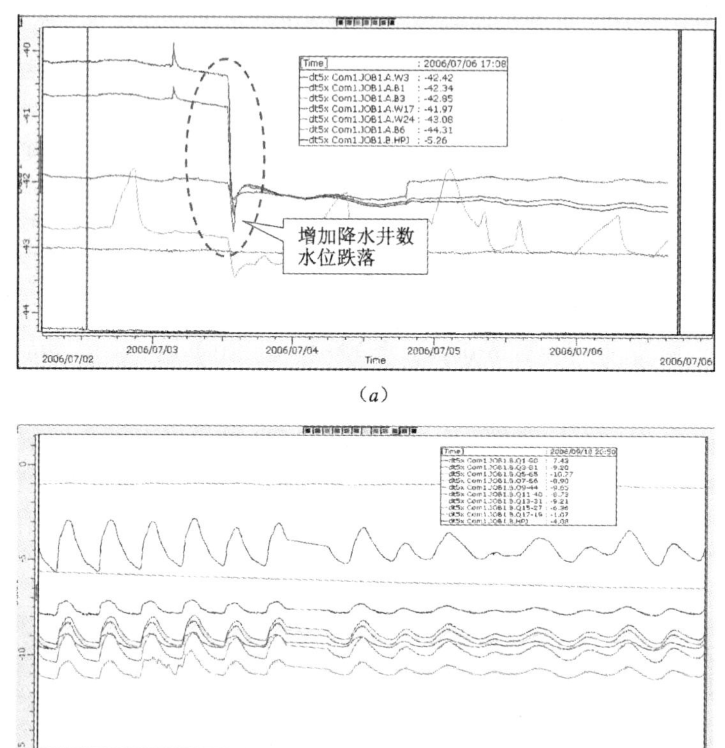

（*a*）

（*b*）

图 5-45　水位实时采集系统显示界面

（*a*）坑内观测井的水位变化曲线；（*b*）坑外观测井的水位变化曲线

（3）东坑降水的运行情况

根据施工的总体安排，东基坑于 2006 年 2 月开始土方开挖，4 月底开挖至第五层土，开始正式降承压水，至 9 月 3 日东基坑落深段开挖到底，最大开挖深度达到 41m，承压水水位降至 -47m，最大降深 39m，始终保持承压水位在开挖面以下 4 ～ 6m 左右，为基坑顺利开挖到底创造了条件。整个基坑开挖过程的水位线情况见图 5-46。

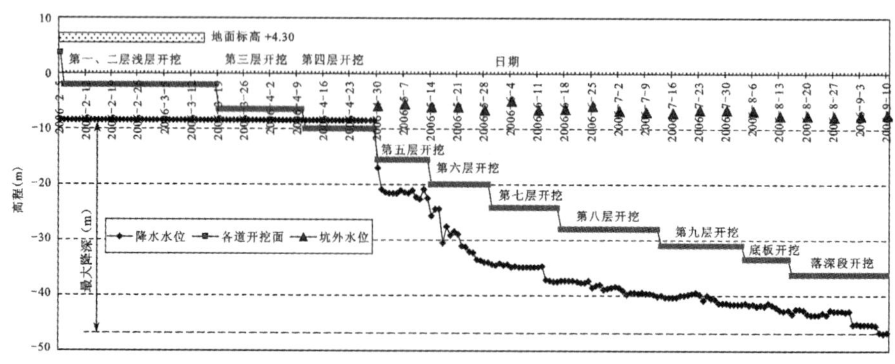

图 5-46　修复工程东基坑实际降水运行情况

5.5.6 超深基坑开挖

（1）超深基坑的总体情况

上海市轨道交通 4 号线浦东南路站～南浦大桥站区间修复工程涉及东、中、西三个超深基坑，其中东侧基坑轴线长 174m、中基坑轴线长 24m、西基坑轴线长 65m。基坑的最大开挖深度 41m，标准段开挖深度 38m，采用厚度 1200mm、深 65.5m 地下连续墙作为围护结构，采用钢筋混凝土支撑体系，从上至下共设九道支撑，局部落深的地方设十道支撑，中间设立柱桩。基坑开挖施工的周边环境十分恶劣，东端头进入黄浦江约 60m，中基坑与 23 层的临江花苑大厦零距离，西端头角点与南浦大桥匝道零距离。基坑标准断面的横剖面图见图 5-20。4 号线修复工程基坑的平面布置与立面展开图见图 5-47。

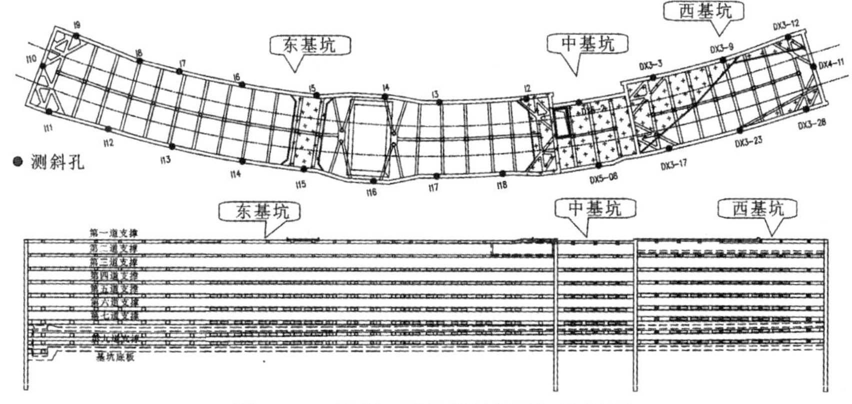

图 5-47 修复工程基坑平面与纵剖面

该修复工程的主体为超深基坑开挖，支撑体系由立柱桩、钢筋混凝土围檩、钢筋混凝土支撑组成，形成一个大刚度、框架型受力体系。平面上间隔 7 ～ 9m 左右设置立柱桩，每根立柱桩对应一根对撑，围护周边设置钢筋混凝土围檩及支撑加腋板，格构柱之间设置纵向连系梁。东、西基坑两侧共四个端头设置斜撑桁架体系，中基坑根据开挖流程只设置对撑。立面上，基坑开挖深度在 38 ～ 41m 之间，自上而下设置为 9 ～ 10 道混凝土支撑。其中风井处受原风井结构的影响，立柱桩调整为两根，共同承托两道斜撑。

东基坑的支撑尺寸与标高信息 **表 5-16**

支撑道数	支撑（mm）		加腋板（mm）			端头斜撑（mm）		横向系杆（mm）		围檩（mm）		标高
	高	宽	长	宽	高	高	宽	高	宽	高	宽	（m）
1	700（900）	800	—	—	—	—	—	600	800	—	—	+2.45（+2.35）
2	700（900）	800	1000	1000	400	700	800	600	800	1000	900	−2.40（−2.50）
3	800	1000	3000	4000	400	800	1000	700	900	1000	1000	−6.85
4	800	1000	3000	4000	400	800	1000	700	900	1000	1000	−11.20
5	1000	1200	3000	6000	500	1000	1200	800	1000	1200	1200	−15.60
6	1100	1200	3000	6000	600	1100	1200	800	1000	1300	1200	−19.95

续表

支撑道数	支撑（mm）		加腋板（mm）			端头斜撑（mm）		横向系杆（mm）		围檩（mm）		标高
	高	宽	长	宽	高	高	宽	高	宽	高	宽	（m）
7	1100	1200	3000	6000	600	1200	1400	800	1000	1300	1400	-24.30
8	1000	1200	3000	6000	600	1000	1200	800	1000	1200	1400	-28.45
9	1000	1200	3000	6000	600	1000	1200	800	1000	1200	1200	-31.09
10	—	—	—	—	—	1000	1200	800	1000	1200	1200	-33.98

说明：①“( )”内为江中段数值；②基坑盖板位置的第1道支撑截面有所加强；③第8，9道支撑标高随车道结构呈坡度变化；④支撑的标高是指底标高。

西基坑的支撑尺寸与标高信息　　表5-17

支撑道数	支撑（mm）		加腋板（mm）			端头斜撑（mm）		横向系杆（mm）		围檩（mm）		标高
	高	宽	长	宽	高	高	宽	高	宽	高	宽	（m）
1	1200	1000	—	—	—	—	—	700	600	—	—	+2.40
2	700	800	1000	1000	400	700	800	600	600	900	1000	-2.15
3	800	1000	3000	4000	400	800	1000	700	900	1000	1000	-6.70
4	800	1000	3000	4000	400	800	1000	700	900	1000	1000	-10.90
5	1000	1200	3000	6000	500	1000	1200	800	1000	1200	1200	-15.20
6	1100	1200	3000	6000	600	1100	1200	800	1000	1300	1200	-19.25
7	1100	1200	3000	6000	600	1200	1400	800	1000	1300	1400	-22.90
8	1000	1200	3000	6000	600	1000	1200	800	1000	1200	1400	-26.85
9	1000	1200	3000	6000	600	1000	1200	800	1000	1200	1200	-30.05

说明：①“( )”内为江中段数值；② 基坑盖板位置的第1道支撑截面有所加强；③第8，9道支撑标高随车道结构呈坡度变化；④支撑的标高是指底标高。

中基坑的支撑尺寸与标高信息　　表5-18

支撑道数	支撑（mm）		加腋板（mm）			端头斜撑（mm）		横向系杆（mm）		围檩（mm）		标高
	高	宽	长	宽	高	高	宽	高	宽	高	宽	（m）
1	1200	1000	—	—	—	—	—	700	600	—	—	+2.40
2	700	800	1000	1000	400	700	800	600	600	900	1000	-2.15
3	800	1000	3000	4000	400	800	1000	700	900	1000	1000	-6.70
4	800	1000	3000	4000	400	800	1000	700	900	1000	1000	-10.90
5	1000	1200	3000	6000	500	1000	1200	800	1000	1200	1200	-15.20
6	1100	1200	3000	6000	600	1100	1200	800	1000	1300	1200	-19.25
7	1100	1200	3000	6000	600	1200	1400	800	1000	1300	1400	-22.90
8	1000	1200	3000	6000	600	1000	1200	800	1000	1200	1400	-26.85
9	1000	1200	3000	6000	600	1000	1200	800	1000	1200	1200	-30.05

说明：①“( )”内为江中段数值；②基坑盖板位置的第1道支撑截面有所加强；③第8，9道支撑标高随车道结构呈坡度变化；④支撑的标高是指底标高。

该基坑工程的施工环境异常复杂，主要表现在：①东基坑的东端头伸入黄浦江60m左右，采用钢平台和双排钢板桩作为围堰形成陆域环境，在基坑落深41m的情况下要确保钢围堰与钢平台（尤其在汛期与台风季节）的安全；②中基坑与 23 层的临江花苑大厦零距离，基坑开挖 38m 情况下要确保大楼的差异沉降量在允许的范围内；③西基坑西端头与南浦大桥匝道零距离，基坑开挖 38m 情况下要确保匝道的正常运行与安全。

（2）基坑开挖过程中地下墙的变形特点

基坑开挖严格按照信息化施工进行。根据设计和有关规范要求，考虑到本工程的特点、规模和复杂性以及施工安排，监测项目和测点布置的总原则是：①以自动化为主；②满足全局，突出重点；③一孔多用，减少施工干扰，节约监测成本。

在诸多的监测指标中地下连续墙的变形监测是重中之重。本项监测是深入到地下连续墙内部，用测斜仪自下至上测量预先埋设在墙体内的测斜管的变形情况，以了解基坑开挖施工过程中，地下连续墙在深度方向上的水平位移的情况。东基坑测斜孔平面布置情况见图 5-44。

根据施工总体安排，先开挖东基坑，再挖西基坑，最后挖中基坑。东基坑从 2006 年 2 月 5 日开始，到 9 月 20 日底板制作结束。

基坑开挖与支撑制作过程中典型的测斜孔的变形曲线见图 5-48 ～图 5-53。

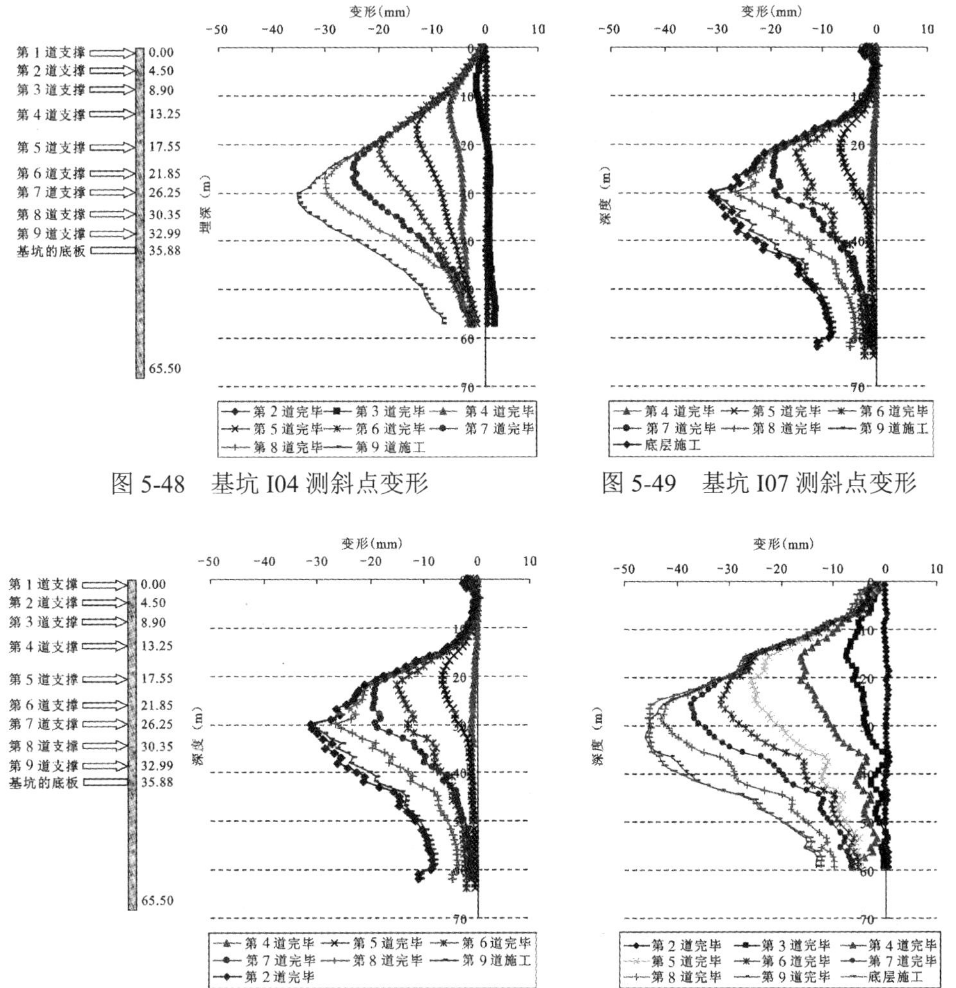

图 5-48 基坑 I04 测斜点变形

图 5-49 基坑 I07 测斜点变形

图 5-50 基坑 I08 测斜点变形

图 5-51 基坑 I12 测斜点变形

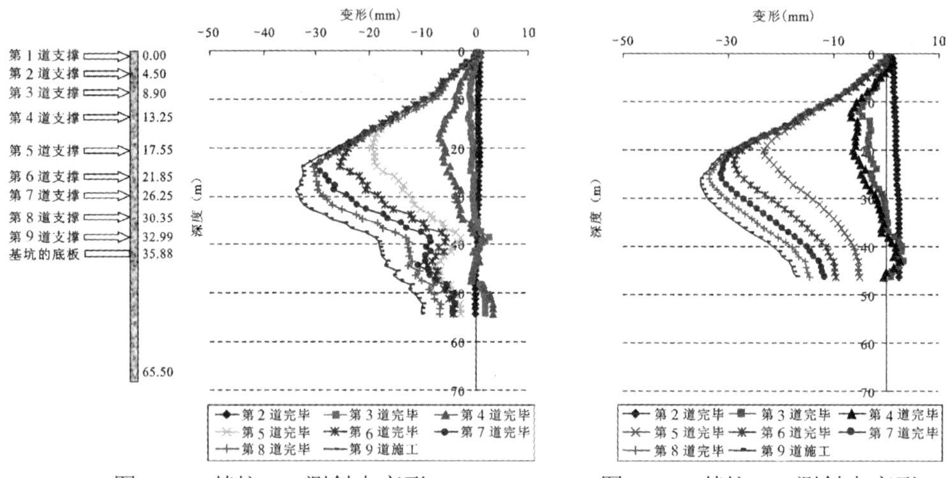

图 5-52　基坑 I15 测斜点变形　　图 5-53　基坑 I18 测斜点变形

基坑开挖与支撑制作过程中典型的测斜孔的地墙水平变形最大值随时间变化的时程曲线见图 5-54、图 5-55。图中给出了各道支撑的土方开挖时间与支撑制作时间，以及挖掉的土层编号等信息。

从基坑开挖到底地下连续墙变形系列曲线来看，该基坑地下连续墙变形的形状与常见基坑曲线基本相似，最大变形发生的位置在基坑的开挖面附近。基坑开挖到底地下连续墙的最大变形值为 46mm（对应于 I12 孔），按照一级基坑的控制标准，围护结构的最大水平位移位 $\delta_{max} = 0.14H\%$，其中 H 为基坑的开挖深度，对本工程而言即 $\delta_{max} = 54\text{mm}$，所以地下连续墙水平变形量完全控制在一级基坑的控制标准之内。

同时水平变形曲线族也呈现与常规基坑不同的规律性。图 5-48 ～图 5-53 的分布趋势显示整个地下墙变形量大部分发生在第 7 道支撑以前，在第 8 道支撑、第 9 道支撑及底板施工期间地下连续墙变形量相对较小。从地下连续墙最大水平位移的时程曲线的变化趋势

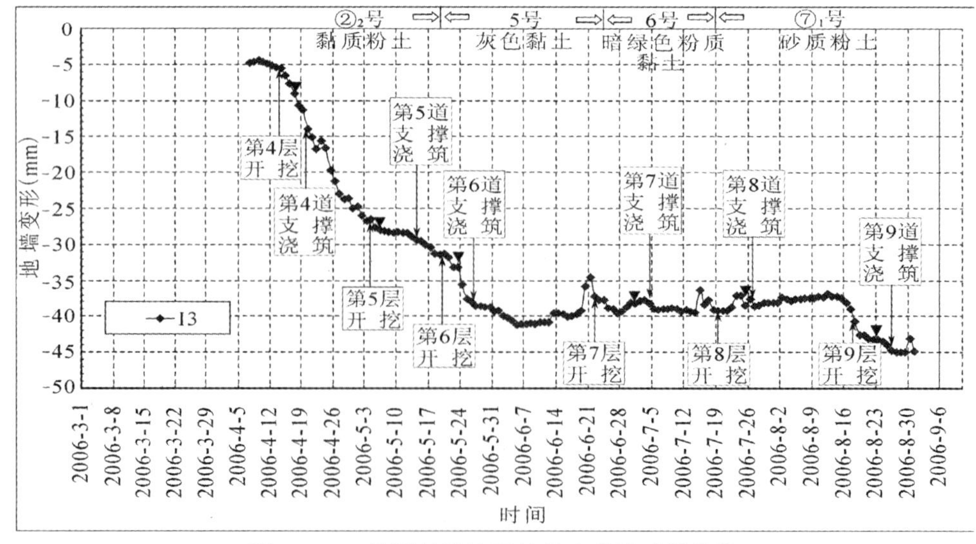

图 5-54　3 号测斜孔地下墙最大变形时程曲线

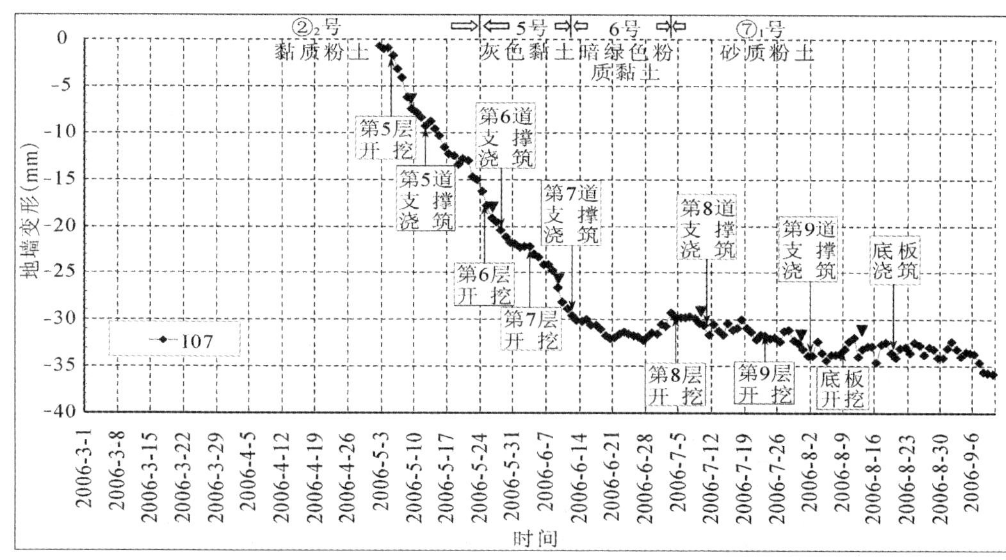

图 5-55 7 号测斜孔地下墙最大变形时程曲线

可以看出，第 7 道支撑浇注完成后，曲线的走势基本为直线状，而对应于第 7 道支撑的地层为⑥土层，第 8 道支撑、第 9 道支撑、底板开挖的土层主要为⑥、⑦$_1$、⑦$_2$土，由此可以初步得出结论，基坑开挖过程中在软土区域内（⑥土以上的土层）时间效应较为明显，而进入⑦土层后，时间效应表现并不明显。

不同时段地墙变形增量与土层对应关系统计情况　　表 5-19

测斜孔	I03			I07			I12			I15			I17			I18		
土层条件	持续时间(d)	变形增量(mm)	所占比重(%)	持续时间(d)	变形增量(mm)	所占比重(%)	持续时间(d)	变形增量(mm)	所占比重(%)	持续时间(d)	变形增量(mm)	所占比重(%)	持续时间(d)	变形增量(mm)	所占比重(%)	持续时间(d)	变形增量(mm)	所占比重(%)
②$_2$黏质粉土 标高范围为: -4.29 ~ -15.09m 2 ~ 5 道支撑间	42	27	**60**	32	—	—	33	21	**46**	39	10	**27**	42	18	**44**	44	12	**35**
⑤灰色黏土 标高范围为: -15.09 ~ -22.19m 5 ~ 7 道支撑间	39	14	**31**	27	19	**58**	34	14	**30**	34	18	**49**	39	15	**37**	55	19	**56**
⑥暗绿粉质黏土 标高范围为: -22.19 ~ -25.69m 7 ~ 8 道支撑之间	40	-2	**-4**	31	8	**24**	13	4	**9**	21	3	**8**	40	6	**15**	21	2	**6**
⑦$_1$砂质粉土 标高范围为: -25.69 ~ -37.99m 8 道支撑以下	38	6	**13**	67	6	**18**	82	7	**15**	68	6	**16**	50	2	**5**	53	1	**3**
合计		45			32			46			37			41			34	

为了对上述问题做定量分析在表5-19中对不同土层开挖阶段，地下墙水平变形增量进行了统计分析，结果表明⑥土以上的土层开挖阶段绝大部分测斜孔变形量占总变形量的80%，而开挖⑥土层和⑦土层发生的变形量占总量的20%左右，从定量上论证了“开挖进入⑦土层后，时间效应表现并不明显”这一论断。

至于为何“开挖进入⑦土层后，时间效应表现并不明显”，经过分析可能的理由有三个方面:（1）该土层的强度较高，流变特性不明显;（2）坑内裙边旋喷加固效果良好，对地墙变形发展有一定限制作用;（3）随着深度增加，支撑密度也随之加大。

不同施工阶段基坑开挖施工的现场图片见图5-56。

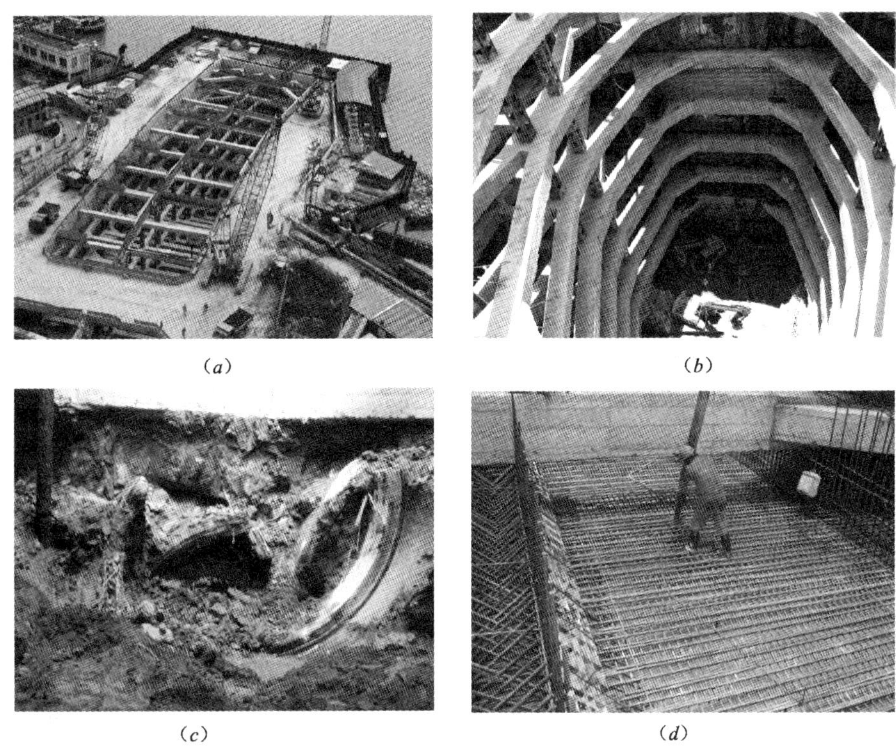

(*a*) (*b*) (*c*) (*d*)

图5-56 不同阶段基坑开挖支撑施工的现场照片

(*a*) 江中段基坑开挖情况；(*b*) 原风井基坑开挖情况；
(*c*) 破坏隧道被暴露；(*d*) 开挖至基坑底板

5.5.7 最终接头的对接施工

在修复工程后期，为连接明挖结构与完好隧道部分，在黄浦江侧和中山南路侧完好隧道与明挖隧道交界点处需要采用冻结加固，再进行矿山法暗挖对接施工，实现整个修复工程的贯通。根据优化后的修复方案，在江中段采用水平冻结法，在中山南路侧则采用分阶段垂直冻结。

（1）江中节点水平冻结施工

在江中段节点处实施水平冻结之前曾经进行过垂直冻结和解冻施工，因此在整个修复工程中该节点处进行了罕有的反复冻结施工。使用垂直冻结形成冻土塞的目的:（1）在破坏隧道与完好隧道连接处设垂直冻结壁，隔绝完好隧道与已破坏段隧道之间的水力联系，为两侧完好隧道的清理创造条件;（2）为实施基坑连续墙施工，必须先进行隧道管片切割和清理，冻结塞可以防止隧道发生进一步的塌陷和破坏，起到嵌固隧道管片的作用。垂直冻结施工依托江中钢平台实施，施工现场图片见图 5-57。关于垂直冻结施工细节此处不再赘述。

图 5-57 江中节点处垂直冻结施工

就江中节点的水平冻结而言，根据冻结帷幕设计要求，采取沿修复隧道外围布置两圈水平冻结孔。内圈冻结孔布置半径为 4.20m，外圈冻结孔布置圈径为 6.10m。内圈孔间距为 1200 ～ 1400mm，外圈孔间距为 1000mm 左右，外圈孔设计作为主排冻结孔，内圈孔作为辅助冻结孔。上、下行隧道冻结孔共计 128 个，冻结孔设计总长度约为 2065m，采用 ϕ 108×8 规格冻结管。

江中对接段水平冻结采用圆形封闭式冻结壁，在冻结壁形成过程中，当冻结壁交圈后，含水土体结冰体积膨胀，中间部分未冻土会受到冻土挤压并对冻结壁产生被动土压力，为此设计时对在圆形冻结壁中间位置设置卸压孔，通过卸压孔外侧的阀门释放泥水卸压消散作用在冻结壁上的动土压力，即冻胀力。上下行隧道断面内各设置 2 只卸压孔。

为了测量冻结帷幕范围不同部位的温度发展状况，以便综合采用相应控制措施确保施工的安全，上行线布置 7 个测温孔，下行线布置 4 个测温孔。冻结帷幕形状与冻结孔的布设情况见图 5-58。

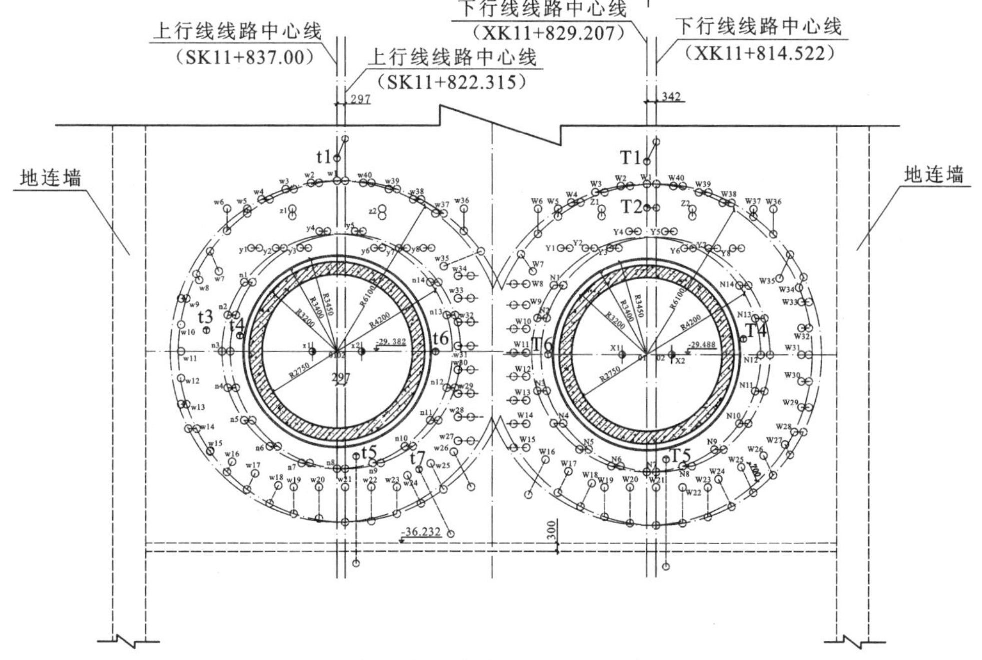

图 5-58 江中段水平冻结孔布置图（单位：mm）

水平冻结孔施工与垂直冻结孔施工有所不同。首先，水平冻结孔打设方向基本是水平方向（部分孔存在一定偏斜小角度）；其次，水平冻结孔施工环境比垂直冻结孔更为困难，水平孔要打穿基坑围护结构，孔口须承受近40m水头压力，外部砂土层抱管使得钻进困难，水平孔施工密度高倾斜角控制困难等；最后，水平孔的钻杆即为以后投入使用的冻结管，而且使用完成后不再拔出，而是进行封堵密封。针对40m的水头压力，冻结孔钻进过程中采取的防喷措施见图5-59。

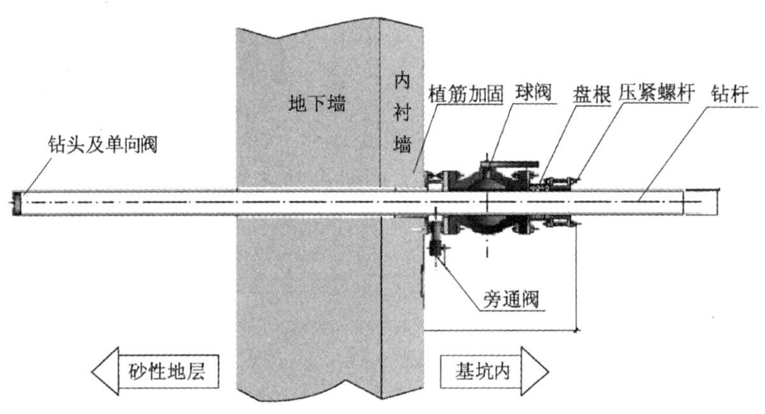

图5-59　水平冻结孔钻进防喷示意图

（2）中山南路节点分期垂直冻结施工

中山南路垂直冻结方案在技术方面与江中段垂直冻结方案基本接近，但是中山南路段冻结方案又具有不同于江中段垂直冻结方案的两大特点:（1）中山南路段冻结方案是全部垂直冻结，而且是分期垂直冻结;（2）中山南路段冻结方案中采用了隧道内打设垂直冻结孔施工，在角度控制、防喷、钻进等项目存在很高难度。

中山南路节点冻结原方案也是先垂直冻结后水平冻结施工，经过方案优化之后，中山南路段冻结采用全垂直冻结的分期冻结取代了反复冻结。由于考虑到冻结帷幕的作用在不同阶段所起的不同作用，冻结分三期进行：一期冻结为浦西侧完好隧道的试排水和隧道切割创造条件；二期冻结为浦西侧完好隧道的清理创造条件；三期冻结为水平暗挖对接进行的加固（图5-60）。

（3）暗挖构筑

修复工程两端均采用暗挖构筑的方法进行连接段修复，施工原理都是利用冰冻的土体具有一定强度，可直接开挖并构筑结构，使得车道结构与完好隧道连接。但是两端在施工作业上略有不同，中山南路段暗挖构筑施工和江中段暗挖构筑施工相比，中山南路段冷冻时间久，冻土强度高，而江中段水平冷冻时间短，冻土强度相对低一点；中山南路段暗挖长度和体积比江中段小；中山南路段垂直冻结孔穿过暗挖区域，开挖过程中管片拆除难度更大。

1）中山南路段暗挖构筑施工

由于在开挖前无法清晰了解邻接位置管片破损程度，初步设计的开挖方式不考虑管片，即认为冻土内管片处于完全破损状态，开挖后一次支护前主要由冻土承担水土压力。计算开挖后冻土位移、开挖步距、开挖台阶方式等基本按照旁通道模式进行。根据上、下行隧

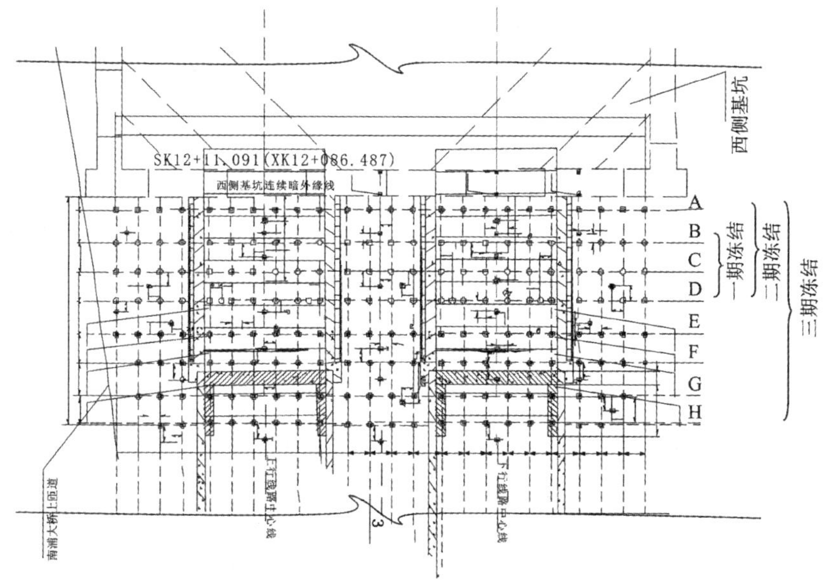

图 5-60 中山南路节点分期冻结孔布置

道线路设计和尺寸要求，设计拟采用双隧道同时冻结，依次开挖。具体施工流程为：施工准备→打冻结孔→开机冻护→安装防护门→上台阶导洞开挖→上台阶开挖及临时支护→下台阶开挖及临时支护→永久结构施工→停止冻结→地层补偿注浆。

实际开挖时，在每道隧道暗挖开始前都在隧道断面范围的围护结构上安装一个安全耐压防护门，采用钢筋混凝土结构，钢筋种植入围护结构中。为了保证暗挖过程中，一旦发生超出人力的意外情况，可以将所有施工人员退出暗挖区域，关闭防护门并向内注入水体以平衡暗挖结构内外压力。安全防护门可以承受 3MPa 压力，并安装有两只注水孔和一只观察孔，为施工作业提供了有力的安全保障。

依据冻结监测数据，先对中山南路上行线进行开挖。开挖顺序先按照原设计流程，对上行线进行上台阶开挖，开挖步距选择 3m。开挖时，先将隧道管片以内的冻土挖除。将管片暴露出来，中山南路采用的是垂直冻结，所以开挖时还须做好冻结管保护工作。实际施工发现暴露管片外形基本完好，不影响管片受力性能。

实际施工中，开挖后发现临界位置隧道管片基本完好，与原先设计考虑的工况有所不同，主要表现为：①管片基本完好，其刚度比一次支护（钢拱架加喷射混凝土）大得多，所以其受力性能比一次临时支护效果要好得多，故在不拆除管片的前提下，将隧道内冻土挖除将基本不影响卸载后冻土变形；②经测量隧道管片发生了一定量的沉降及收敛，但管片环缝纵缝连接紧密，无张口，开挖过程中无渗漏等风险；③上台阶一次开挖到位后，再考虑拆除管片。管片环宽 1m，清除管片可以环为单位进行，每拆除一环管片，依次安装型钢支架。

针对以上分析，决定对原开挖流程及开挖方式进行优化，以便一方面加快开挖进度，另一方面降低冻土暴露时间。由于完好管片相当于一道天然支护结构，隧道内冻土开挖基本不存在风险。所以开挖过程风险最大阶段就是在管片清除冻土开挖面暴露至一次临时支护完成这段时间。由于管片完好，可以依据管片拼装结构，将纵向、环向螺栓逐块割断，然后使用千斤顶将管片顶开后逐块清除。

考虑到设计连接结构外径比原隧道外径要大 350 ～ 500mm，所以管片清除后还要凿除部分管片以外的冻土，为方便管片分块清除起吊和冻土凿除，下半圆冻土先不予以挖除。具体实际施工流程如下：

两条隧道开挖顺序：考虑到开挖过程中，有管片支护，同时管片外还有一层冻土层未凿除，可以起到一定的隔温作用，相邻隧道同时开挖影响不是非常大。所以工程在中山南路段下行线隧道开挖一定程度，暴露出完好管片后，决定采用两条隧道同时开挖，同时制作支护结构。

单条隧道开挖流程：先将隧道管片内上半圆冻土挖除（保留管片暂不拆除，不存在开挖步距，一次挖到封堵墙位置），然后再由主体结构向封堵墙方向开挖下半圆冻土，下半圆开挖步距设置在 1 ～ 2m。在该步冻土开挖完成后进行管片凿除。先清除上半圆管片，再挖除下半圆冻土，再清除下半圆管片，再刷扩全断面冻土至设计表面。

冻土刷扩完成后即进行一次支护施工。一次临时支护流程：先将下半圆钢拱架放置设计位置，完成下半圆拱架井字架拼装；然后上半圆拱架，最后完成上半圆井字架拼装。拱架间距约 600 ～ 700mm，采用 25 号工字钢。所以当拆除一环时可以装 2 ～ 3 榀拱架。钢拱架拼装完成后进行喷射混凝土、预埋注浆管施工。

二次永久支护（钢筋混凝土结构）制作流程：先完成封堵墙（隧道侧）第一段结构，长约 1m，然后从内向外依次完成后两段结构（图 5-61）。暗挖施工与结构回筑的施工现场图片见图 5-62 ～图 5-65。

实际优化后，开挖流程比原设计流程有着明显的优越性，主要充分考虑并利用原隧道管片支护作用，加快开挖进度，降低开挖风险。中山南路对接段由于采用的是垂直冻结法，管片拆除考虑到对冻结管保护及割接问题，所以管片分块较小，有利于对冻结管保护；江中段采用的是水平冻结，隧道内不存在冻结管，可以依据管片拼装结构整块拆除，开挖施工更佳充分显示优化后施工流程的优越性。

中山南路暗挖构筑过程中，存在诸多难点：由于冻结管与暗挖空间垂直交错，造成暗挖施工空间狭小，凿除冻土和管片拆除时对冻结管的保护要求高；柔性结构隧道和刚性结构车道结构的连接时，不同的结构性质造成差异沉降和变形对连接结构的要求很高；暗挖结构周边冻土范围较广，控制融沉引起结构的沉降和变形具有较大难度。

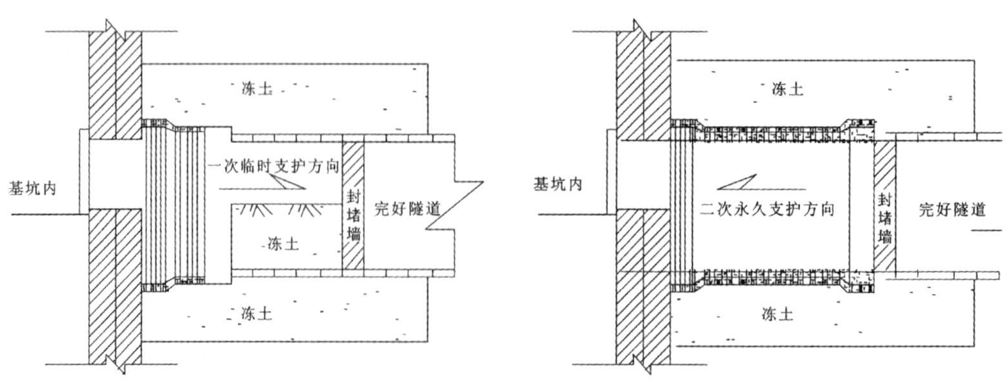

图 5-61　冻结后暗挖与结构回筑流程

图 5-62 中山南路节点开挖情况

图 5-63 江中节点开挖情况

图 5-64 临时支护实施

图 5-65 结构回筑

① 凿除冻土和管片难度大，冻结管处理困难

经过长时间的冻结，冻结壁冻土要求强度非常高，必须用风镐才能凿除。中山南路段垂直冻结管有 6 排冻结管直接穿过了隧道管片，一方面是造成施工空间狭小，另一方面是在管片凿除和取出过程中产生了很大影响。由于冷冻系统还已知在维护冻结运行中，冻土凿除和管片凿除及取出时，必须对冻结管进行有效避让，不能碰撞及损坏。如将冻结管损坏，盐水大量外泄，则会使得冻土融化，造成施工危险。为此，施工中加强了凿除过程中对冻结管的避让和保护，管片凿除过程中，先将冻结管周边管片凿除，避开管片下落时对其碰撞。同时管片尽量凿成小块取出，避免大块管片在下落和运出时对冻结管的损伤。对于嵌接紧密的管片，先将管片间的螺栓割断，再使用岩石劈裂机将管片劈裂分离，最后使用手拉葫芦等将管片混凝土块拉下拖出。一旦发生冻结管破裂，使用木楔堵漏，立即停止该管盐水循环，焊接补强后恢复冻结。在施工中发生过若干次冻结管破裂，都在第一时间内作了有效封堵，没有造成任何危害。

在暗挖施工进行到一次支护施工时，需要将垂直冻结管在暗挖区域内割除，再进行后续的结构施工。此时冻结管仍在运行过程当中，一旦处理不当则可能泄露大量盐水或长时间停止冷冻，直接影响到暗挖段冻土强度。因此，在割管前采用了如下措施，来确保割管施工安全：一是停止该管运行，将管内盐水吹出；二是割除冻结管后，暗挖结构以上部分底部及时焊接封盖钢板，继续运行冷冻；三是暗挖结构下部尽快密封，每一排冻结管使用一个回路管路连接，所有连通回路穿过暗挖构筑结构延伸至干管进行冷冻运行。为保证结构混凝土浇筑质量，在结构浇筑前再停止该排冷冻，适当提高混凝土浇筑环境温度。

通过以上措施，确保在割断冻结管后尽量不影响或少影响冻土强度，为连接段结构施工提供了有效的安全保障。

② 连接刚柔性结构的暗挖段结构变形控制

由于修复段主体结构进行的是明挖现浇式结构，车道结构强度大，沉降稳定，基本不受周边土体影响。而主体结构两侧完好隧道则是由盾构推进时拼装而成，呈细长形圆筒结构，属柔性结构，易受周边土体影响形成沉降和位移。将不同变化性质的 2 段结构连接，需要同时考虑二者的结构特性和修复工程的结构需求。为此，暗挖构筑结构中采用了 2 道剪力施工缝来控制两侧不同结构的差异沉降和位移变形。结构采用每隔 500mm 便在断面上预留一根 ϕ40mm 的剪力筋，并配有套筒，使得对接结构能在隧道轴向方向前后移动。这样柔性结构的位移影响就由这 2 道剪力施工缝的伸缩大大减小。同时配备的 ϕ40mm 高强度钢筋，较密地布置在施工缝断面上，使得结构断面不产生大的变形，承担有效的剪力作用，形成主体刚性结构与隧道柔性结构的良好的过渡。

剪力施工缝需要起到过渡和变形的作用，所以在两段结构中铺设了一层丁晴软土橡胶板。这就使得两个结构断面有了缓冲变形的区域，也使得两段结构紧密连接在一起。但这样也必须做到良好的防水处理，避免结构外承压水通过剪力缝冲入结构中，因此在该断面施工时严格布置了 3 道结构防水：最外侧铺设 PVC 外贴式止水带；结构中间埋设钢边橡胶止水带；结构内侧安装可卸式止水带。

由于剪力筋的布设，使得暗挖结构浇筑需要有计划安排施工。工程采用由隧道封堵墙一侧先浇筑施工，由内向外延伸依次进行：封堵墙侧喇叭口浇筑→正常段浇筑→基坑侧喇叭口浇筑。这样的浇筑有以下优势：

- ◆ 方便浇筑密实，结构内部不易留下死角和空洞；
- ◆ 便于剪力筋的施工。在前一段结构内预埋套管，后面结构在绑扎时只需要从外将剪力筋插入套管内即可。如反向施工，到暗挖内侧时剪力筋摆放不便；如先摆放剪力筋后放套管，则在结构拆模时由于剪力筋留出部分卡住而无法拆模。

③ 连接刚柔性结构的暗挖段结构变形控制。

在冷冻系统停止冻结后，暗挖连接结构外侧冻结土体开始逐步融化，随之产生沉降，此时必须展开有效的注浆施工控制融沉，减少融沉引起的结构变形。施工中采用了结构中预埋注浆管的措施，为停冻后的融沉注浆施工做好了准备。预埋注浆管使用口径 6.66cm 的注浆管，在一次支护施工时预埋，埋设深度至木背板后面，在做永久结构时，将其接长至混凝土结构表面，注浆管中间焊接止水钢板，端部预留管箍接头，并用丝堵死。板拆除后，凿出注浆管，接上阀门即可注浆。注浆管在埋设时，考虑到以后的铺轨施工，进行局部避让轨枕、轨道的调整。在结构贯通后，根据隧道沉降监测，通过预埋注浆管不断向结构外进行融沉注浆。

2）江中段暗挖构筑施工

江中段暗挖构筑施工与中山南路段暗挖施工技术上没有大的区别，但不存在类似中山南路垂直冻结管的障碍，江中段暗挖施工相对简单。

江中段暗挖施工与中山南路段的最大区别就在于暗挖过程中不存在垂直冻结管的障碍。

冻土相对强度较低也为工程施工带来便利，使得江中段开挖进程进展较为顺利。由于空间的允许，在开挖下半圆冻土时，江中段采用的是与中山南路段相反的方向，即由封堵墙一侧向外开挖下半圆冻土并拆除相应管片。因为施工作业面相对大，管片是整块取出。首先割除连接的螺栓，再用液压千斤顶将该块管片顶开与其他块分离，最后利用卷扬机拉出运走。

3）暗挖及构筑效果

中山南路对接暗挖于 2007 年 3 月 16 日正式开始，先对下行线进行开挖。由于发现管片基本完好，所以上台阶隧道内冻土一次性开挖至封堵墙位置，长约 7.5m 左右。开挖工作（包括管片清除、一次临时支护）至 2007 年 5 月 10 日左右全部结束。开挖过程比较顺利，二次永久支护于 2007 年 5 月 5 日开始，至 2007 年 5 月 31 日全部结束。后续将原封堵墙凿除，待结构到达设计强度后，再进行一次支护背后空隙注浆及后续融沉补偿注浆。

江中段对接暗挖于 2007 年 3 月 25 日正式开始，先对下行线进行开挖，对接长度约 9.5m。采用优化后开挖流程方式，至 2007 年 5 月 15 日左右全部结束。由于管片可以整块清除，开挖过程非常顺利。二次永久支护于 2007 年 5 月 10 日开始，至 2007 年 6 月 5 日全部结束。后续将封堵墙凿除，待结构到达设计强度后，再进行一次支护背后空隙注浆及后续融沉补偿注浆。

从两个对接段开挖整体效果来看，优化流程充分利用完好管片临时支护功能，加快了开挖速度，降低开挖风险。

在中山南路段和江中段构筑结构与修复车道结构的连接上采用了不同的形式，江中段采取的是暗挖段结构直接穿越地下连续墙，深入车道结构内壁；中山南路段采用的是暗挖段结构端头直接连接于地下墙身。两种结构都满足了要求，由于施工环境和外部环境不同，使得暗挖结构在完工后，渗漏情况不尽相同。江中段地处黄浦江底，周围水压力大，加之施工条件不尽人意，造成暗挖结构与车道结构内部连续处渗漏较多，而中山南路段地处陆上段，一次支护完成较好，渗漏情况相对乐观。

轨道交通 4 号线修复工程两个对接暗挖对接位置工况条件比较复杂，冻土冻结区域存在原隧道管片，冻土开挖断面相对于以往旁通道来说面积较大，而且须在一个对接段开挖两条隧道，开挖过程如何控制相互影响，这对开挖流程及开挖顺序有一定技术要求。

原隧道管片本来是开挖过程中予以清除，但实际开挖发现管片基本完好，可被利用为初始开挖临时支护结构。而且可以减少两条隧道同时开挖的相互影响。

中山南路由于采用垂直冻结，开挖断面冻结管必须保留及割接。这给开挖工作，尤其进行管片清除时带来麻烦，但从总体考虑，垂直冻结比水平冻结方案缩短工期，而且成孔难度、冻结效果优于水平冻结。

江中段采用水平冻结，隧道内没有冻结管的干扰，空间较大，开挖、管片清除相对简便，原先制定的开挖流程也得以顺利实施。

5.5.8 两侧完好隧道抽水清理

在上海轨道交通 4 号线董家渡段中间联络通道事故发生后，为避免隧道进一步破坏，在隧道两端洞门浇注混凝土封堵墙进行隔断，并向隧道内灌水以平衡压力。后期修复施工时，首先考虑在损坏隧道区域以外的完好隧道进行施工，这部分隧道以抽水清理为主。根据探摸情况，其中完好的隧道，浦东段长约1003m，浦西段长约720m，在完好与损坏隧道临界位置外侧设置隧道冻结塞，当冻结达到设计要求后再进行完好隧道内清理，如图5-66所示。

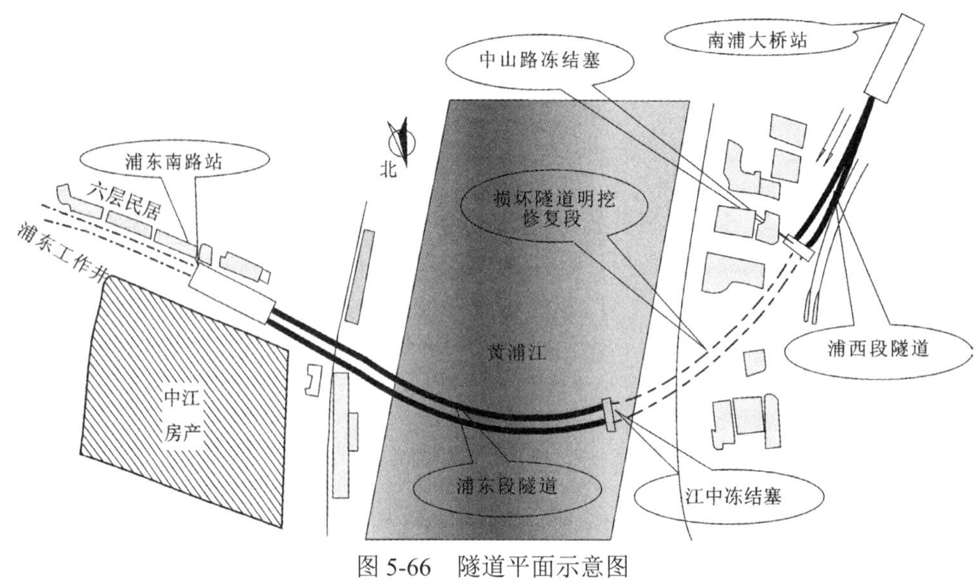

图5-66　隧道平面示意图

隧道清理主要技术思路为：垂直冻结塞达到设计要求后，根据隧道渗漏量测试的结果进行判断，在渗漏量满足施工要求情况下，采用常压法清理的方案。纵断面布置情况如图5-67所示。

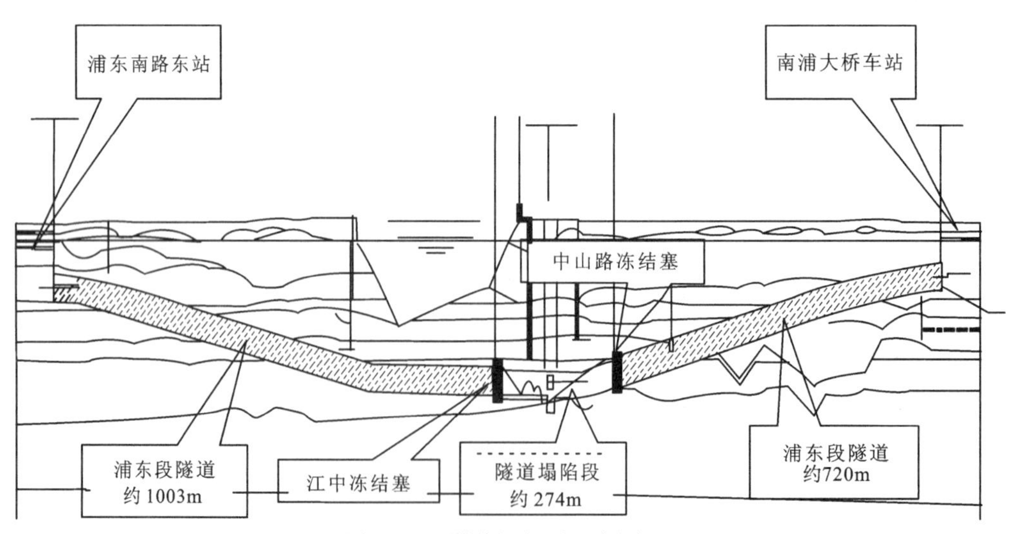

图5-67　隧道纵段面示意图

根据施工方案，在打开封堵墙前需要安装气密室，以保证万一发现隧道有缺陷的情况下能尽快关闭并实现加压平衡。气密室设计为圆柱形，如图5-68所示。外径为3m，桶体采用 20mm 钢板制作。气闸门开口为 1600mm×1800mm，门框采用 20mm 钢板制作，与壳体焊接牢固。安装前先凿除部分底板混凝土，再植入钢筋 64 根，内圈植入的钢筋与气密室端头法兰上螺栓焊接牢固，外圈钢筋直接焊在气密室壳体上。在气密室端面上和混凝土框架与封堵墙混凝土结合处各安装一根 40mm×50mm 遇水膨胀橡胶，然后浇筑混凝土框架完成气密室与封堵墙的连接，如图 5-69 所示。

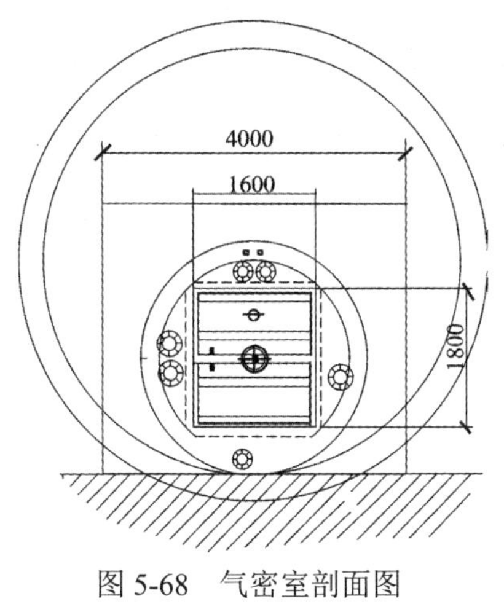

图 5-68　气密室剖面图

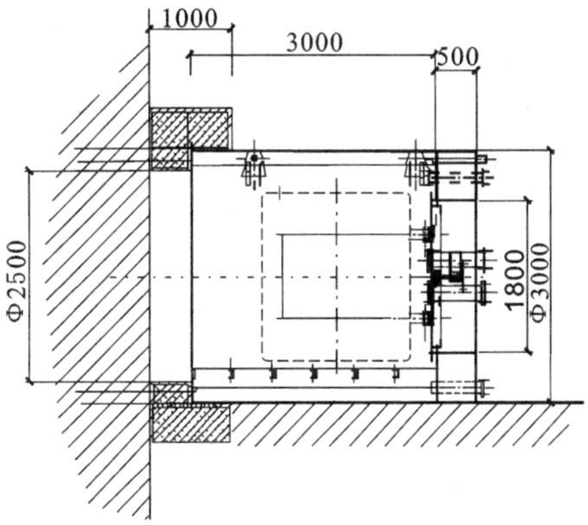

图 5-69　气密室与封堵墙连接示意

封堵墙上的气密室安装完成后，通过预留在封堵墙上的连通管对隧道进行试放水，即通过将隧道内的液面降到一定的标高后维持一段时间，观察液面的变化情况，如果满足规定的要求则证明隧道是完好的，可对封堵墙进行拆除和隧道清理。两边的试放水结果均表明隧道是完好的。

临界位置冻结塞冻结孔钻孔前先对隧道进行砂浆填充，由于隧道内原来基本充满流失砂土，所以灌入隧道内砂浆并不多。其中江中段隧道内共灌入隧道砂浆约 50m^3，中山南路约 40m^3，隧道内基本灌满。然后进行冻结孔钻孔施工。隧道范围区域冻结孔通过岩心钻钻透隧道上下管片，然后使冻结管能穿过管片对隧道区域及隧道上下部进行冻结，保证冻结塞质量。经过温度检测显示，在积极冻结达到设计时间后冻结塞厚度及冻土范围达到或超过设计要求。根据计算，冻土墙厚度为 6.02 ～ 6.93m，在 −26.2 ～ −28.2m 和下界面 −38.2 ～ −40.2m 范围内超过设计厚度。冻土墙宽度、高度均已达到设计要求（设计宽度为24.5m，设计高度为14m）;冻土帷幕平均温度在−26.2～−28.2m(上部）范围内约−16.7℃，在 −28.2 ～ −38.2m（中部）约为 −22.8℃，在 −38.2 ～ −40.2m（下部）范围内约为 −13.6℃，达到设计要求 −10℃。

浦东隧道从 2005 年 5 月份进场准备，8 月开始正式抽水清理至 11 月份结束。其中上行线共清理隧道 1001 环，下行线共清理隧道 993 环。整个清理过程发现隧道全部完好，依据后续隧道测量发现隧道沉降及轴线无大变形。清理过程隧道内精密水位测量发现水位已经保持稳定，隧道内渗漏水量均小于判别数值。

隧道清理主要经历洞口原抢险封堵墙开洞、抽水清理、原抢险留下水泥坝拆除、隧道内泥浆及砂土清理（水力运输）、隧道内冻结塞多余冻土凿除及最终钢筋混凝土封堵墙浇制等过程。最终隧道内冻结塞暴露情况表明隧道临界位置选取适当，冻结塞质量完全达到设计意图，整个浦东区间完好隧道完好无损，临界位置以外隧道在险情发生后无较大变形、位移（图5-70、图5-71）。

图5-70 浦东隧道内冻结塞情况

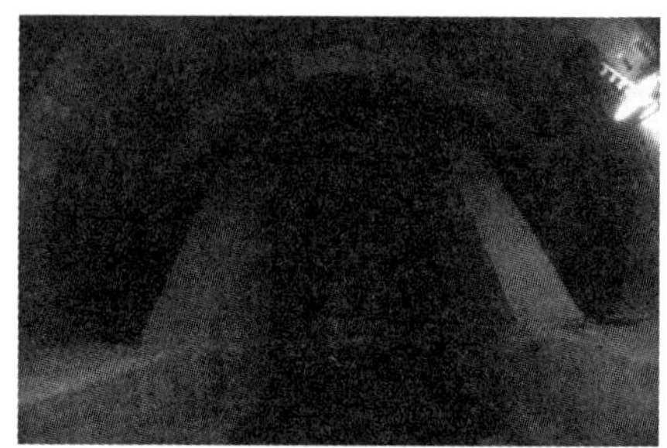

图5-71 浦东隧道清理完成后的封堵墙

浦西隧道从2006年5月开始抽水清理至11月底结束，其中从7月开始至9月初由于中山南路隧道冻结暗挖优化，浦西隧道清理一直处于停止抽水清理状态。其中实际发生工期仅5个月左右。清理方式实际也完全采用常压清理方法，其中上行线共清理隧道718环，下行线共清理隧道714环。整个清理过程发现隧道全部完好，依据后续隧道测量发现隧道沉降及轴线无大变形。清理过程隧道内精密水位测量发现水位已经保持稳定，隧道内渗漏水量均小于判别数值。期间主要经历基本同浦东隧道清理，即洞口原抢险封堵墙开洞、抽水清理、原抢险留下水泥坝拆除、隧道内泥浆及砂土清理（水力运输）、隧道内冻结塞多余冻土凿除及最终钢筋混凝土封堵墙浇制等过程。最终隧道内冻结塞暴露情况表明隧道临界位置选取适当，冻结塞质量完全达到设计意图，整个浦西区间隧道完好无损，临界位置以外隧道在险情发生后无较大变形、位移。

参考文献

[1] 上海轨道交通4号线(董家渡)修复工程[M]. 同济大学出版社, 2008年12月, 上海.

[2] 上海隧道工程股份有限公司. 上海市轨道交通四号线浦东南路车站～南浦大桥车站区间隧道修复工程施工大纲[R], 2004年7月, 上海.

第 6 章　荷兰电车隧道工程事故案例

6.1 概　　述

荷兰（The Netherlands）全称荷兰王国，位于欧洲西北部，国土总面积 4186km^2，濒临北海，与德国、比利时接壤，是一个国土面积相对较小的欧洲国家。海牙（The Hague）位于荷兰西南海岸、距北海 6.4km 的砂地平原上（图 6-1），是荷兰政府以及议会的所在地、荷兰第三大城市、南荷兰省省会。作为荷兰的政治中心，许多的政府机构、国会议事堂、大使馆、国际组织等，包括女王及皇室家族的官邸都设于海牙。海牙的都市发展历程，不像阿姆斯特丹或其他古城是从放射状的城市发展起来的，它是由诸多村落各自发展后串联而成。从 20 世纪初开始的六十年中，海牙经历了快速的城市发展，一些新的主干道相继建成，其中最著名的就是 the Grote Marktsrtaat。老市中心和 the Grote Marktsrtaat 之间的区域也迅速成了诱人的购物天堂，见图 6-2。

图 6-1　海牙地理位置图

图 6-2　海牙市中心地图

但是，这片购物中心对居民的吸引力却每况愈下，造成这一现象的原因是：

- 交通流量剧增，停车空间不足；
- 公共交通速度慢，运输能力差；
- 建筑物质量恶化；
- 其他交通便捷的购物中心的冲击。

为了振兴这一商业区，海牙市政府联合了一些企业和私人，提出了一系列的改进基础设施和加快现代化的“再发展计划”（redevelopment plan）。2010 年，累计共开展了 400 余项工程，其中包括位于市中心的30余项大型开发计划。这些计划的建筑规模都比原有的规模要庞大许多，未来势必给城市带来大量的人口增长，也会使城市的交通更为繁忙。为了有效控制都市的环境质量，海牙市政府不得不针对街道的汽车运输进行管制，并在市中心兴建了一条环状的停车道（loop parking road），同时划出1000 m²的区域供当地车辆使用，并限制外地车辆不得停靠。这个环状的停车道同时联结了数个大型地下停车场，以及地下的货车运输通道，以便运送货物到市中心的商店。同时，该停车道在Grote Markt-Jan Hendrikstraat这一交通枢纽处穿越了交通主干道the Grote Marktsrtaat。

为了便于“再发展计划”的实施，Grote Markt-Jan Hendrikstraat和Grote Marktstraat-Spui这两个交通枢纽需要被彻底的改建。由于受到西岸的海岸线以及东边土地发展的管制，这个城市发展唯一的机会就是通过密度的增加来提高城市的规模。于是，开挖一条多层的地下通道的方案（Souterrian Grote Marktsraat/ Kalvermarkt，也称Souterrain the Hague）就被作为唯一可行的方案而最终敲定。这是一条地下电车行经的通道，全长1250公尺，可联结车库、铁路、电车站、道路，将原本已经被遗忘的地下空间重新串联起来，让整个城市像巴黎的“新凯旋门”一带那样，地面上看起来很悠闲，地底下却布满了繁忙的交通系统。

但是，这条电车隧道工程的建设过程却并不是一帆风顺。1998年2月，在隧道施工过程中，发生了管涌冒砂事故，大量的砂土涌入隧道，造成周边的道路表面出现陷坑，建筑物发生倾斜等严重影响。本章我们就将对整个工程以及这次事故的发生原因及补救措施进行分析、探讨，希望能够通过这次事故总结相关经验、教训，避免此类事故的发生。

6.2 工程概况

6.2.1 基本信息

- 项目名称：海牙电车隧道工程（Souterrain the Hague）
- 工期：1996年2月～2004年10月
- 项目地点：海牙市中心
- 预算：234万€
- 业主：海牙市政局隧道中心（Projectbureau Tunnels Centrum 简称PTC）
- 设计方：大都会建筑事务所（Office for Metropolitan Architecture，简称OMG）
- 施工方：Tram Kom，consortium of Van Hattum en Blankevoort，Ballast Nedam and Strukton

6.2.2 电车隧道工程

这个“三明治式”的电车隧道（Tramtunnel）全长1250m，共分三层（局部为两层）。隧道纵断面示意图见图6-3，内部结构示意图见图6-4。头尾各有一个车站（Spui和Grote Markt），其效果图分别见图6-5和图6-6。图6-7是车站运营期间的现场情景。隧道上面两层为停车场，可容纳500辆汽车，见图6-8。同时该地下还包含一个博物馆，见图6-9。隧道最底层供电车行驶。隧道的平均宽度约为15m，车站部分可达25m，隧道最深处距离地表13m。

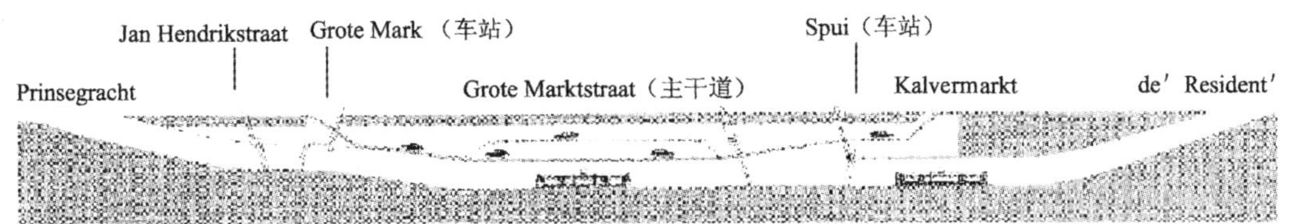

图 6-3 隧道纵断面示意图

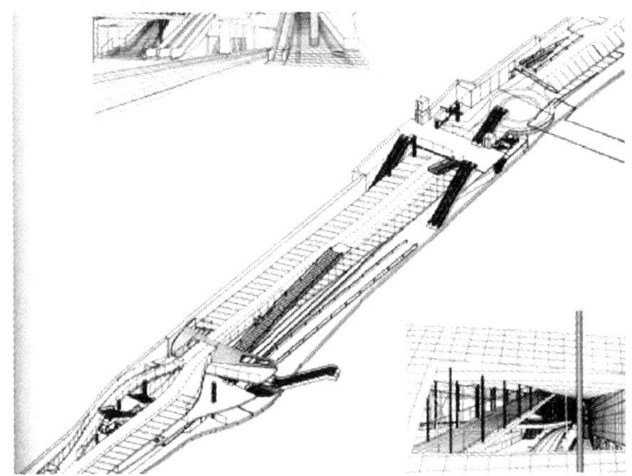

图 6-4 隧道结构示意图

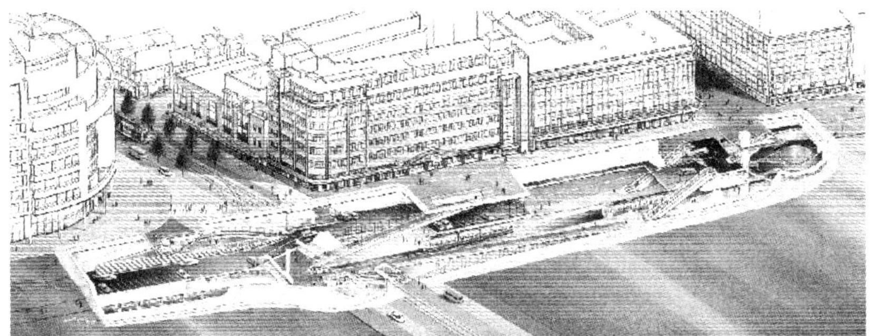

图 6-5 Spui 车站效果图

图 6-6 Grote Markt 车站效果图

图6-7　车站入口处到候车处实拍图

图6-8　内部停车场

图6-9　内部博物馆

在一般建筑计划中，停车空间的设置往往因结构的负荷量及机械运作上的困难，在预算有限的情况下而被牺牲掉。这条线性的地下工程，正好为停车场找到一个合宜的出路。它像是生物的血管般连接分散至四处的器官，有了这个隐藏在地下的维生系统，这些建筑物得以有效地获取养分。

6.2.3　工程地质与水文地质条件

海牙市位于北海和荷兰内陆湿地之间的砂地平原上。隧道施工区域土层为砂质土，含有少量黏土、盐渍和其他化学物质。部分区域分布有渗透系数较低的泥炭层，其深度为海平面以下17m左右。泥炭层是指由泥炭形成的堆积层，其厚度取决于泥炭所在地区的水热条件以及植物的生长和分解。泥炭层中含有大量的水，具有独特的水文过程，按其对水分运动的影响，一般分为作用层和惰性层两部分，二者水文特征显著不同。前者地下水位随季节而变化，透水性高，含水量变化大，出水率高；后者含水量一般很少变化，透水性甚小，出水率低，之后事故中滤管的堵塞正是与该泥炭层息息相关。

图6-10是通过CPT测试获取的Spui车站处的泥炭层埋深的具体分布。另外，隧道施工区间在海拔1.5m处存在承压水层，海拔1.0m处含潜水层。

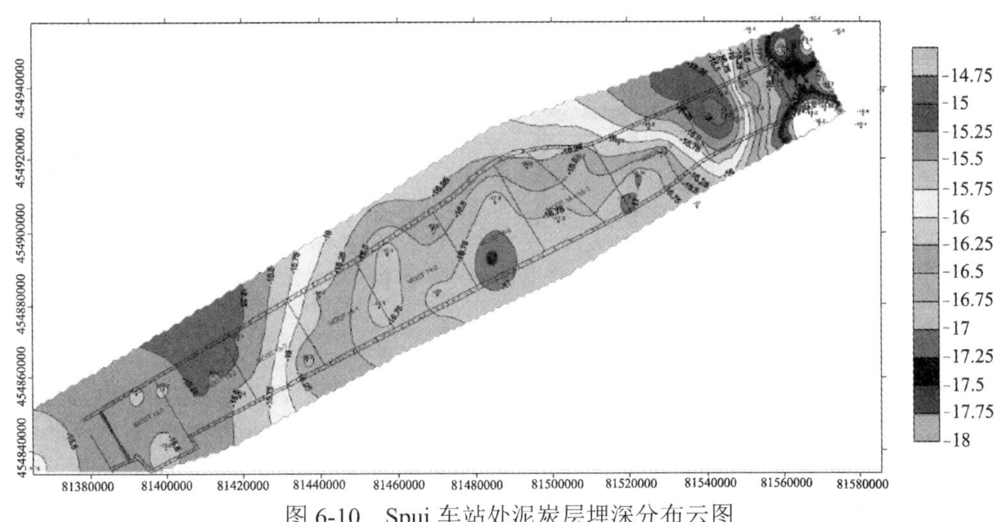

图 6-10 Spui 车站处泥炭层埋深分布云图

6.2.4 施工方法

6.2.4.1 限制条件

电车隧道工程的施工受到如下条件的限制:

- 周围区域中不允许出现地下水位线（测压水头）的降低;
- 对隧道沿线砖砌建筑物变形（用相对转角表示）的限制非常严格; 经过与市政当局的协商，确定出偏于保守的相对转角界限值见表 6-1 ;
- 尽可能降低对沿线公共交通和商业活动的影响。

砖砌结构相对转角界限值 **表 6-1**

等级	变形类型	
砖砌结构	下沉	隆起
无刚度损失	1 ∶ 500	1 ∶ 700 ~ 1 ∶ 900
刚度轻微损失	1 ∶ 700	1 ∶ 950 ~ 1 ∶ 1200
刚度严重损失	1 ∶ 1000	1 ∶ 1300 ~ 1 ∶ 1600

6.2.4.2 施工方法及施工流程

鉴于此，设计采用逆作法（top-down constructionmethod）进行施工。

逆作法施工技术的原理是将高层建筑地下结构自上往下逐层施工，即沿建筑物地下室四周施工连续墙或密排桩，作为地下室外墙或基坑的围护结构，同时在建筑物内部有关位置，施工楼层中间支撑桩，从而组成逆作的竖向承重体系，随之从上向下挖一层土方，一同土模浇筑一层地下室梁板结构，当达到一定强度后，即可作为围护结构的内水平支撑，以满足继续往下施工的安全要求。与此同时，由于地下室顶面结构的完成，也为上部结构施工创造了条件，所以也可以同时逐层向上进行地上结构的施工。

以 Spui 车站为例，施工的大致流程见图 6-11。

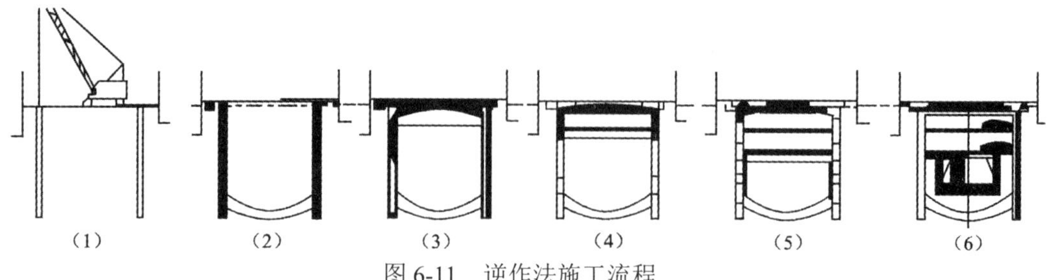

图 6-11　逆作法施工流程

具体的施工步骤为：

（1）挡墙施工；（2）旋喷桩止水帷幕施工；（3）第一次开挖，顶板施工；（4）第二次开挖，第一层隔板（停车场）施工；（5）第三次开挖，第二层隔板（停车场）施工；（6）第四次开挖，底板浇筑。

6.2.4.3　施工要点

（1）挡墙及顶板的选择

施工过程中采用的挡墙的类型分为两种：

- 地下连续墙（diaphragms walls），厚度 0.8 ～ 1.2m，高度 17 ～ 28m。含两层停车场 Grotemarkstraat 区间、Spui 车站和 Grotemark 车站均采用了地下连续墙；
- 桩板墙（sheet piles walls），高度 17m。含一层停车场的 Kalvermarkt 区间以及 Prinsegracht 区间均采用了桩板墙。

隧道沿线挡墙类型的分布见图 6-12。

（2）顶板施工

顶板采用预应力钢筋混凝土顶板，跨度 15 ～ 30m。图 6-13 是 Grotemarkstraat 区间顶板施工的现场情况。

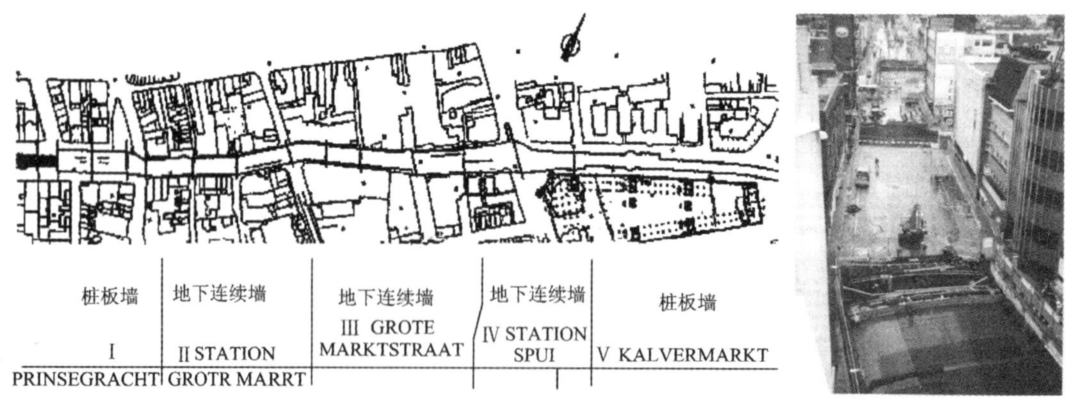

图 6-12　隧道沿线挡墙类型分布

图 6-13　Grote Markstraat 区间顶板施工现场

（3）底部止水措施

底部的止水措施有：

- 车站部分：往底部注入不透水的硅胶层，上覆较厚的土层；

- 隧道部分：底板下施筑旋喷桩；预期旋喷桩的作用有：（1）止水；（2）提供挡墙的横向支撑；（3）将来自下方的上浮力传递给挡墙。其中两边的旋喷桩高 2.5m，中间的旋喷桩高 1.5m，旋喷桩相互咬合形成拱状，拱体上覆较薄的土层。
- 在可能由于底板下方水压过大而隆起的位置采用预张拉的注浆锚杆。

为了降低工程造价，根据隧道宽度和隧道不同位置处的埋深，相应地采取了不同的挡墙形式和底部止水措施。图 6-14 ～图 6-16 是隧道不同位置处的底部止水措施。

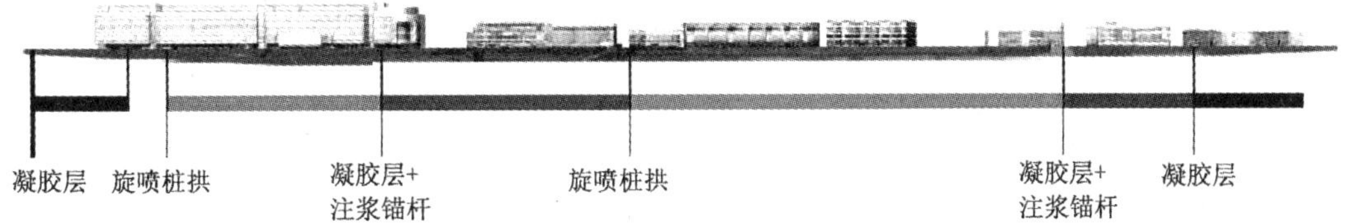

图 6-14 隧道沿线不同位置处的底部止水措施

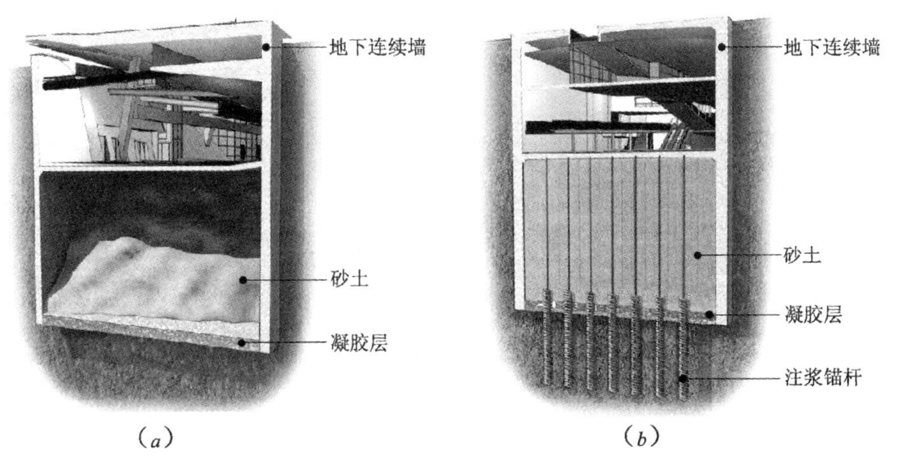

图 6-15 车站位置处底部止水措施

（a）硅胶层；（b）硅胶层 + 注浆锚杆

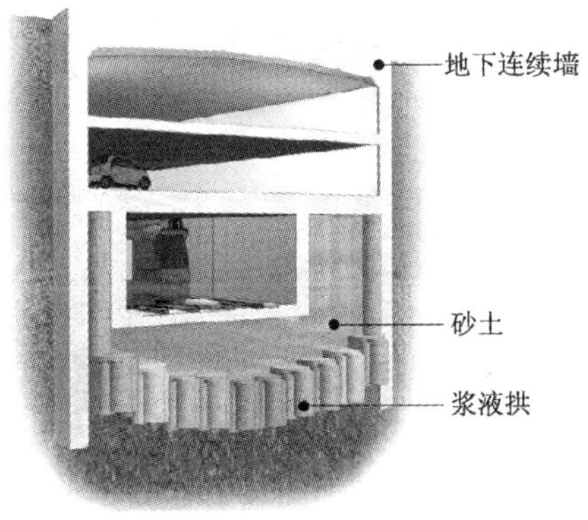

图 6-16 隧道位置处底部止水措施（旋喷桩）

旋喷桩是利用工程钻机钻孔至要求深度后，利用高压旋喷台车把安有水平喷嘴的注浆管下到设计标高，利用高压设备使喷嘴以一定的压力把浆液喷射出去，高压射流冲击切割土体，使一定范围内的土体结构破坏，浆液与土体搅拌混合固化，随着注浆管的旋转和提升而形成圆柱形桩体，凝固后便在土体中形成圆柱形状、有一定强度、相邻桩体相互咬合成一体的固结体，以起到止水、加固土体的作用。旋喷桩施工咬合地充分与否直接决定了其止水性能的好坏。如果不能充分咬合，旋喷桩之间就会产生地下水的渗流缝隙，可能导致涌水涌砂情况的发生，对工程产生严重危害和威胁。对于重要性较高的工程应慎重使用。旋喷桩示意图见图 6-17，现场施工的旋喷桩实际照片见图 6-18。

图 6-17　旋喷桩示意图

图 6-18　现场施工完的旋喷桩

6.3　事 故 发 生

6.3.1　涌水冒砂事故

1998 年 2 月，在首个施工区间段 Kalvermarkt（图 6-19）的最后一步开挖过程中，旋喷桩止水帷幕发生了管涌，并进而发展为涌水冒砂。大约有 $60m^3$ 的砂土涌进隧道内，同时在地表街道上留下了一个陷洞，街道一侧的建筑物也发生了倾斜，见图 6-20 和图 6-21。为了阻止水砂的进一步涌入以及对邻近建筑物的进一步损害，施工方不得不向这一区间段的隧道内注水，见图 6-21。施工因此而被迫暂停了两年。

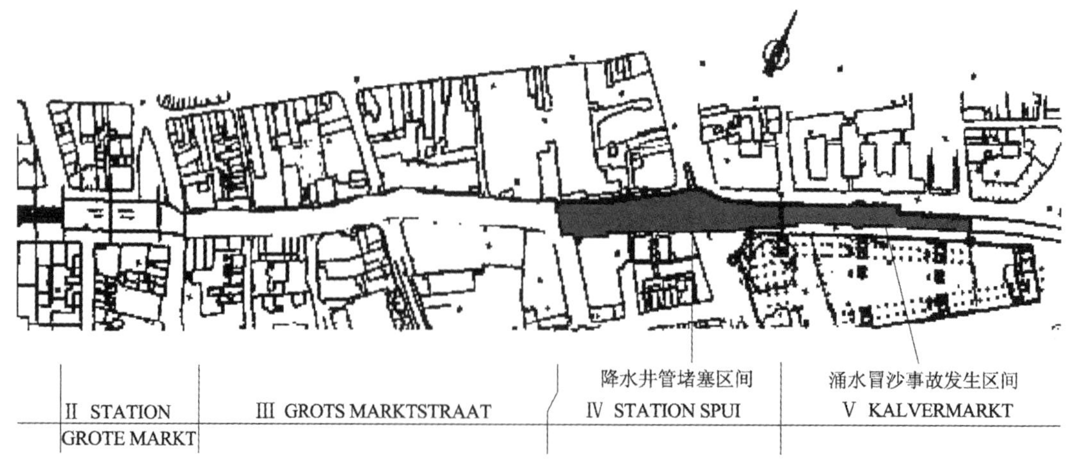

图 6-19　涌水冒砂事故发生位置及降水井管堵塞位置

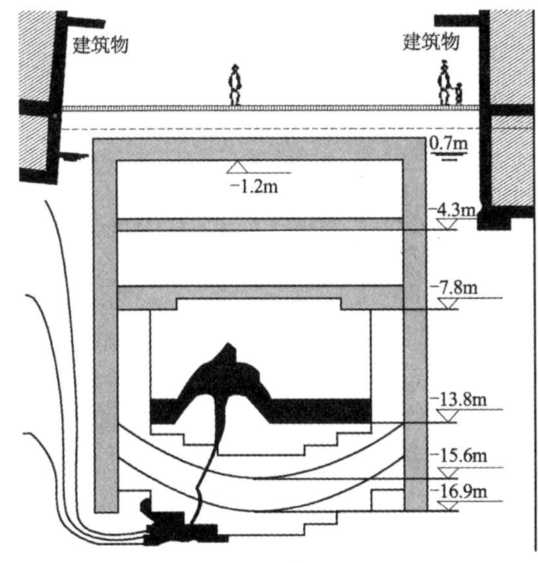

图 6-20 涌砂事故示意图

图 6-21 发生涌砂后的隧道现场

6.3.2 事故后续问题

由于停工的时间较长，无论是技术层面还是人事层面又都出现了新的问题：

（1）止水材料性能降低：Spui 车站下方用于止水的硅胶层只能作为临时的止水措施，其在停工期间的老化使得其止水性能大大降低，而降水井的降水能力也大幅度降低。这一点将在 6.5 节中详细说明。

（2）群众信心丧失：Kalvermarkt 区间段才仅仅是第一个施工的区间段，第一个施工区间段就发生了如此大的事故，导致人们对这种施工方法立即失去了信心。

（3）设计方和施工方互相推诿：事故发生后，设计方指责施工方未按照规范操作，而施工方却回击说设计方根本不应该采用风险程度如此之高的方法，并被允许采用其自己的办法继续施工。

6.4 涌水冒砂原因分析

总结起来，引起涌水冒砂事故的原因可以归结为：

- 旋喷桩施工材料质量不过关，旋喷桩咬合形成的拱体中存在渗水通道；
- 旋喷桩未充分咬合，不能充分止水；
- 拱体上覆土层厚度不足；
- 未能及时检测到拱体中的孔洞。

无论是出于哪种原因，发生涌水冒砂的前提都是要在旋喷桩咬合而成的拱体中及其上覆土层中形成渗水通道。下面将针对渗水通道，从三个方面对涌水冒砂的机理进行分析。

6.4.1 渗水通道水流量分析

图 6-22 是电车隧道工作井的横断面图，各几何参数均标注于图中。

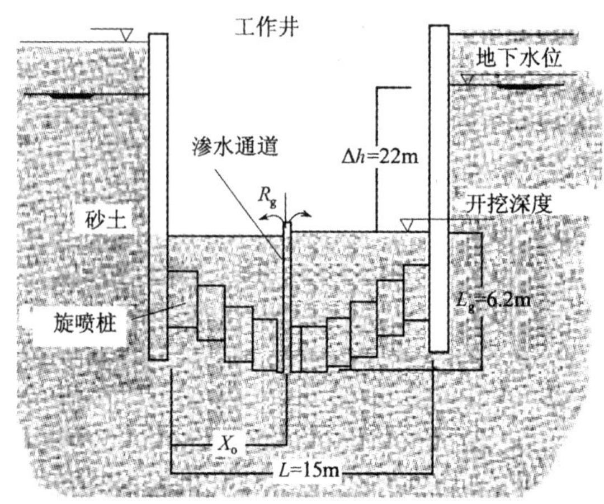

图 6-22　隧道工作井横断面图

（1）最大流量计算

给定水力梯度、竖向渗水通道（位于拱体及其上覆砂土层中）的直径、长度和水力粗糙度，那么通道中的最大流速就可方便地进行计算。假定注浆拱体下方的水是无限可用的（类比于水箱出水），那么最大流量也就可以确定。

将渗水通道视作管流，其中可用的静水压力梯度可由水流加速度和水力摩阻完全抵消，则最大的流量可根据下式计算：

$$Q_m = \pi R_g^2 u_0 = \pi R_g^2 \sqrt{\frac{2g\Delta h_g \frac{\rho_w}{\rho_m}}{(1+f_0 \frac{L_g}{D_0})}} \tag{6-1}$$

式中　Q_m——通过渗水通道的最大流量（m^3/s）；

R_g——渗水通道半径（m）；

u_0——渗水通道最大定常流速（m/s）；

Δh_g——可用水力梯度（m）；

ρ_m——水砂混合物密度（kg/m^3）；

ρ_w——水的密度（$1000kg/m^3$；

L_g——渗水通道长度（m）；

f_0——达西－魏斯巴赫（Darcy-Weisbach）水力摩阻系数（约为 0.05 ～ 0.1）。

通过通道流入隧道工作井中的总水量和最大冒砂量可由最大流量积分算出，最终的总流体中最多可有 30% 是完全由砂粒组成的。高浓度的水砂混合物则表现出更高的内流阻。由此可确定水砂混合物密度、水力摩阻系数等参数在最不利情况下的数值，从而推算得出该渗水通道的最大流量。

从上式中可以看出，影响渗水通道最大流量的主要因素为渗水通道半径、渗水通道长度及可用水力梯度三个参数，在前两者无法改变的情况下，可通过向工作井中通入压缩空气以降低水力梯度，进而降低最大流量的方法来阻止进一步涌水冒砂，这不失为一种紧急情况下的可行处理办法。

（2）实际地下水流量计算

在给定几何参数和由水头差产生的水力梯度后，从渗水通道流过的水流量就可通过数值或解析计算得出。计算过程从工作井开挖到设计深度以及水被抽走开始，见图 6-23。

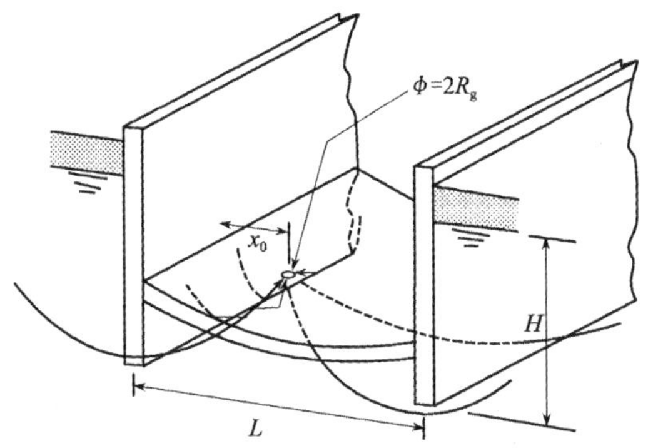

图 6-23 地下水流向渗水通道

该工况中一个重要的参数，即现场砂土的渗透性可由土的颗粒级配推算，也可由现场抽水试验获得（$k=1.5\text{m/day}=1.5\times10^{-5}\text{m/s}$）。

水力梯度是由势流模型通过位于简化的轴对称图中的点源叠加和排水时间计算得出的。通道的流阻忽略不计，进而（水力梯度）将取决于流量和通道直径。这一点将在其后进行验证。

为了使作用在隧道壁上的势能恒定（x_0 或 x_0-L 处），对一些点源进行了镜像处理。

势流的解答便是：

$$\psi=\sum_{n=-\infty}^{\infty}\frac{-m(x-2nL-x_0)}{\sqrt{(x-2nL-x_0)^2+y^2+z^2}}+\frac{m(x-2nL+x_0)}{\sqrt{(x-2nL+x_0)^2+y^2+z^2}} \tag{6-2}$$

$$\phi=\sum_{n=-\infty}^{\infty}\frac{-m}{\sqrt{(x-2nL-x_0)^2+y^2+z^2}}+\frac{m}{\sqrt{(x-2nL-x_0)^2+y^2+z^2}} \tag{6-3}$$

其中：源强度 m 为：

$$m=\frac{2Q}{4\pi k}=\frac{Q}{2\pi k} \tag{6-4}$$

通过解答势流方程，我们可以得出如下结论：流量和水力梯度是距离通道的径向距离与通道半径 R_g 的函数。不考虑在通道边界上的水力梯度（通过上式计算得知在通道边界上水力梯度是无限大的，这显然不符合事实），可以定义一个均值。

初始势流函数为：

$$\phi_0=-\frac{\pi}{2}\frac{m}{R_g}=\frac{Q}{4kR_g} \tag{6-5}$$

假定砂土中各处的渗透性相同，通过渗水通道道的流量便可由下式确定：

$$\text{Q}=kiA \tag{6-6}$$

式中 Q——通过渗水通道的流量（m^3/s）；

k——渗透系数（m/s）；

i——平均水力梯度；

A——透水的空隙面积（m^2），A 的初始值为：$A=\pi R_g^{\ 2}$。

渗水通道中央的水力梯度为：

$$i_0=-\frac{2\phi_0}{\pi R_g} \tag{6-7}$$

用于计算流量的平均水力梯度 i 可取为该值的一半。既然只有在靠近渗水通道边界的区域水力梯度才尤为明显，那么在该简化模型中，流量就主要由渗透系数和渗水通道半径决定。

然而，根据计算结果可知，完全按照图 6-23 给出的这一地下水的渗流模式不能真正解释涌水冒砂的现象。

计算表明，当半径不超过 1m，渗透系数最大为 5m/day 时，流量是有限的。从一开始施工到发现渗漏并采取应急措施的这段时间内，流入工作井中的总水量是很有限的。靠近通道的水流流速很小，不至于引起砂土颗粒的移动，更不用说会发展成冲蚀孔了。

即使是在地下水集中流入侵蚀槽而发生管涌的情况下（Sellmeijer，1988），流量依旧有限，水流速度也不至于快到能够显著地侵蚀通道的程度。因此，要解释本事故中旋喷桩止水帷幕发生管涌乃至涌水冒砂的现象，仍需建立更加完善的并贴合实际的模型。

6.4.2 渗水通道中土体的受力分析与试验研究

（1）渗水通道中土体的受力分析

假设拱体中渗水通道被砂土充填。在静止的状态下，通道中土柱上下侧均作用有均布的渗透压力。当工作井中的水被抽完以后，拱体上下便形成了一个孔隙压力差，进而引发地下水流过这个被砂土充填的通道。当通道的横截面保持恒定，且其被砂土均匀充填时，通道中的水力梯度维持不变。

施工过程中水压降低的区域共包括三部分：坑外区，旋喷桩拱体和坑内区。只要通道被砂土充填且其直径较小，拱体的阻力就远大于其他区域，因此另外两个区域的压降可忽略不计。这是对于通道中应力状态的保守估算，用含地下水的模型进行的计算结果证实了这一假定。

随着工作井中的水被完全抽除，拱体上方的压力大幅度减小，由此打破了通道中土体的平衡状态，可以通过极限平衡法可估算稳定性的减小值。极限状态下，在沿通道的边缘区域剪应力值达到最大，图 6-24 给出了作用在通道中的土体单元上的应力。

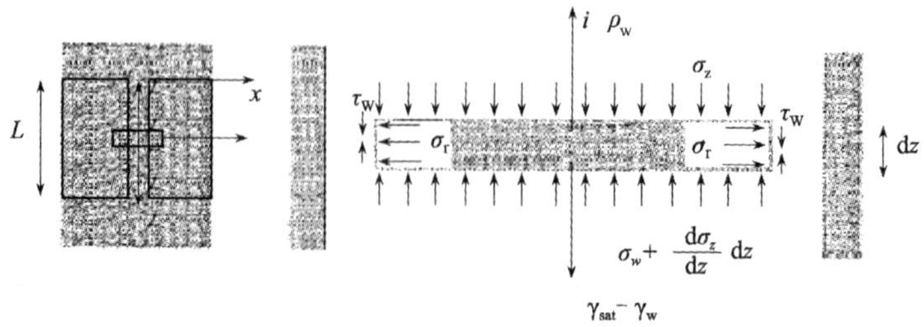

图 6-24 渗水通道中土体单元的平衡状态

根据该单元的竖向平衡条件可建立如下的微分方程:

$$\frac{\mathrm{d}\sigma'_{\mathrm{z}}}{\mathrm{d}z}-\frac{K\tan\delta}{A/O}\sigma'_{\mathrm{z}}=(\rho_{\mathrm{sat}}-\rho_{\mathrm{w}})-i\cdot\rho_{\mathrm{w}} \tag{6-8}$$

式中 ρ_{sat}——饱和土密度;

ρ_{w}——水的密度;

A——通道的横截面积;

O——通道截面周长;

K——侧向土压力系数;

σ'_{z}——竖向有效应力;

δ——墙与土体的摩擦角;

i——通道中的水力梯度。

为求解微分方程(6-8)还需要一个边界条件，为此，引入一已知的应力，即 $Z=L$ 处的 σ'_{L}。

稳定性的减小会给地下工程带来危险的事实是显而易见的。计算的目的是为了确定在何种情况下可以避免稳定性的减小带来的危险。

通道中的有效应力表达式(Sellmeijer，1999)如下式所示:

$$\sigma'_{z}=[i\cdot\gamma_{w}-(\gamma_{sat}-\gamma_{w})]\frac{1-e^{\frac{K\tan\delta}{A/O}(z-L)}}{\frac{K\tan\delta}{A/O}}+\sigma'_{\mathrm{L}}e^{\frac{K\tan\delta}{A/O}(z-L)} \tag{6-9}$$

令上式中 $\sigma'_{\mathrm{L}}=0$ 即可得通道顶部所需的最小应力。

需要注意的是，式(6-9)只有在 $i\cdot\rho_{\mathrm{w}}>\rho_{\mathrm{sat}}-\rho_{\mathrm{w}}$ 时，表达式才有意义。当不满足该条件时，通道中土的净重也足以抵抗水力梯度的作用。

通过上式，可以看出竖向有效应力是由两个数值为正的部分组成的。当 $\sigma'_{\mathrm{L}}=0$ 时，通道底部的砂土已不存在粘结力，不妨将前者在 $z=0$ 时的表达式设为通道顶部的有效应力 σ'_{0}，即:

$$\sigma'_{0}=[i\cdot\gamma_{\mathrm{w}}-(\gamma_{\mathrm{sat}}-\gamma_{\mathrm{w}})]\frac{1-e^{\frac{K\tan\delta}{A/O}(-L)}}{\frac{K\tan\delta}{A/O}} \tag{6-10}$$

图 6-25 给出了孔隙压力、总应力和有效应力随着通道深度的变化情况，以及在发生破坏时、初始时(无渗流)的应力状态。

式(6-9)表示出了拱体通道中的应力状态。根据给出的解，可进一步做如下思考:

- 发生破坏时通道中的临界水力梯度远大于 1，因此正常情况下渗透压力会导致液化的产生。然而，通道中却未发生该现象，其原因是:在力的平衡体系中，通道壁面上的剪应力作为竖向应力而逐渐增大。土柱在向上移动的过程中逐渐自稳。这一现象与传统的粒状材料的成拱作用相类似。

- 通道中水力梯度的增加会在某个时刻使得通道下部土体的有效应力降为零，此时沿通道方向所有断面均能达到力的平衡。通道下部土体的有效应力进一步的减小意味着这一部分土体不能再提供与孔壁面的剪应力。当剩余部分的土体产生的剪应力达到临界值时，整个土柱便会被挤出通道，通道中的水也会随之涌出。这就是涌水冒砂的机理之一。
- 要达到式（6-9）描述的应力状态，前提条件是通道上部的土体是稳定的。这就需要通过上覆土层对其施加某个最小的有效应力值。否则，就没有足够反力来抵消通道上部土体中的动水压力，土颗粒就会被带走，侵蚀就会自上而下发展。因此拱体上方的覆土是必不可少的。覆土层中的动水压力会随着流型的增加而迅速减小，土颗粒亦因此得以稳定。

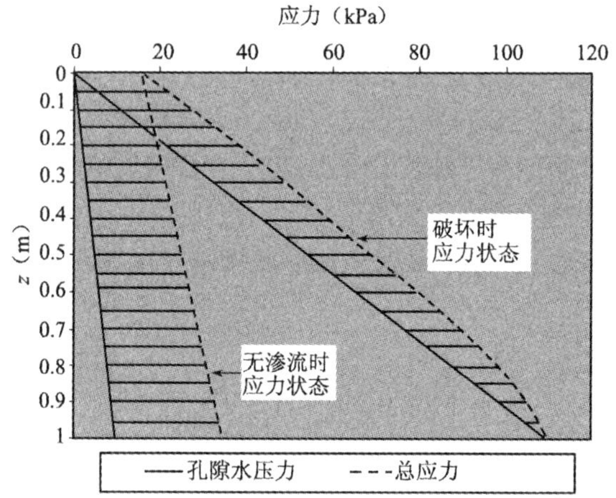

图 6-25　无渗流时及由于渗流而发生破坏时的应力状态

（2）试验研究

研究分别进行了两种不同类型的试验，其目的是：

- 通过实验数据验证建立的分析模型；
- 确定两个待定的未知量：通道中能产生的最大剪应力和破坏时上覆土层中的最大有效应力。

两种试验均采用直径为100mm、长度为550mm、内衬砂土的有机玻璃圆管来模拟拱体中的通道，实验装置见图6-26。管壁上固定有孔压装置。水可以以不同的水压流入管的下部。通过缓慢增加通道中的孔隙压力差来模拟现场的工作井的开挖和其中水的抽除。

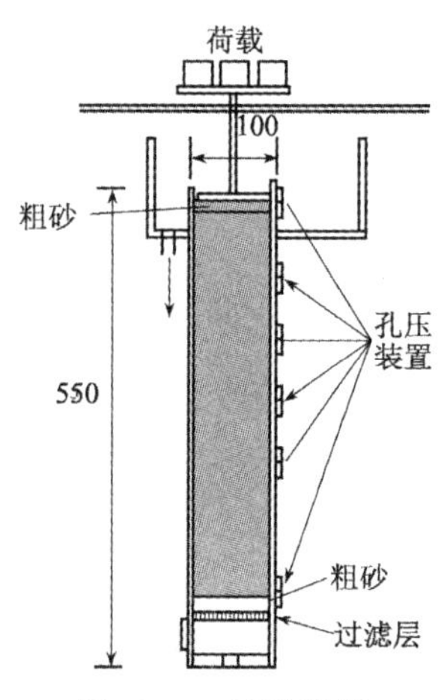

图 6-26　试验装置

试验系列1只模拟了拱体中的通道，但没有模拟上覆土层以及注浆层下方的土层，通过将通道与上覆土层的破坏特性分开考虑，可单独对通道中土体的稳定性进行描述而不受到上覆土层的影响。如前文所述，通道上部的有效应力的存在是必要的。鉴于此，在砂柱的下方固定了一透水而不透砂的可动过滤装置，对其可施加不同的荷载。

试验系列 2 则同时模拟了通道及上覆土层，未模拟注浆层下方的土层，将通道与上覆土层的破坏特性联系起来。为了模拟上覆土层，试验 2 在相同的圆管上方固定了一更大的圆筒，其直径为 600mm，高度为 400mm。孔压装置可固定在其轴心位置处。

两类试验中的圆管（拱体中的渗水通道）以及试验系列 2 中的圆筒中均用砂土充填，逐渐增加圆管中的孔隙压力直至发生破坏。

试验按照表 6-2 给出的各试验参数范围进行。大多数试验都是在有机玻璃管内壁吸附有砂土的情况下进行的。其中一些管内壁 100% 吸附有砂土，其他则是只有 80% 管内壁吸附有砂土，留出小部分的无砂区域以便观察孔洞中充填砂土的性状。试验中管壁的摩擦角设置为 0.8ϕ，少数的几组试验中管内壁未衬砂土，摩擦角为 $\delta = 12.5°$。

试验参数取值 **表 6-2**

参数	下限	基准试验	上限
顶部荷载值（kN）	1	3	6
孔隙率	0.34	0.38 ～ 0.40	0.44
与管壁的摩擦角（°）	12.5°	0.8ϕ	ϕ
长度（m）	0.25	0.50	0.50
粒径	细砂	细砂	粗砂

试验得到的破坏机制可随时间划分为四个阶段和两种破坏模式。

四个阶段：

- 裂隙的形成：随着孔隙水压力的逐渐增大，最初开始产生孔隙水压的地方产生水平方向的裂隙。这种现象通常发生在砂滤层的上方；
- 流化与压缩：试验装置的下部到裂隙之间的部分变成流体状。裂隙之上的土柱自下开始略微被压缩而密度增加。砂柱的最上面部分则暂未受到影响。
- 上部砂柱的初次移动：当孔隙水压力增加一定值时，整个砂柱便向上移动，砂柱上部的最大位移量可达几厘米。这种移动使得整个砂柱与管壁之间的摩阻力开始发挥作用，从而产生足够的阻力来抵抗砂柱的上移。
- 随着孔隙水压力进一步增加而出现的稳定状态：一旦整个砂柱上的摩阻力均开始发挥作用，砂柱便可在孔隙水压力增加的同时维持稳定。这样，施加在砂柱上的荷载可以得到大幅度增加。
- 破坏模式：
- 在某个时刻，孔隙水压力如此之大以至于剪应力已不足以抵抗砂柱的上移。砂柱因此便缓缓向上运动。砂柱下部分的土体是完全稳定的。砂柱下方的水非常透明，没有土颗粒逆着水流落入其中。
- 整个砂柱被挤出孔外。

该试验研究在前文理论分析的基础上进一步解释了涌水冒砂的机理。

6.4.3　冲蚀作用

（1）一种重要的溃决机制——向源侵蚀

向源侵蚀原本指河床因为地形的变化而使侵蚀的基准面下降，由于河床坡度变大，流速加大，使得侵蚀作用加强，刚开始在河流的下游发生侵蚀，然后渐渐向上游发展。在本次涌水流砂事故中，旋喷桩止水帷幕拱体底发生了类似于河床向源侵蚀的情况。

当通道中水流速度因地下水经由的地区变大而变大时，通道中的流量便急剧增大。尽管初始的流量很小，不至于在通道近周边引起严重的冲蚀，但是向源侵蚀却会发生，进而在拱体和砂土层之间会形成一个含水空隙层，见图6-27。在一定的时间段中，空隙区域和流量的增加，以及进入到坑内的总的水砂量直接取决于向源侵蚀的过程，见图6-30和图6-31。

这一重要却没有被广泛认知的侵蚀机理，即所谓的溃决破坏（van den Berg等，2002）。这种破坏通常发生在密细粒砂中，并自发缓慢地形成一个逆向的陡坡。由于砂土的膨胀特性，水处于欠压状态，在溃决之前可以暂时维持稳定。

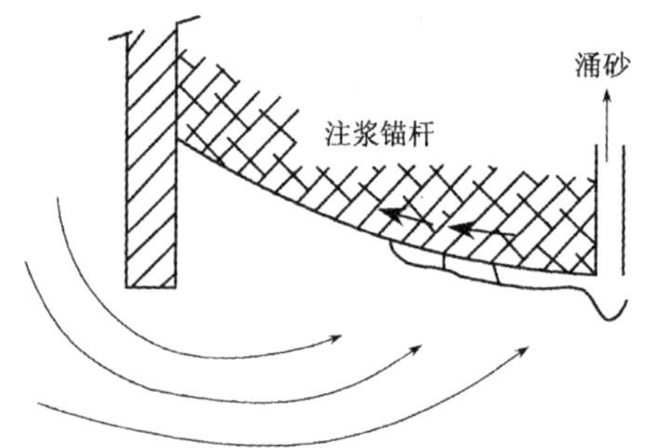

图6-27　阶段1　微小的逆向侵蚀引起空隙的产生

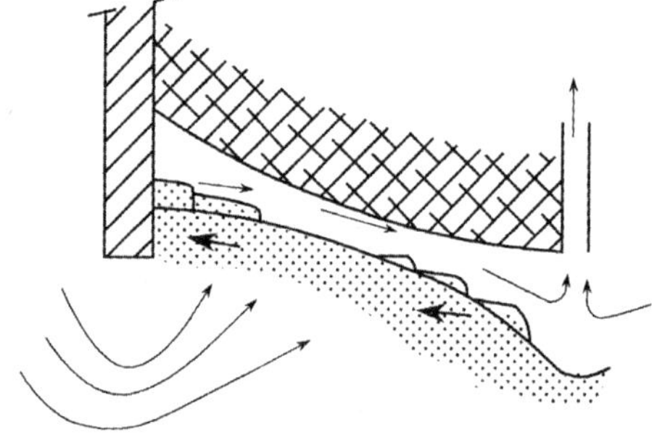

图6-28　阶段2　冲蚀作用下砂床达到最终平衡坡度

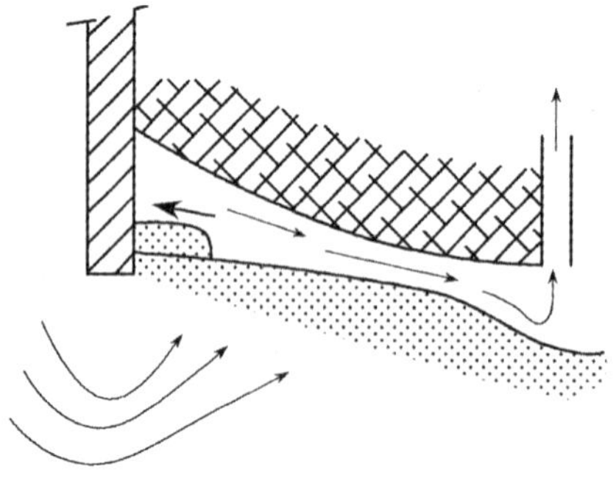

图6-29　阶段3　冲蚀孔的进一步发展

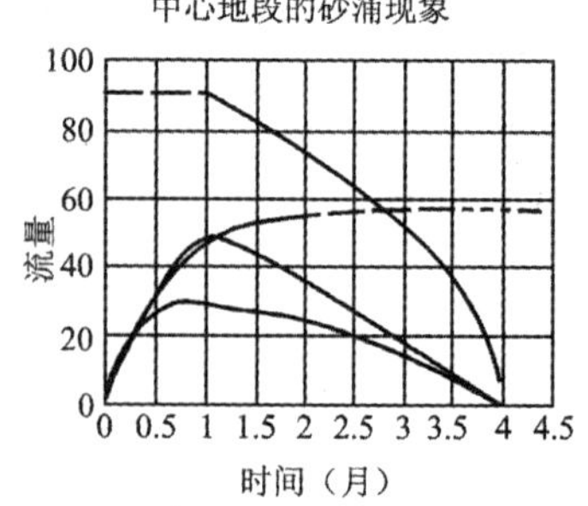

图6-30　流量随时间的变化曲线

（2）“向源侵蚀通道”形成速度

这种溃决的过程最初是从疏浚工程中吸砂、挖砂的实践中获知的。代尔夫特水力研究所（Delft Hydraulics）已进行过相关的调查研究。这种反向运动或称“向源侵蚀通道”的形成速度可通过对砂粒的动稳定行分析获取。根据岩土工程的特点对其进行了一个独特的定义。值得注意的是，由于“向源侵蚀通道”速度和水力梯度关系密切，故该定义将水力梯度包含其中，即：

$$v_{\mathrm{wal}}=-\frac{i+(1-n_0)\varDelta\dfrac{\sin(\varphi-\alpha)}{\sin(\varphi)}}{\varDelta n/k_l} \tag{6-11}$$

式中　v_{wal}——“向源侵蚀通道”速度（m/s）；

n_0——砂层孔隙率；

i——水力梯度（对向外溢流的孔隙水取负值）；

$\varDelta$——水中砂粒的浮密度（$\varDelta=1.65$）；

$\varDelta n$——实际状态到松散状态的孔隙率的增加；

k_l——松砂的渗透系数（m/s）；

α——侵蚀坡脚（最大 90°）；

φ——砂土的天然休止角（约 37°）。

该工况中不存在地下水流 $i=0$；向源侵蚀向后运动最终发展成竖直的“墙壁”（$\alpha=90°$）。天然平衡坡中这种侵蚀运动最为缓和。

（3）结论

由公式（6-11）不难得知：若水力梯度为负，最终平衡时的坡度（$v_{\mathrm{wal}}=0$）会减小；对于完全是流体的物质，最终平衡时坡度降至零。若水力坡度为正（比如剪胀），最终平衡时坡度增加；微小的逆向侵蚀作用会持续作用直至达到平衡（图 6-31）。

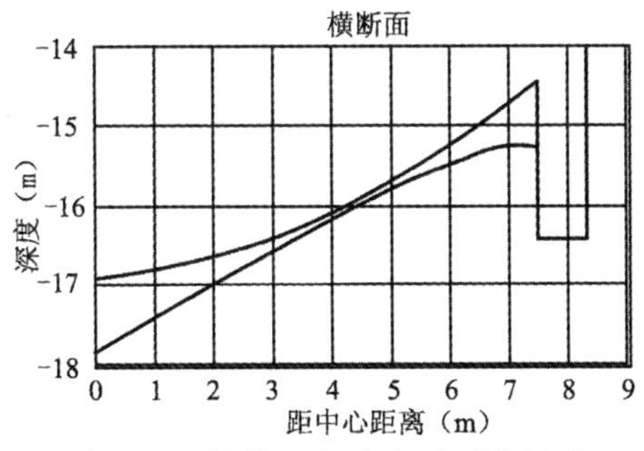

图 6-31　拱体下方砂床的平衡坡度

（通道位于中央，$x_0=7.5$m；$k=5$m/d；$L=15$m）

通道下方土层中细小砂颗粒部分的流失，产生了对砂层表面的扰动并沿着注浆拱体的轴向逆向传播（图 6-28 和图 6-29）。使得（溃决）侵蚀的过程加强的是重力和水力梯度的存在，而非侵蚀水流的速度，正如堤坝发生管涌一样。因此这一过程会激发原本就处于低速运动的水流，足以使其超过吸附的界限而牵引砂颗粒向前运动。而竖向通道中的水流量仅能供砂粒克服重力加速度（沉降速度）而向上移动。

因此，地下水接收区域半径，开始与通道半径相等，但随着这一过程的发展，该半径会逐渐增大直至侵蚀区域达到工作井的边墙（约 1h 后）。而后，其会沿着隧道轴向直线增加。这是涌水冒砂的另一种重要机理。

6.5　降水井管堵塞原因分析

6.5.1　堵塞的发生

由于涌水冒砂事故的发生，施工被迫暂停两年。正如6.2.4节中所述，Spui车站下方的止水措施是以渗透注浆的方式灌入一层以硅酸钠和氯酸钠的稀溶液而形成的凝胶层，拟采用带有水泵的深层滤管进行降水作业，如图6-32所示。

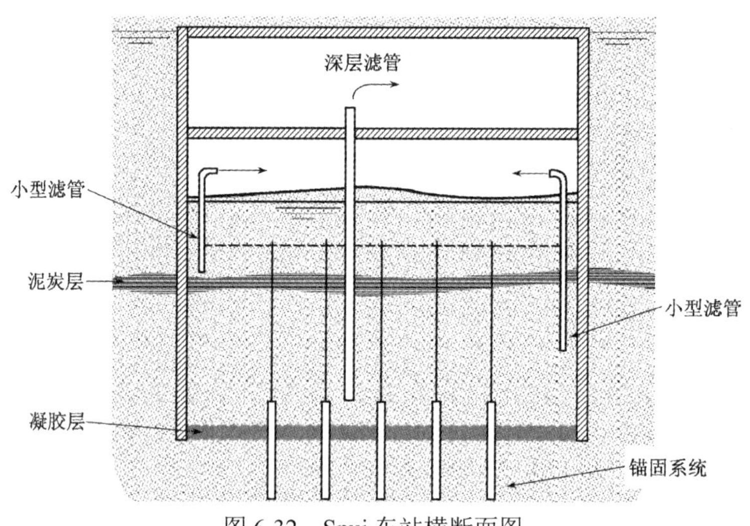

图6-32　Spui车站横断面图

在施工被延期两年以后，人们开始关注凝胶层的耐久性，因为一开始就未打算将其作为永久的止水帷幕使用。尤其是当深层滤管的有效性下降时，凝胶层的耐久性就更加值得关注了。

通过图6-32可以看到，在车站下方的土层中夹杂着一层较薄的泥炭层，如果没有这层泥炭层的话，降水方案就应该是在隧道内的地表上直接进行。但是，鉴于这一低渗透性的泥炭层，有必要抽除其下方的地下水。泥炭层下方过高的水压会导致如下两个现象：

- 泥炭层及其上覆砂土层失稳（上移）；
- 坑内土体抗剪强度减小，进而导致作用在地下连续墙上的荷载过大。

因此，在低渗透性的泥炭层的上方（图6-32左侧）和下方（图6-32右侧），均布置有上述小型滤管来降低泥炭层下方的水压。

为了继续进行降水作业，沿着地下连续墙，每隔6m安装了一根直径为2英寸、长度为3m的小型滤管。在低渗透性的泥炭层的上方（图6-32左侧）和下方（图6-32右侧），也均布置有这种滤管。

然而问题出现了：泥炭层下方的小型滤管工作寿命很短，在数日之内其降水能力就几乎降为零——滤管被堵塞住了，见图6-33和图6-34。考虑到接下来的工期要求，这些工作寿命较短的滤管是不足以用来继续和完成施工的，必须在施工中采取其他降水措施。

图 6-33 小型滤管堵塞后的情况

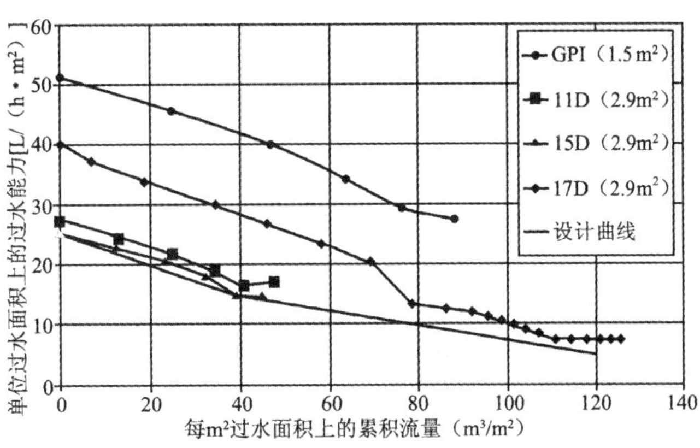

图 6-34 小型滤管降水能力曲线

6.5.2 堵塞原因调查

为了解决施工中的井管的堵塞问题，有必要对堵塞机制进行研究。

常见的堵塞机制有（NOBIS，1998）：

- 土颗粒的移动；
- 氧化铁（或者氧化锰）的沉淀；
- （单位体积内）生物量的增加。

通常情况下，建筑基坑降水井管或者饮用水生产井管发生堵塞的原因是不同水质的水发生混合。比如说，富氧与厌氧的水混合会带来一些问题（LIWA，2000），氧元素会与铁离子发生反应而沉淀，并且有可能会导致生物量的增加。为了对隧道中的这一过程展开分析，研究人员对现场取回的土样和地下水试样进行了一系列的室内试验，试验内容包括：

- 土的渗透系数的测定和筛分析；
- 土样和地下水试样的化学分析；
- 地下水物理性质（密度、黏度）的测定。

试验的土样取自开挖线下方 7.0 ～ 13.6m 的位置处，也即是滤管发生堵塞的区域。室内试验表明土样是由中等细粒到粗粒的砂土组成的，取自最深部的土样含有些许粉土。土样渗透系数为 7.8×10^{-6}m/s 到 1.3×10^{-5}m/s 不等。从被堵塞的井管中取回的地下水试样颜色很暗，几乎就像是红茶或是可乐。

将土样和地下水样的化学成分与正常的砂土及水的性质比较时，发现试验样品在如下方面存在区别：

- pH（8.9 ～ 10.1）；
- 硅、钠的浓度；
- 地下水试样中含有溶解有机碳（DOC）；

地下水试样的较大的 pH 值和硅、钠浓度是由硅胶层引起的。其黏度和密度与正常水相当，分别为 5.5mPa/s（25℃）和 1003kg/m^3。

上述的结果表明通常情况下的堵塞机制并未发生。在砂土中，土颗粒在如此短的时间和如此小的流速下是不会造成堵塞的：在饮用水生产井中，砂土颗粒一般要以较高的速度移动数年之后才会导致堵塞（Kiwa，1984）。取回的地下水试样中铁的浓度依旧很高，说明未发生沉淀。而其成分、黏度、密度尤其是较高的 pH 值亦说明未发生生物量的增加。

除了这些通常的堵塞机制外，还对膨润土的影响进行了调查研究，因为在锚杆钻孔和地下连续墙开挖的过程中使用过膨润土。亚甲基蓝测定法表明地下水试样中不存在膨润土。

为了研究堵塞的过程，又进行了进一步的室内比较试验，即分别采用现场土样和标准砂土（Baskarp 砂土），在加入被堵塞井管中的地下水试样后，研究其渗透性随时间发展规律。

堵塞可用现场取回的土样和地下水试样在为期两天的试验中的很小的水力梯度来模拟。使用标准砂土的试验中，未发生堵塞现象，渗透系数保持在 2×10^{-5}m/s；而在发生堵塞的试验中，对其试验材料进行了电子显微镜分析，见图 6-35。电子显微镜分析表明土颗粒是吸附在一起的，并且被粗粒沉淀物覆盖。X 射线能谱仪（EDAX）分析则表明沉淀物中没有铁元素，却存在碳（20%）、氧（30% ～ 40%）、钠（8%）、硅（25% ～ 40%）以及少许钙（2% ～ 6%）。

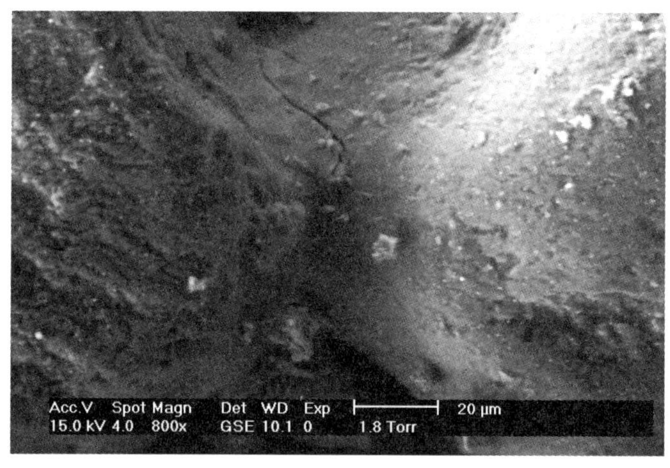

图 6-35　颗粒之间沉淀物的电磁显示

将 X 射线能谱仪（EDAX）的分析结果与对原始土样（未堵塞）的化学分析结果相对比可知，碳一定是（部分）来自于有机物，并且只有在堵塞发生后才会出现。同时发现土颗粒的表面到处都覆盖有沉淀物，且沉淀物含有硅和碳。

由此提出如下的堵塞机制：注入的硅胶层导致其周围的土体和地下水的 pH 值很高（pH ＞ 13）。在地下水从硅胶层位置处向上流动至井管的过程中，由于其与所经过的土层混合和发生化学反应，其 pH 值降低。在泥炭层附近尤其如此，pH 值为 4 ～ 5。当 pH 值较高时，无机物、有机物都会分解，而当 pH 值较低时，又会沉淀。随着沉淀物逐渐积聚，在地下水流量最大的地方，土体孔隙会被堵塞得最快，比如在滤管附近。

电子显微镜分析表明，实际上只是有机物而非无机物导致了堵塞。为了验证这一假设，对棕色的地下水试样又进行了室内试验。当加入盐时，有机物会沉淀。当在棕色的地下水试样中加入氯化钠时，同样观测到了该现象。试验还检测了 pH 值的影响。通过加入酸，试样的 pH 值逐渐降低。试验结果表明在 pH 值很低（1 ～ 2）时，会产生沉淀，同时还会产生带有沉积物的棕色液体，如图 6-36 所示。

众所周知，无机复合物只有在更高的 pH 值下（相对于 1 ～ 2 的 pH 值）才会沉淀，因此这些无机复合物并不是产生堵塞的物质。对于腐殖酸（存在于有机物中），这些物质沉淀得十分缓慢，但是加入钙盐后可以加快沉淀速率。在加入氯化钙（$CaCl_2$）后即观测到这一现象。

图 6-36 不同 pH 值下地下水试样的反应情况

尽管在这一具体的工程实例中，凝胶层灌入时间已长达两年，可是这种效应依旧会发生，尤其是当采用硅胶层时。

6.5.3 小结

通过以上对滤管堵塞现象的调查和实验研究，我们得知了这种采用注入凝胶做止水层的施工方法存在弊端：水流透过凝胶层的时候会降低其 pH 值，伴随而来的是其对无机物和有机物的分解能力降低，再加上硅胶层引起的硅、钠浓度改变加速了沉淀的产生和滤管的锈蚀，最终严重降低了小型滤管的工作寿命，产生堵塞。

事实上，Spui 车站的这种情况并不是绝无仅有的。在荷兰的另外两个未被公开的工程中（Schuiling，Brons），同样发生了硅胶层上方的堵塞现象，其中的一个工程中堵塞的原因是土层中存在壳质层，其中的钙导致了沉淀的发生。

6.6 修复方案（新方案）

6.6.1 针对涌水冒砂的修复方案

6.6.1.1 拱体上方覆盖土层

根据 6.4 节中的原因分析可知：要维持旋喷桩拱体渗水通道中土柱的稳定，就需要通过上覆土层对其施加某个最小的有效应力值。否则，就没有足够反力来抵消通道上部土体中的动水压力，土颗粒就会被带走，侵蚀就会自上而下发展。因此拱体上方的覆土是必不可少的。覆土层中的动水压力会随着流型的增加而迅速减小，土颗粒亦因此得以稳定。那么上覆土层的厚度究竟需要多少呢？

实际上，6.4.2 节中所述的试验不仅能反映出用水冒砂的机理，同时还能确定出两个未知的参数，即：通道中能产生的最大剪应力和破坏时上覆土层中的最大有效应力。

在由式（6-9）确定通道中土体的竖向有效应力时，第一个未知的参数是 $K\tan\delta$。图 6-37 给出了试验中获得的作为孔隙率函数的 $K\tan\delta$ 的值。结果表明有两种情况：对中密砂和松砂，其值为 0.4 ～ 0.5；对于密砂，其值为 1.0 ～ 1.2。两者分别相应于沿着管壁的竖直方向通道中土体发生破坏时的主动和被动状态。

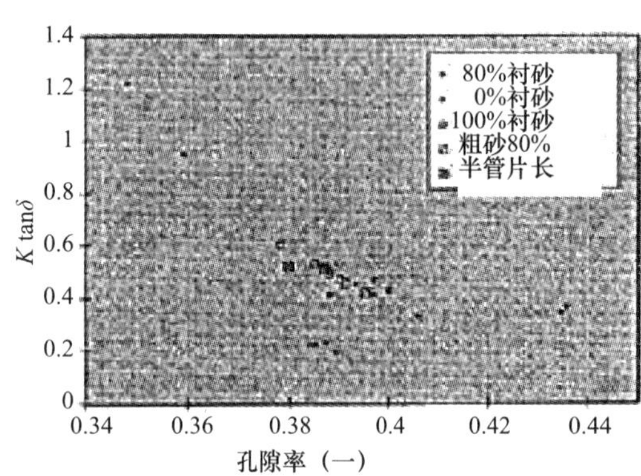

图 6-37 $K\tan\delta$ 随孔隙率变化情况的试验结果

在这些 80% ～ 100% 的管内壁衬有砂土的试验中，发生破坏时中密砂和松砂的 $K\tan\delta$ 值相近的现象可根据砂土在实际破坏前自下而上的压缩来解释。图 6-37 表明只有管内壁没有衬砂土的试验中摩阻力的值才明显低。

第二个未知的参数是上覆土层的影响，换言之，是上覆土层能够传递的最大有效应力。如果用该土层中一个被上推的圆锥体来模拟，试验表明锥角约为 8°；如果根据直径为 D 的管内壁上的摩阻力来反算最大有效应力，将上覆土层中的竖向有效应力乘上 $K\tan\delta$，表明侧向土压力系数为 $K_r = 0.27$。

式（6-10）已给出了拱体通道顶部的有效应力 σ_0' 的表达式。注意，A/O 代表通道直径的 1/4，即 $1/4D$，则：

$$\sigma'_0 = [i \cdot \gamma_w - (\gamma_{sat} - \gamma_w)] \frac{1 - e^{\frac{4K\tan\delta}{D}(-L)}}{\frac{4K\tan\delta}{D}} \tag{6-12}$$

为防止厚度为 d 的上覆土层中的圆锥体上移，临界破坏时可用的竖向的有效应力须为：

$$\sigma'_{z,r} = (\gamma_{sat} - \gamma_w)(1 + \frac{2}{D} d \cdot k_r \cdot \tan\phi) d \tag{6-13}$$

该式忽略了上覆土层中渗透压力的影响。试验结果亦验证了这一假设。Bieberstein（1999）和 Sellmeijer（1999）曾经考虑过上覆土层中超静孔隙水压力的近似值，由于篇幅原因，此处不再赘述。

图 6-38 给出了在不同的孔径、不同的水力梯度和上覆土层厚度的情况下 σ_z' 的变化情况。其他的参数固定不变，各设计值如图所示。据此 Tol et al.（2001）提出了所需的上覆土层的厚度。整个上覆土层的安全系数取为 $\eta = 2$。为得到各参数，如下的设计值各取为：$K\tan\delta = 0.32$，$\gamma_{sat} = 18.2$，i 如图所示，拱体的厚度为 $L_d = 1.25$m，上覆土层中的摩阻力用 $k_r \cdot \tan\phi = 0.125$ 计算。值得注意的是该方法只有在通道中的土和上覆的土层都为均质时才适用。

根据这一系列的参数，结合图 6-38 中的曲线，所需的上覆土层厚度就可以确定。如，对直径为 0.2m 的通道，取水力梯度 $i_d = 12$，则 $\sigma_z' = 17.4$kPa，所需的上覆土层的厚度即为 1.5m（$i_d = 12$ 的实线与 $d = 12$，$D = 0.2$ 的虚线相交）。

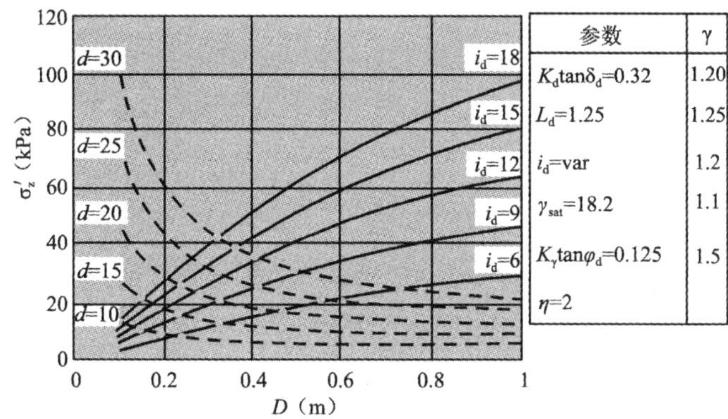

图 6-38　作为孔径 D 和水力梯度 i_d 函数的所需上覆土层厚度

但是，原先的施工也是在拱体上方该有土层的情况下进行的，但事故还是发生了，这说明仅仅依靠拱体上方覆盖土层的做法还是不够的，原因有两点：

- 该设计方法只适用于通道中的土和上覆土层都为均质的情况。非均质土会对稳定性产生负面作用，尤其是当通道上部充填有较薄的黏土层时，则需要更厚的上覆土层以维持稳定。事实上，拱体位置处及其上方的土不是均质的。拱体上覆土层中发现有数层薄黏土。如果此时排水系统安装在该黏土层之上的话，只要注浆拱体中存在通道，拱体与黏土层之间就会产生超静孔隙水压力。如果黏土层的水流阻力大大超出了拱体的水流阻力的话，超静孔隙水压力就会增大到这样的程度，即通道上部土体的有效应力值会很小进而导致整个砂柱失稳。
- 按照隧道与车站的横断面尺寸（图 6-39 和图 6-40），拱体中间部分上覆土层的厚度在 1.5 ～ 2m 之间，在不考虑黏土层时，可以满足厚度要求；但即便如此，拱体两边的上覆土层却很薄，无法达到计算要求的厚度。对于这些位置处的渗水通道来讲，仅依靠上覆土层是不够的。

由此看出，仅靠拱体上方覆盖土层不足以确保安全，需要考虑采用或附加另外的安全措施。

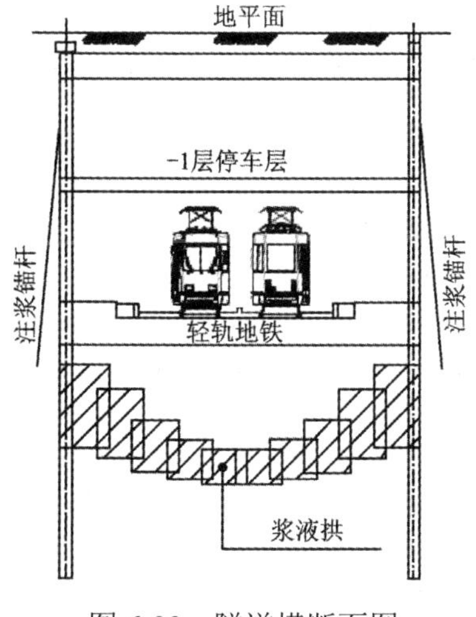

图 6-39　隧道横断面图

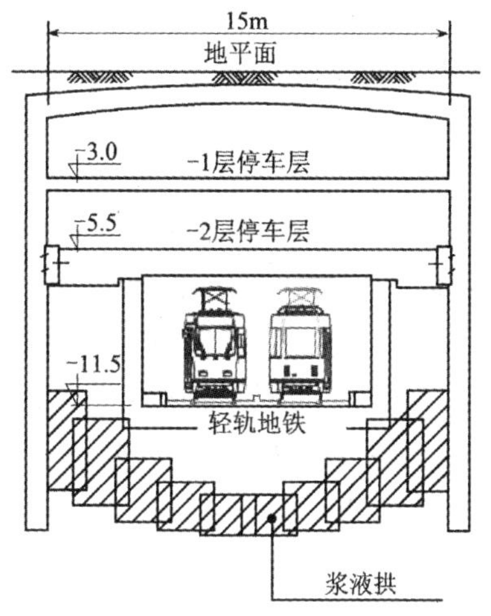

图 6-40　车站横断面图

6.6.1.2 施加压缩空气

经过反复论证，在压缩空气下进行施工被作为唯一可行的安全措施被最终敲定。如图 6-41 所示，压缩空气仓内的压力为 $P_{required}$，空气仓下方铺满土层，厚度为 Δh，仓中空气压力的梯度为∇，土层最底部水压为 P_w，则：

$$P_{required} + \nabla \cdot \Delta h = P_w \tag{6-14}$$

其中，取梯度$\nabla = \frac{\partial P}{\partial h} = 1$。由此就可以计算出所需空气压力值。

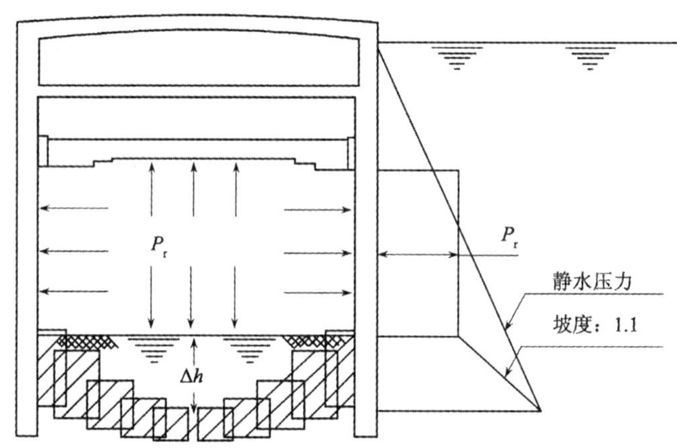

图 6-41　压缩空气压力确定

根据实际的几何参数，对于 Kalvermarkt 区间，所需压缩空气压力为 0.89m 汞柱，对于 Grote Marktstraat 区间，需要 1.14m 汞柱。标准大气压为 0.76m 汞柱。

那么施加压缩空气的效果到底怎么样？Mastbergen 等（2003）按照 6.4.1 节中给出的模型，计算了 4 种不同的情况下流量随时间的发展变化。4 种方案的前提是有 9.2m 的可用压力差（图 6-22），取渗透系数为 5m/d，通道半径为 8cm。这 4 种不同情况下的计算结果如下所示：

- 水力梯度恒定不变，地下水流量发展至最终达 $57m^3/h$；
- 冲入压缩空气，随着压力差减小，地下水流量逐渐减小，1h 后达 $48m^3/h$，4h 后所需的压缩空气悉数冲入，此时流量已经降低到很低的程度；
- 冲入压缩空气，压力差减小，同时考虑通道中的摩阻压降损失（如果通道足够小）的情况下，地下水流量逐渐发展，最大值降低为 $30m^3/h$；
- 现场下水无限可用时，通道最大流量为 $90m^3/h$。

由此可见，冲入压缩空气可以显著地控制通道中的流量。

然而，由于这一方法要求结构承受高压的作用，而原先的设计不曾考虑到这一点，因此必须对电车隧道的区间结构（Kalvermarkt 区间和 Grote Markstraat 区间）重新进行设计。具体方案如下所述：

（1）Kalvermarkt 区间

由于事故发生时 Kalvermarkt 区间的隧道隔板（停车场）已经施工完毕，无法再予以加厚，因此采用了钢桁架增加其承载力，见图 6-42 和图 6-43。钢桁架的两侧中心距为 2.4m。由于该区间段挡墙为桩板墙，重力较小，故两侧打入注浆锚杆以维持其竖向的稳定性。

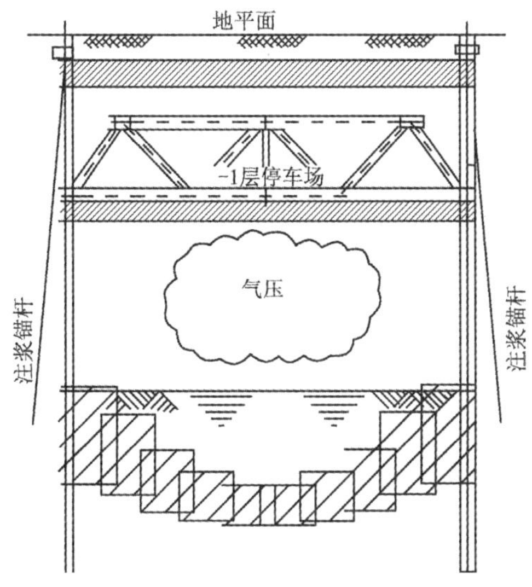

图 6-42　Kalvermarkt 区间的隧道施加压缩空气后结构横断面图

图 6-43　现场钢桁架

（2）Grote Markstraat 区间

由于事故发生时 Grote Markstraat 区间的第二层隔板（parking floor 2）尚未进行施工，因此可以及时地改变结构的设计以使其能承受高压的压缩空气。

首先将第二层隔板的厚度由原来的 0.45m 增加至 1.0m，同时将地板适当降低。

其次，考虑到原先第二层隔板与地下连续墙是整体连接，抗弯能力不足，易发生破坏，故将其改为铰接。将一个宽 0.5m、含有琴式铰的支架固定在地下连续墙上，同时，铰上焊接有 60mm 厚的钢板，见图 6-44 ～图 6-46。

最后，为了进一步确保安全，又在第二层隔板上方进行了压重（15kN/m^2），见图 6-47。

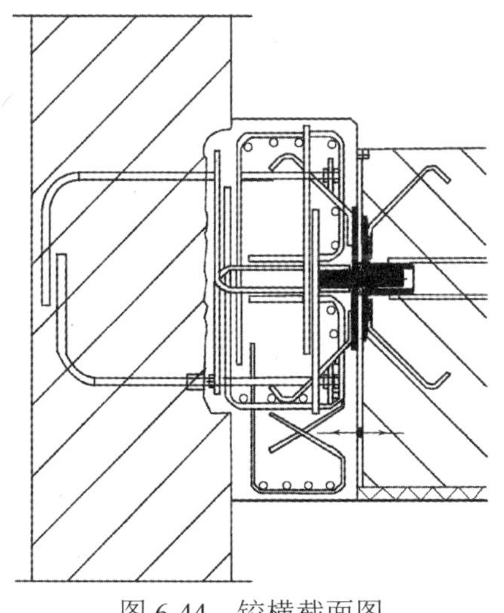

图 6-44　铰横截面图

图 6-45　铰的现场制作（局部）

图 6-46　铰的现场制作（整体）

图 6-47　第二层隔板上的压重

这样，就可以在压缩空气提供的反力下进行开挖，从而有效避免涌水冒砂现象的发生，见图 6-48 ～图 6-50。

图 6-48　供施工人员使用的气压过渡舱

同时，为了降低施工难度和工程造价，施工方在 Grotemarkstraat 区间还采用了“两步走”的分步开挖的措施，即：计划第二层隔板下开始的 3m 厚土体在常压下开挖，然后，施加压缩空气，再继续开挖剩余土体。计算结果表明，剩余 2m 厚的土体提供的反力足以防止用水冒砂现象的发生。

图 6-49　压缩空气下开挖现场

图 6-50　输送开挖物质的闸门

然而，在 Grotemarkstraat 区间第一个开挖段（Grotemarkstraat 区间全长 330m，共分为两个开挖段）按照上述的分步开挖方法进行施工，却在上面 3m 的开挖过程中又出现了一次冒砂现象。施工方立即施加了压缩空气，并对冒砂通道进行了修复。为什么会出现这种现象呢？实际上原因在 6.6.1 节中最后已经给出了，即旋喷桩拱体上方的土层是非均质的，除了砂土之外，还含有数层薄黏土，这里不再赘述。鉴于此，施工方在后期的开挖均选择在压缩空气的环境下进行。

6.6.2 针对降水系统的修复方案

如 6.3 节和 6.5 节所述，Spui 车站降水过程中发生了滤管堵塞现象。为了继续进行降水作业，有必要提出合理的应对措施，其中包括化学措施、力学措施、新型降水系统的实施等。

（1）化学措施

根据 6.5 节的分析，堵塞的过程包括两步：

- 有机物的分解（由于硅胶层的附近 pH 过高）
- 滤管附近分解物沉淀（远离硅胶层后 pH 降低）

因此，化学措施也包括两种思路：

- 阻止分解物的生成
- 阻止分解物的沉淀

从阻止分解物的生成来看，最好的方案是阻止有机物的分解或是将其去除。阻止有机物分解的方法之一是降低 pH 值，但由于不能影响到硅胶层，此思路难以实现。去除有机物可利用过氧化物或者是高锰酸盐来进行氧化反应，而室内试验证明较高的 pH 值不利上述反应的发生，故也不可行。另一种方案是抽除上方正好靠近硅胶层的 pH 依然较高的水来降低 pH 值。为了使井管（短滤管）的位置安装得恰到好处，需要准确知道硅胶层的实际深度（而由于每个注射点附近的硅胶层的实际深度是由该位置处土层的非均质性决定的，因此实际深度无法确定）。此外，还需要考虑紧靠于硅胶层的固定抽水装置对于硅胶层的影响。

从阻止分解物沉淀来看，可以增加整个土层的 pH 值。室内试验证实在注入氢氧化钠后，被堵塞的土体的渗透性会增加。这一思想被应用到用苛性碱溶液浸泡的原状土比例渗透试验中。但是，不论是现场的原状土试验还是室内试验，结果都表明会发生二次沉淀和二次堵塞机制。这一二次沉淀过程应归结于硅网格（正四面体结构）一开始的分解及其后期的沉淀，尤其是在使用了高浓度的苛性碱溶液时（pH 值为 14）。

由此可见，化学措施实施起来困难很大。

（2）力学措施

在工程初期，早在用化学方法对堵塞机制展开研究之前，人们就已经认识到主要的问题是要降低泥炭层之下的孔压（其原因已在 6.5 节给出）。

于是考虑采用碎石桩穿越泥炭层的措施，以期降低孔压，工程师提出了采用碎石桩的措施，这是因为对砂土液化机理的研究证明，当饱和松散砂土受到剪切循环荷载作用时，将发生体积的收缩和趋于密实，在砂土无排水条件时体积的快速收缩将导致超静孔隙水压力来不及消散而急剧上升。当砂土中的有效应力降低为零时便形成了完全液化。碎石桩加固砂土时，桩孔内充填碎石等反滤性好的颗粒料，在土体中形成渗透性能良好的人工竖向排水减压通道，可有效地消散和防止超孔隙水压力的增高。那么碎石桩到底适合不适合，还需要进行验证。

为了研究用碎石桩穿越泥炭层的可行性，预先在现场用九根直径为 0.13m 的碎石桩进行时试验。碎石桩中设有滤管以便对能达到的水流量进行监测。另外，还在试验区域设置了观测井以监测降水后的水位线。这些内部设有滤管的碎石桩的情况与沿着地下连续墙设置的滤管的情况很相似：在几天之内抽水效率就降低到很低的水平。

事后看来，这并不奇怪。碎石桩所使用的碎石粒径太大，因而不能在滤管外围形成几何封闭的滤层。尽管一开始碎石中不存在有砂土，但是水流会将砂颗粒携入其中，因而碎石桩中滤管周围的土层并不比未采用碎石桩而是直接安装的滤管周围的土层要好。类似于其他的滤管，这些滤管同样发生了因有机物沉淀而引发的堵塞和土体渗透系数的降低。

如果土层中的堵塞过程不仅仅是随时间发展，而且还与流经的水量直接有关的话，滤管表面的处理就会决定井管潜在的降水能力。

针对以上情况，重新采用了其他三根过滤面积更大的过滤桩，其直径为0.3m，延伸至泥炭层下方1.5m，过滤面积约为1.5m^2。这一次组成桩的颗粒材料粒径要比先前使用的碎石小很多，其范围在1～2mm之间，足以在滤管周围形成几何封闭的滤层。桩在泥炭层之上的部分用PVC衬管包裹（图6-51，A）。这样就可以通过上升水头试验对过滤桩的过水能力进行有规律的、准确的测量。其中的一根桩在数月之内一直保持未动，并且记录了其过水能力逐渐降低的过程（图6-52，GP1）。

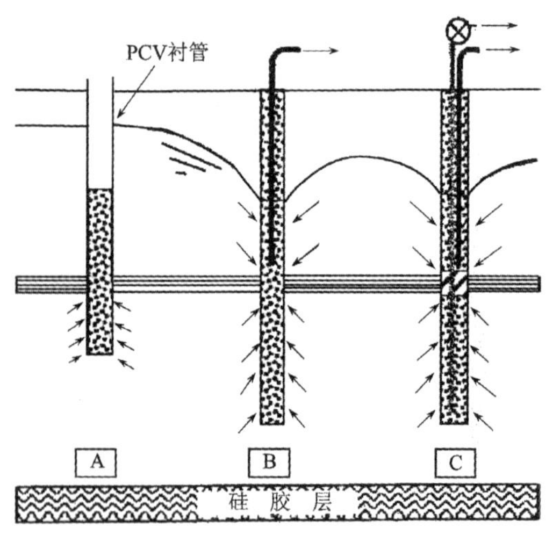

图6-51　不同类型的滤管

实际上，像图6-51中A这一类型的简单（被动）碎石桩，如果没有PVC衬管，就会存在缺陷。在开挖过程中，桩体会贯穿开挖坡面，过滤桩中流出的水会破坏坡体的稳定性。

鉴于此，并且也是为了在泥炭层上方能更好地进行降水作业，设计了一种能够主动降水的滤管——碎石桩（图6-51，B）。同时，为了延长过滤桩的寿命，使其穿过泥炭层的设计深度更深，从而可以使过滤桩的过滤面积增加一倍。

然而问题是，一旦过滤桩设置好以后，水流便开始进入过滤桩，堵塞即开始发生，过滤桩过水能力便持续下降。尤其是不能保证过滤桩刚好就在开始进行降水作业的时候安装好。有时不得不提前数周就将过滤桩制作好。而其他可能的延误的影响是不可小视的。

为了解决上述问题，又设计出了另一种可以控制起始降水时间的过滤桩（图6-51，C）。桩体内部设有两根滤管，管周围是颗粒材料组成的滤层。通过不透水的黏土塞将泥炭层的上下部分隔开。伸入泥炭层下方的那根滤管就可以被阀门封闭。这样，当阀门紧闭时，就不会有地下水流经过滤桩周围的土层。因此，在真正需要使用过滤桩之前，就不会有因堵塞而产生的过水能力的减小，从而可使其在最需要时得以充分发挥。

在该降水系统投入使用之前，进行了一次原型试验。除了三根包裹有PVC衬管的碎石桩外（对其中一根进行了长期监测，图6-52，GP1），还设置了总计为10根的B型、C型过滤桩并对其性能进行监测，这其中，对三根C型过滤桩（11D，15D，17D）进行了最为密切的监测。

试验结果见图 6-52，为了将过滤面积不同的桩和不同水头下的桩的结果相对比，图 6-52 对试验结果进行了标准化。

过水能力（m^3/s）取决于桩的过滤面积以及作用于桩上的水头差。标准化后的结果是一维的（L/m^3）。由于过滤桩周围的土体的堵塞不仅与时间有关，还取决于流经土层的地下水量，因此可用总水量（m^3）除以桩体的过滤面积（m^2）来作为时间参数。

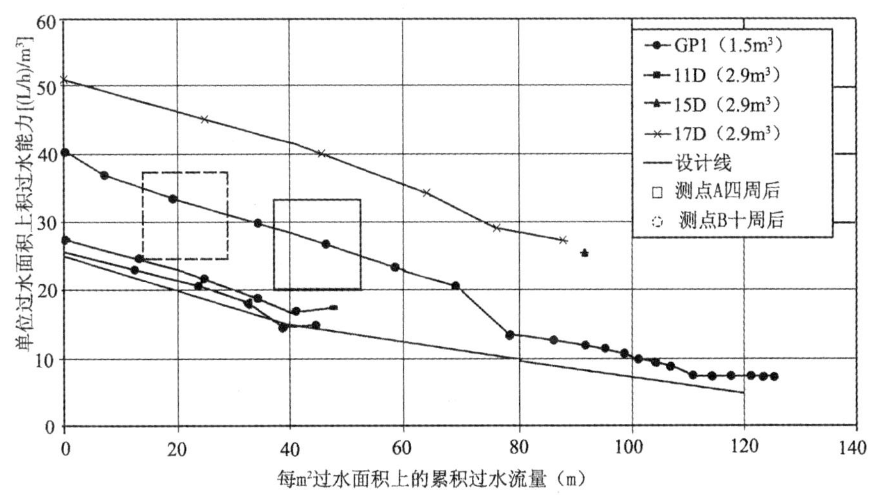

图 6-52 原型滤管试验结果

试验结果表明桩体的初始过水能力在 25 ～ 52（$L/h/m^3$）之间，随着时间的推移，其降低的趋势也是相似的。既然安装第一系列的桩并不是没有问题的（其中一根不得不在超静孔隙水力下穿过泥炭层），初始过水能力的差异不仅取决于现场的土层的非均质性，还等同地取决于安装过程的差异。在此基础上，即将最低的过水能力曲线取为可以达到的设计曲线。

在原型试验中，还观测到以下的重要现象：

- 随着桩体吸入地下水，孔压水平的变化很快；
- 距离很近的位置处孔压水平差异很大。

（3）新型降水系统的实施

① 几何参数

降水系统的设计期间，涌入 Spui 车站工作井中的地下水量记录值保持在 $400m^3/d$。泥炭层上下方的土层的渗透系数均为 1m/d。根据渗透量计算所得的硅胶层的平均止水时间是 40d，这一值等于反算所得的泥炭层的止水时间。工作井中各处所需的孔压水平因位置而异。在知道对地下连续墙的要求之前，先要知道因位置而异的泥炭层及其上覆的土层（见图 6-10）的竖向稳定性以及所需的开挖深度。

根据这些数据，就可分别确定车站各个断面处的最小水压。在使用图 6-52 中的保守设计线的同时，还考虑了额外的安全措施，即：除了以 1 根 /$12m^2$ 的密度设置初始的桩体外，另外还再以 1 根 /$14m^2$ 的密度设置第二系列的桩体。这一额外的措施很有必要，因为日后很难再设置更多的桩体。

② 实施

采用冲洗钻孔法，即带有喷嘴和内部回流装置的钻头进行桩体的施工，见图 6-53。在对泥炭层下方的超静孔隙水压力土层的钻进过程中未发生严重的问题。但是，还是观测到了在水平支撑就位之前由钻孔施工和降水作业导致的位移。因此支撑的安装就被提上施工日程，与此同时，降水作业则只能尽可能地向后延期。

图 6-53　碎石桩施工现场

③ 监测

鉴于（2）中原型试验观测到的现象，即孔隙水压力对于孔隙减少的急剧反应和现场孔隙水压力分布的差异性，有必要对孔压水平进行空间密集的自动监测。图 6-54 是测压管的布置图，其布置的密度因所处的区域而异，但总体上不小于 1 个 /25 ～ 35m^2。同时监测频率要频繁。典型的正常与最大的孔压水平是在 1m 与 1.5m。

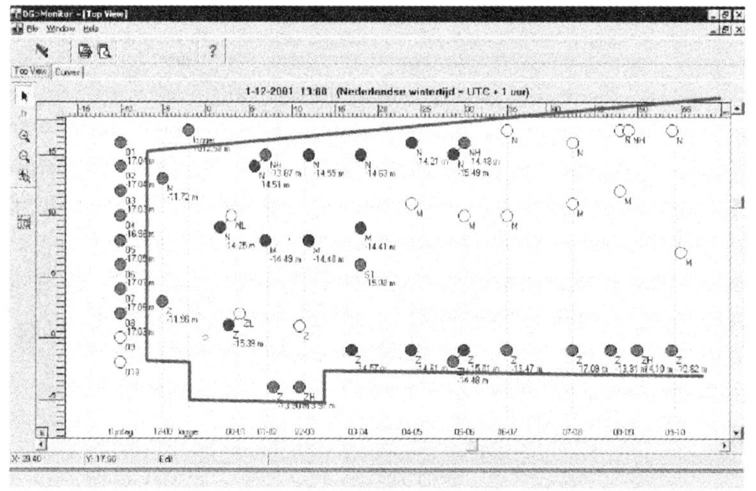

图 6-54　测压管布置图

孔隙水压力对于孔隙减少（地下水位以 4m/h 的速度升高）的反应相当急剧，在 70min 内孔压的水平可以上涨 2.7m，见图 6-55。

另外一个有趣的现象是孔隙水压对于碎石桩钻孔作业的反应非常敏感。最远在距离钻孔位置 30m 外都可以感觉到由于穿越泥炭层而产生的孔压变化。

在监测过程中经常能观测到孔隙水压的振荡现象，见图 6-56。产生该现象的过程是：随着孔隙的减少，泵流量亦减少，从而导致地下水位的上涨；而当孔隙重新增加时，地下水位又会下降。

根据这种形式的监测，可以得到如下的理解：该工程中，人工监测（频率较小）所得到的信息是滞后的，不及时的，不能反映出现在这种降水系统的性能，孔隙的监测就可能有很大程度的延后，可能给工程带来很大的危险。

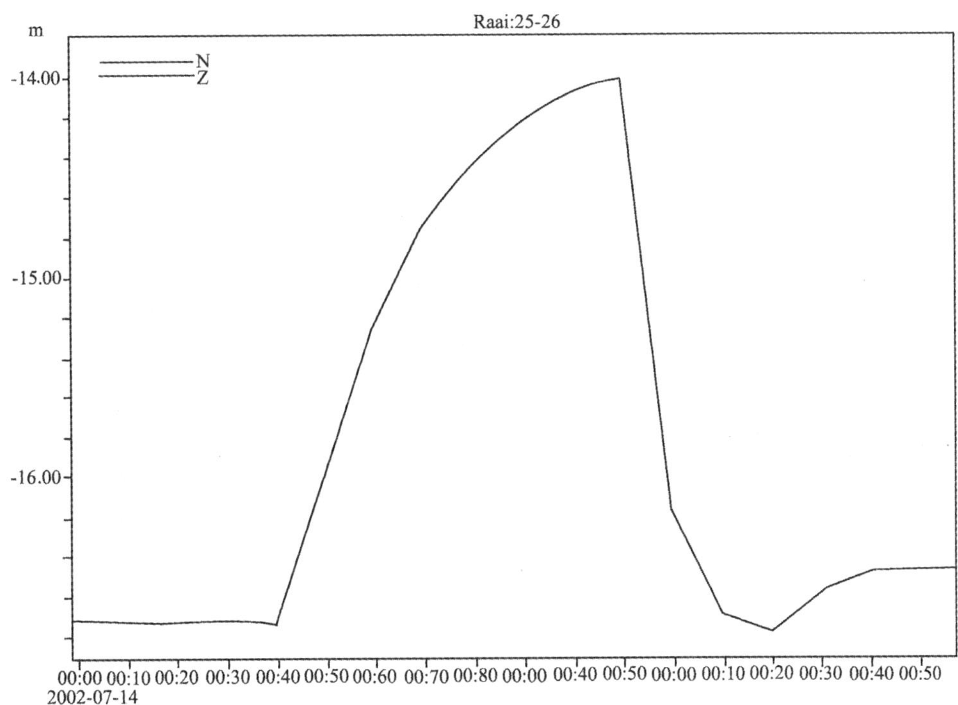

图 6-55 孔隙水压随时间的变化

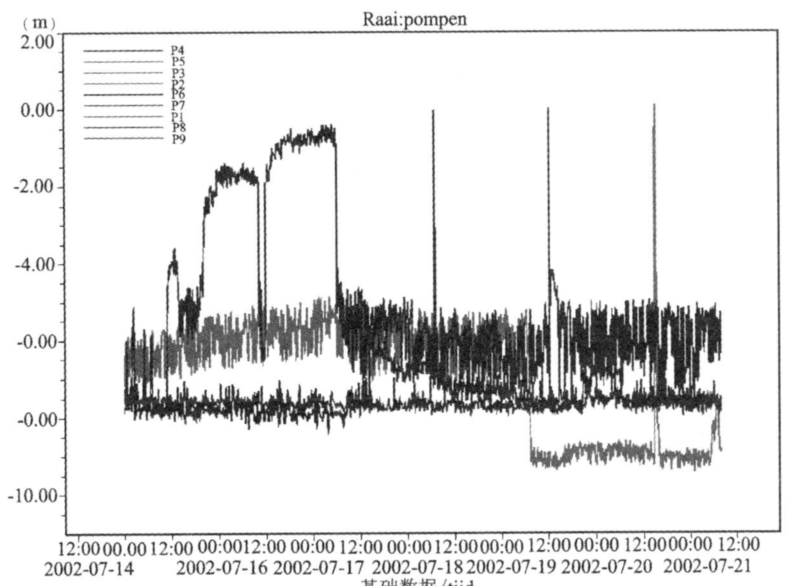

图 6-56 孔隙水压的振荡现象

随着时间的推移，降水系统和井管的性能逐渐退化到原型滤管试验所得结果的水平。图 6-52 中的正方形给出了降水作业进行了 4 ～ 10 周后所估计的降水系统的性能。但总的来说，降水系统还是具备足够的降水能力：看上去硅胶层的平均止水能力比预想的要好，局部的软弱位置处造成的水流量最多。由于降水系统和井管的性能的退化，在其中的一个区域不得不换上新的降水系统以保持充足的降水能力。为了保险起见，在开挖至设计深度后，便立即进行锚固系统的施工，然后再立即浇注底板，见图6-57和图6-58。

图6-57　锚固系统施工

图6-58　底板浇注现场

6.7　教训与提高

（1）用旋喷桩作为止水帷幕是有风险的。

首先，要保证旋喷桩的材料和施工质量。有计算表明，在旋喷桩中出现孔洞的概率很大。在现有的技术水平下，要做出完全止水的旋喷桩层非常困难。因为随着深度的增大，成桩精度会大大降低，故低于地表25m处的旋喷桩就很难将其孔隙出现的概率控制到较小的水平。

再者，如果在旋喷桩咬合而成的拱体中出现了渗水通道，而该通道会被土体充填，那么要保证拱体上方有足够的覆土来提供反力，否则，就没有足够反力来抵消通道上部土体中的动水压力，土颗粒就会被带走，侵蚀就会自上而下发展。因此拱体上方的覆土是必不可少的。覆土层中的动水压力会随着流型的增加而迅速减小，土颗粒亦因此得以稳定。要注意的是，非均质土会对通道中土柱的稳定性产生负面作用，尤其是当拱体上部存在较薄的黏土层时，则需要更厚的上覆土层以维持稳定。如果此时排水系统安装在该黏土层之上的话，只要拱体中存在通道，拱体与黏土层之间就会产生超静孔隙水压力。如果黏土层的水流阻力大大超出了拱体的水流阻力的话，超静孔隙水压力就会增大，通道上部土体的有效应力值会很小进而导致整个砂柱失稳。由此得出的结论是，为了保持拱体渗水通道中土柱的稳定性，排水系统的安装要尽可能深，至少要在最低的粉土、黏土层之下。如果上覆土层厚度仍无法满足要求，则可以施加压缩空气以防止涌水冒砂的现象。此时，则需要对结构进行加固或重新设计以使其能承受压缩空气高压的作用。

最后，应采用适当的方法尽早地对拱体中是否已经产生渗水通道进行检测。因为从渗水通道形成到检测到其存在再到采取应急措施，如冲入压缩空气，这一时间段的长短充分决定着通过通道总的水砂量。因此，尽早检测到通道的形成至关重要，这直接关系到能否在处理后果的时候游刃有余。

（2）单单依靠某种物质的化学性质来达到防水的目的是有风险的，必须将使用过程中物质化学性质可能产生的变化考虑进去。因此，在施工前一定要根据施工所在地的地质条件进行相关的模型试验，以此初步判断该措施的有效程度，并根据和期望之间的差距对设计进行相应优化和调整。

本案例中，由硅胶层电解出的氢氧化钠会导致地下水 pH 值的增加，进而引发有机物的分解和沉淀（腐殖酸）。携带有这些沉淀物的地下水会引发堵塞，尤其是在地下水流量较高的区域，比如滤管和井管周围。由硅胶层电解出的氢氧化钠引发的堵塞机制着实让参与工程的人员吃惊不小。这就更加强调了在现场进行各种经验的记录并在设计人员和施工人员中间宣传的重要性。

原型实验与室内试验通过人为增加地下水的 pH 值会产生意想不到的负面作用（二次沉淀），因此化学措施是不可取的，这不仅仅是出于排水作业的考虑也是出于安全的考虑。

滤管周围土体的堵塞是累计流经的地下水量的函数，因此可用通过增加过滤面积的方式来抵消，只要降水系统在一定的时间内还是可用的。含有合适滤层（碎石或砂）的过滤桩能够提供足够的过滤面积来顺利进行坑内的降水作业：堵塞的机制并未被阻止，却可以用更大的可用过滤面积来抵消。

在这种状况下，用相对密集的水位计对降水系统的性能进行监测是不可或缺的。孔隙水压在 1 ～ 2h 内就可能涨到临界水平（人工记录是无法达到的），并且在距离相对较近的范围内（5 ～ 10m）亦各有差异。

（3）由海恩法则可以知道，每一起严重事故的背后，必然有 29 次轻微事故和 300 起未遂先兆以及 1000 起事故隐患。事故的发生是量的积累的结果，再好的技术，再完美的规章，在实际操作层面，也无法取代人自身的素质和责任心。况且我们的技术、规章、操作都是不够完美的。因此，工程中的监测是必不可少的，是极其重要的一项工作。通过系统，全面的监测可以避免很多工程事故的发生，这个案例中我们也可以看出，旋喷桩的质量不过关，验收过程也没提出，施工过程中也没监测出拱体中的孔洞等。

（4）在地下工程建设的过程中，各方意见都应该得到重视。实际上在采购阶段，后来的中标施工单位就对设计方的这一设计方案提出了质疑，而另外一个独立的顾问团也提出过反对意见。事故发生后，设计方与施工方相互指责。实际上，不管是谁的责任，迅速的应急机制总比坐在桌旁讨论谁该负责要重要。同时我们也看到，由独立的第三方对设计进行审查非常必要，如果当初中标施工单位和顾问团对设计方案的质疑能得到所有人的重视，或许本次电车隧道事故就能有效地避免。

参考文献

[1] A. F. ·van Tol, J. B. Sellmeijer. Souterrian the Hague: imperfections in jet-grout layers. Tunnelling. A Decade of progress Geodelft 1995 ~ 2005, 235 ~ 240.

[2] D. R. Mastbergen, W. G. M van Kesteren, A. F. van Tol. Souterrain the Hague: scouring in case of sand boil through a jet-grout layer. Tunnelling. A Decade of progress Geodelft 1995 ~ 2005, 241 ~ 246

[3] H. J. Luger, E.F.van der Hoek, A.F.van Tol. Souterrain the Hague: clogging of goundwater wells above a gel layer during construction of an underground tram station. Tunnelling. A Decade of progress

Geodelft 1995 ~ 2005, 228 ~ 234.

[4] J. Kruyt, J, de Jong, M. G. A van den Elzen, et al. Souterrain thr Hague: re-design construction method and recent experience with grout layers. (Re) Claiming the Underground Space, Swets & Zeitlinger, Lisse, 2003, 369 ~ 373.

[5] S. F. de Ronde, J. van Staalduinen, J. H. Wendrich. Souterrain Grote Marktstraat/ Kalvermarkt: A Technical Masterpiece in the Centre of The Hague. Tunnelling and underground space technology, Vol. 14, No. 2, 183 ~ 190.

[6] Martijn Leijten. Manageability of Complex Construction Engineering Projects: Dealing with Uncertainty. 2009, Second International Symposium on Engineering Systems, MIT, Cambridge, Massachusetts, June 15 ~ 17.

[7] Rotterdam Public Works, Engineering Consultants. Souterrain Project, ppt.

[8] GeoDelft. Use of OM at the Souterrain, the Hague, The Netherlands, ppt.

第 7 章　日本仓敷隧道事故案例

7.1 概　　述

日本是地处于太平洋的岛国，海岸线全长 33889 公里，十分复杂。冈山县位于日本本州岛的中国地方东南部，面对濑户内海，北面呈带状地，从东到西分布着中国山地，中国山地的南面延续着吉备高原和津山盆地，再往南是面临濑户内海的冈山平原。冈山县交通基础设施完善，自然风景优美，气候温暖，日照时间长，拥有“晴天王国”之美誉。

日本的交通以公路、铁路、航空和水路为主（图 7-1）。各种交通运输方式的技术水平和运输量均居世界前列，其中日本在 2010 年的铁路运量达 226.7 亿人次，为全球第一。日本的拥有 1020 个港口，数量雄居世界前列，为世界海运大国。东京是日本的公路、铁路、水路及航空总枢纽，同时还是世界重要航空港和著名港口。东京地铁是世界上流量最大的地铁系统。此外，日本还是世界上地下街最多的国家。

近几十年里，日本除了海上交运工程，也在积极地建设海底隧道，并取得了瞩目的成果。如 20 世纪 40 年代修建的世界上最早的关门海峡隧道，1988 年在津轻海峡建成的迄今世界上最长的海峡隧道——青函隧道（图 7-2），以及以快速施工、高自动化程度著称的东京湾水隧道。

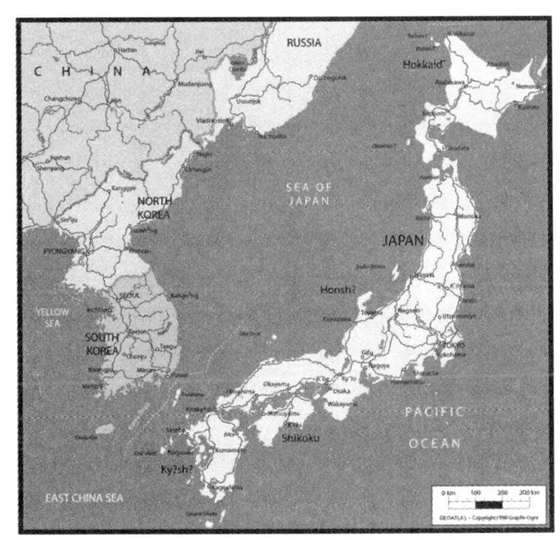

图 7-1　日本交通干线

图 7-2　青涵隧道

与其他国家的工程建设一样，日本的海底隧道也是经验与教训并存，既有瞩目的工程成就也有惨痛的事故教训。而日本冈山县仓敷市的 JX 日矿日石能源公司水岛炼油厂的海底隧道事故就是近来最严重的一次海底隧道工程事故。仓敷输油隧道修建过程中，隧道发生塌陷，造成 5 名人员死亡。本章主要介绍这次事故的总体情况、事故原因分析、事故处理以及事故带给我们的教训与启示。

7.2 工 程 概 况

仓敷市，隶属日本冈山县，面积约 300km^2，东西长 25km，南北长 27km，人口约 43 万。仓敷海底隧道工程的建设单位为日本冈山县仓敷市 JX 日矿日石能源公司，施工单位为日本鹿岛建设株式会社。2010 年 8 月动工，2014 年 3 月竣工，采用鹿岛建设株式会社旗下的鹿岛建设工程机械公司生产的土压平衡条幅式盾构机，从 B 工厂所在一侧开始向西挖掘施工，建成后安装第二条石油产品输送管线，用于港湾两侧提炼厂之间的石油产品运输，进一步解决两厂物资流动不畅的问题，增强生产灵活性[1]。隧道从 B 分厂一侧开始施工，始发井为一直径约 11m，深约 30m 的竖井，如图 7-3 所示[2]。

隧道全长约 790m，直径为 4.5m，位于水岛港的海底连接两岸的炼油分厂（图 7-4）。上覆海水深度约为 24.5m，而隧道上覆土层厚度仅有 4.9m 左右。采用土压平衡盾构施工，圆形盾构外径 4.95m，长约 6m，重量 123t，衬砌由五块厚 160mm，宽 1400mm 的管片拼装而成。盾构机由鹿岛建设株式会社自行设计和制造，主要用于比较软的黏性土、砂性土，没有切削砾石和硬岩岩层的能力。

在建设该工程的 10 年前，鹿岛建设株式会社在该工程的 30m 以外，用同样的土压平衡式盾构机和人员为这家炼油厂施工了一条相同的隧道。因此，该工程没有进行专门的工程地质与水文调查，仅仅使用了 10 年前的地勘资料。总体而言，仓敷隧道工程位于海底第四系全新统海积砂层中以及基岩破碎和节理裂隙发育带内，标准贯入锤击数 $N > 50$，具有较高的密实度。

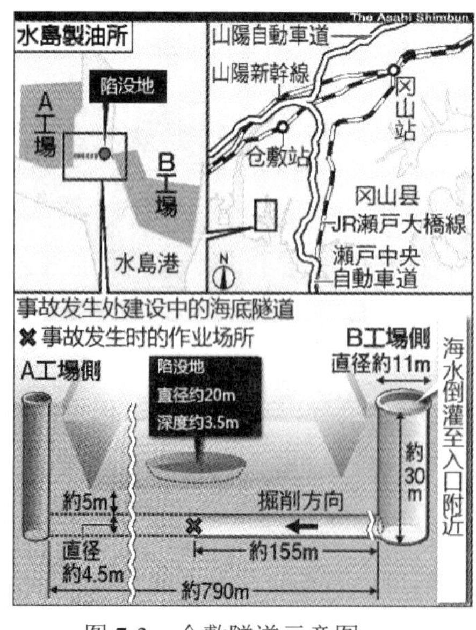

图 7-3 仓敷隧道示意图

图 7-4 隧道线路

7.3　事故发生与抢险

7.3.1　事故发生

7.3.1.1　隧道塌方和海水侵入

2012 年 2 月 7 日中午 12：30 左右，盾构机已经从 B 工厂向西推进了 140 ～ 160m，此时隧道内突发险情，出现不明原因的塌方以及海水入侵，20min 后整条隧道和起始井都被海水和隧道残骸填满[3]。事发时，有六名工人正在施工，其中一人因尚未进入隧道而成功通过始发井内的螺旋楼梯逃至地面，其余五人下落不明。据幸存者描述，在隧道进水前，他似乎听到“危险，快跑！”的叫喊声（图 7-5）。

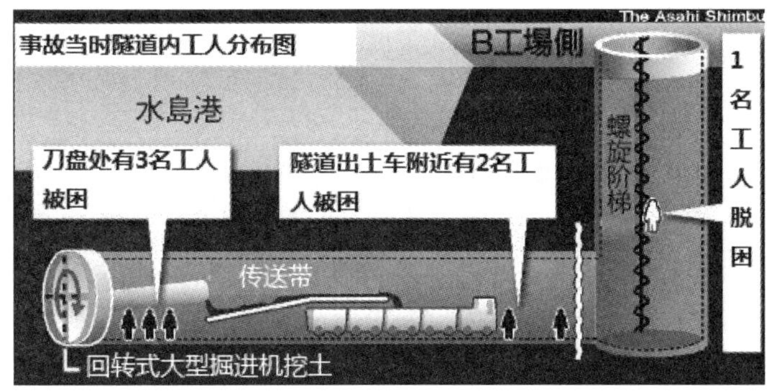

图 7-5　事故现场工人分布图

7.3.1.2　海底沉陷

2012 年 2 月 7 日晚上 9 点，日本海上治安厅利用超声波勘察船对事故发生的海域附近区域进行声呐探测，并于次日凌晨公布了勘查结果：事故附近海域水深 12m 区域发现了直径超过 20m，最深处 3.5m 的海底沉陷坑。而该位置正好位于 B 工厂以西 140 ～ 160m 附近范围，与事故隧道的施工面位置基本吻合。而根据鹿岛建设方表示，公司在 2010 年秋季对附近海域进行勘测时没有发现该沉陷坑。

由于不能确定沉陷坑是否会进一步发展，为了保证航运安全，水岛海上治安厅于 2 月 8 日下午 1 点起对沉陷坑附近东西 250m、南北 65m 范围内海域施行停航令。

2012 年 2 月 8 日上午 9：30 左右，又有四名潜水员抵达沉陷坑附近区域进行了大约一小时的调查和拍摄。当天下午 3:40 左右，水岛海上治安厅公布了上午的调查结果：沉陷坑最大深度为 5m，沉陷的土石约有 700m^3。晚上的记者招待会上，进一步公布调查结果：距离 B 工厂 155m 处是沉陷坑的中心位置（图 7-6），沉陷坑呈现椭球形，东西向长约 19m，南北向宽约 15m，深约 3.5m[4]。

鹿岛建设技术研究所、日本劳动安全卫生综合研究所等多方力量于之后的 2 月 19 日和 27 日、3 月 1 日和 17、18 日多次对事故海域进行声波探测，结果表示海底沉陷坑没有进一步发展的迹象，中心位置与盾构机事发时所在的位置非常吻合。

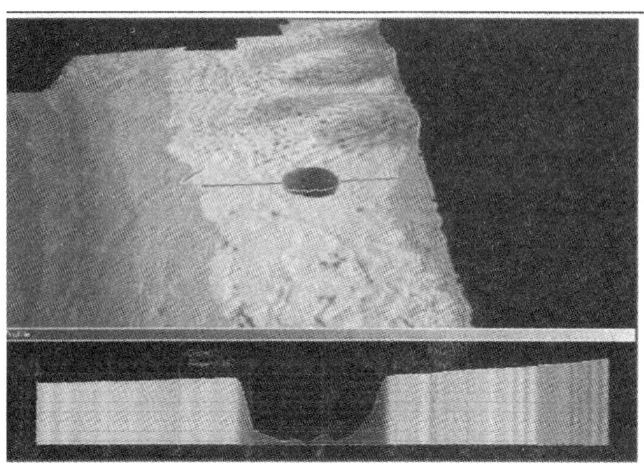

图7-6 事故后海床沉陷

7.3.2 事故救援

2012年2月7日中午12:40，事故发生10min后，仓敷消防局的10多辆救援车和消防人员抵达现场，但由于现场状况尚不明确，救援工作无法展开。下午14:30，冈山县警机动部队潜水队抵达事故现场，并潜入事故起始井和隧道进行搜救，但是由于隧道残骸充满了起始井和隧道内部，水体混浊，能见度太差，且无法确定事故现场已经稳定，搜集工作于一小时后无奈叫停（图7-7）。

图7-7 事故救援现场

2月8日上午，战警和义警水灾救援队派遣的11名潜水员加入救援队伍，共60人左右的搜救队于8号晚上22:30重新开始搜寻被困人员，并开始清理起始井和隧道内的废墟，工作开展50min后，水下能见度再次变差，救援工作中断。之后消防局启用了水下摄像机对水下事故区域进行拍摄，由于受控制信号范围的约束，摄像机只能抵达25m深的区域，从远程影像中可知，水下25m处非常浑浊，水中充满了泥和油污，能见度约20cm，残骸充斥了整个空间，什么都看不清。8 号深夜，污水处理设备运抵现场，次日凌晨 3:30 开始运转，同时使用两种净化剂辅助澄清始发井和隧道内的海水，开始 2.5 小时后能见度增加到 1m，但仍不能下水。9 日上午 8 点，鹿岛建设方面开始估计被困人员的生还可能性。2 月 10 日早晨，水下能见度增加到 3m。

2 月 10 日，随着水下视野逐渐清晰，作业条件改善，潜水员再次下水进行被困人员搜寻和残骸清理固定的工作，下午 14 点，潜水员在水下 4.2m 螺旋楼梯位置发现一名遇难者，经验证为出渣车操作员，死于溺水。

11 日上午 10:55，水下 23m 处刚才废墟中发现第二名遇难者，为弘荣建设公司工作人员。由于每次移动残骸就会使得海水变得更浑浊，救援工作中断，下午 5 点再次展开。之后由于废墟残骸较多，设备严重变形，工作进度缓慢。2 月 14 日，已经可以通过细小的缝隙看到隧道内部，救援队增加了进水设备的能力。2 月 17 日，隧道口的四分之三都暴露了出来，可以明显感受到隧道内的海水跟随外界港湾内的潮汐而变化。2 月 19 日晚间 23:45，发现第三名遇难者，遇难者的身体自手腕以下全部被掩埋，至 20 日下午才被救出，经验证为盾构机交换员，死于头部遭受猛烈撞击。

28 日下午 1 点，第四名遇难者被找到，经验证为施工现场负责人，死于全身遭受猛烈撞击。3 月 3 日发现最后一名遇难者，为盾构机管片组装操作员，死于过度惊吓和骨折。

所有遇难者均被打捞后，救援方开始考虑隧道的修复工作，以便恢复水岛港正常的航运，但由于隧道前段已经塌方，且存在二次塌方的可能性，加上隧道内外水系连通，难以排干，救援方决定先展开全面调查，了解隧道的破损情况，为了提供较好的环境对隧道内进行部分抽水。

遇难人员情况 **表 7-1**

发现顺序	发现时间	发现位置	人员职位	尸检结论
第一位	2 月 10 日 14:00	螺旋楼梯水下 4.2m	出渣车操作员	溺水
第二位	2 月 11 日 10:55	起始井水下 23m	建设单位职员	—
第三位	2 月 19 日 23:45	隧道口	盾构机交班操作员	头部受重创
第四位	2 月 28 日 13:00	隧道内	施工现场负责人	全身受重创
第五位	3 月 3 日	隧道内	盾构机管片安装操作员	过度惊吓、全身多处骨折

7.4 事故发生机理分析

7.4.1 管片强度不足

在管片的设计中，日本是目前世界上盾构隧道技术最发达的国家之一，据日本对近 20 年来修建的 100 多条地铁区间盾构隧道的设计资料进行的统计分析表明：统计的 101 种钢筋混凝土平板型管片中，衬砌的厚度大多为 250 ～ 350mm；钢筋混凝土平板型管片厚度与隧道外径的关系，外径小于 6m 的衬砌厚度多为 250mm。实际中，仓敷隧道的管片采用通缝拼装，直径为4.95m，长1.4m，厚16cm，在处于海平面30m以下的深度中，远小于相同规模隧道管片的厚度。

仓敷隧道管片长度与厚度的比率为8.75，但日本土木学会和日本下水道协会的《盾构隧道工程标准程序段》研究显示，该比率应小于7.0。此外，管片厚度与直径的比率为3.2%，而根据上述两组织的研究，该比率应大于4.0%。鹿岛建设于2001年成功修建的第一输油管道，使用了同一型号的盾构机和同一批技术人员，隧道直径为5m，但隧道管片长1.2m，厚22.5cm，长度与厚度的比率为5.3，厚度与直径的比率为4.5%（表7-2）。综上所述，仓敷管片的厚度过薄，承载力不够是导致事故的可能原因（图7-8）。

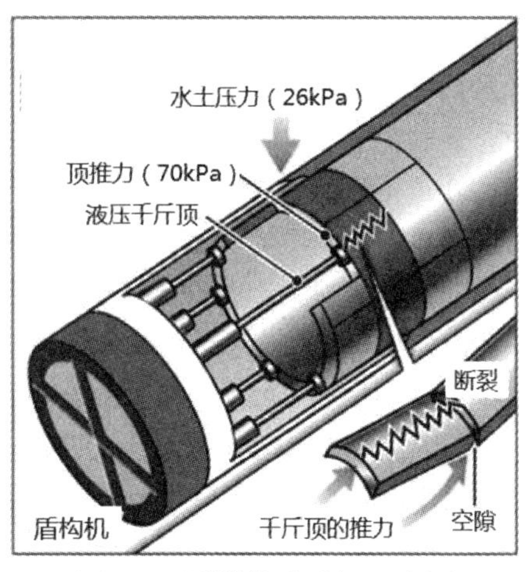

图7-8　隧道管片破坏示意图

两条输油隧道管片指标对比　　表7-2

	第一输油隧道（已建成）	第二输油隧道（事故隧道）
直径（mm）	4800	4800
纵向长度（mm）	1200	1400
厚度（mm）	225	160
纵向长度 / 厚度	5.3	8.75
推荐值	＜7	
厚度 / 直径	4.7%	3.3%
推荐值	＞4.0%	

7.4.2　隧道埋置深度过小

跨海线路走向方案大致确定后，在隧道纵剖面设计时对隧道上方岩体最小覆盖层厚度，也即隧道最小埋深的拟选，且密切关系到隧道建设的经济和安全问题。结合覆盖层厚度过薄时，隧道施工作业面局部 / 整体性失稳与涌 / 突水患的险情加大；而因浅部地质条件较差，在辅助工法（如注浆封堵，各种预支护及预加固等）上的投入将急剧增加；覆盖层过厚时，海底隧道长度加大，此时，作用于衬砌结构上的水头压力增大。

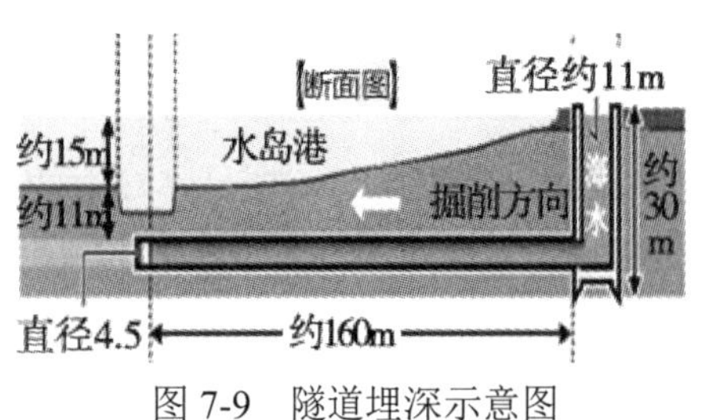

图7-9　隧道埋深示意图

根据《日本隧道标准规范（盾构篇）》，海底隧道的埋深应至少为$2D$，而事故发生的地点土层的厚度仅为5～6m，相当于一倍的直径（图7-9）。

由于埋深太浅，在盾构工作的时候，很容易就造成对土体的扰动，加剧了上层覆土的土层极不稳定性，是事故发生的可能原因之一。

7.4.3 软弱地层处盾构“磕头”现象

鹿岛建设在事故后承认，由于2001年在事故隧道以北30～50m的位置修建了类似的隧道，所以在本次施工之前没有对隧道计划穿过的区域进行地质调查，而是粗略地认为情况与2001年时相同。鹿岛建设解释，事故隧道开工前这对陆地地质和海底地形的调查结果显示，情况与2001年建设的隧道类似，所以推断海底地质情况也类似于北侧的第一输油管道[4]。

虽然日本劳动省表示，由于事故导致海底严重沉陷，地质条件发生较大改变，现在已经无法验证事故前海底的地质情况，但在2001年第一输油管线的建设过程中，当盾构机推进了140m左右时，发生了水土混合物从出土口喷出的现象，盾构机为此停车7天用来解决涌水问题。当时事故发生位置距离此次事故隧道挖掘面仅50m，可以推测出事故发生区域存在软弱层或者盾构抵达前下方土体就受到扰动，诱发了盾构机的“磕头”（图7-10）。

在拼装管片时，一般是先安装下面的管片，如果在上面的管片安装前，盾构前部发生“磕头”，在盾尾和衬砌的连接部由于没有管片，导致海水和泥沙的涌入（图7-11）。短时间内大量涌水只会发生在覆土层受到严重扰动的情况下，而一般而言，施工时会对附近土层注浆以提高强度和整体性，同时注浆的压力应被严格的控制、监测和记录。如果上层覆土受到严重扰动，注浆是极易扩散到周围海水中的，而且注浆的总量也将会超出3～5倍，因此只要检查注浆时候的备案和记录，便可验证盾构机头下沉是否是此次事故的主要因素。

一般来讲，在刀盘土仓压力以及推进千斤顶的作用下，可以产生向上合力，从而可控制盾构姿态保持平衡，不向下“掉”。但当土仓压力下降时，则容易失去平衡，导致盾构机头姿态失控造成“磕头”。因此，也有电力系统故障导致土仓压力控制出现问题的可能性[5]。

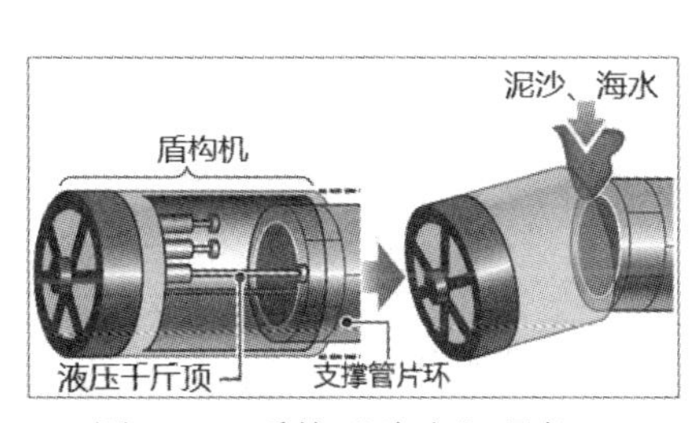

图7-10 盾构“磕头”现象

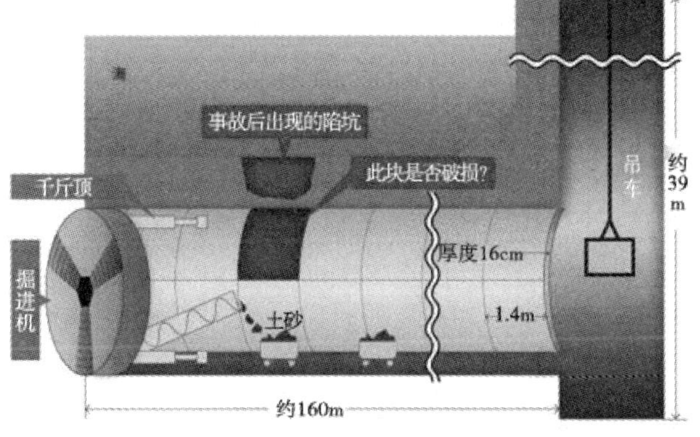

图7-11 事故地点与沉陷坑相对位置

7.4.4 电力故障

7.4.4.1 电力中断现场

2月7日中午11:30左右，事故发生前1h，现场负责人确认盾构机工作正常。中午

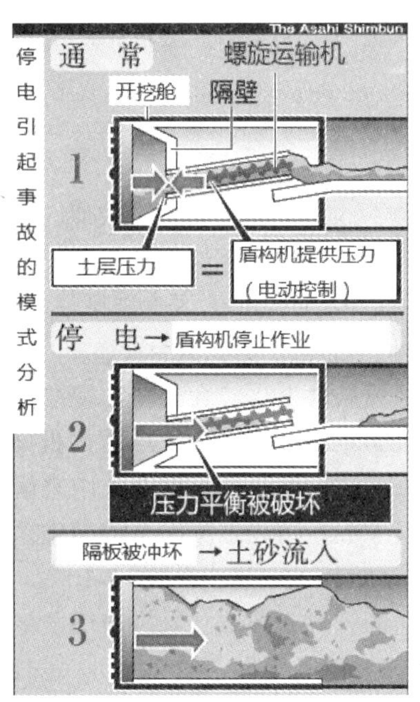

图7-12　电力故障事故分析模式

12:17左右，事故发生前13min，现场负责人通过手机与地面取得联系，表示电力系统故障而使支撑管片的油压千斤顶停机，要求机械负责人尽快抵达现场。另外，日本119报警台也记录到12:17左右施工现场拨打了长达13分钟的119报警电话。机械负责人到达现场时事故已经发生。

3月6日，鹿岛建设公布了盾构机施工数据的分析结果，分析显示，虽然盾构机内操作系统、挖掘系统和照明系统的电力供应各自独立，但在事故发生前出现了5次数据传输中断现象，到12:23时彻底失去信号。而自12:06开始，数据就表明盾构机前端所需压力快速下降。事故当天中午11:45以后数据记录显示，盾构机停止掘进，管片拼装中断。

据幸存者回忆，2月4日中午12:07左右，施工现场也发生了电力中断。也有消息表示，盾构机在事故发生前50分钟就停止掘进，且螺旋出土口的舱门因为断电而无法关闭，但鹿岛建设对此的回应是“无法确定当时是否有电力故障的报告。”

因此，事故发生时隧道内可能处于电力中断状态，盾构机挖掘部分和管片安装部分均停止工作，可能盾构机尾部管片未能及时拼装，导致部分隧道顶部的土体裸露在外，处于支撑不足的不稳定状态，加上空气泵可能由于断电停止运转，隧道内的气压不足，导致隧道上方的土体陷入隧道中，并在海水的作用下引发了大规模的破坏。

7.4.4.2　电力中断应急预案

停电时，关键是要维持开挖面的压力平衡，即保压。螺旋输送机闸门配有紧急关闭系统，在突然停电的情况下，可以立即关闭螺旋输送机的前后闸门，以防水土从螺旋输送机流失，损失土仓压力。而且工地一般都配有应急发电机，可接到螺旋输送机上反转螺旋输送机，将螺旋输送机里土反输送至土仓，保证土压，防止欠压与超压。因此，严格遵守应急预案操作，即使停电也不会造成灾难性后果的。图7-13为无锡地铁一号线停电时的应急预案。

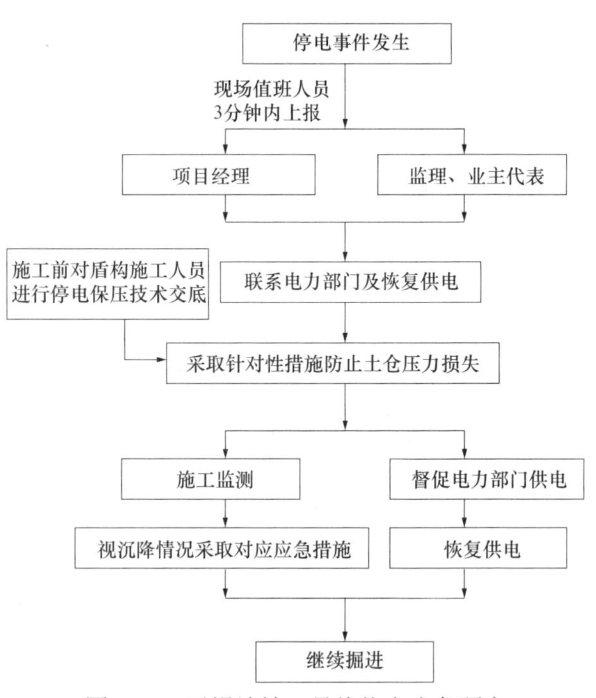

图7-13　无锡地铁一号线停电应急预案

7.4.5 注浆加固不足

盾构掘进对土体扰动的影响，可以通过对注浆的检测来实现。注浆是用来加固周围土体的，起到了防渗、堵水、固结、防止滑坡、降低地表下沉、提高地基承载力、回填加固的作用。在注浆过程中，需要对注浆的体积和压力进行控制、检测、记录。如果上部土被扰动了，那么注浆液体很容易消散在周围的区域，被海水稀释掉，注浆压力也达不到预定的值，最后的注浆量会是普通注浆量的 3 ～ 5 倍。通过对注浆量的监测，可以判断出周围土体的情况，进而评估隧道涌水的风险性，做好相应的保护措施，故承包商须严格检查所有的衬砌管片上回填土的注浆记录，在灌浆过程中，对进入的量与最终的量加以控制和监测，而这次事故的施工中没有通过这种方法很好地掌握土的扰动程度。

本次事故正是发生在管片拼装的过程中。因此，也有可能是因为没有及时注浆或者注浆没能使松动土体得到充分加固，从而导致了事故的发生（图 7-14）。

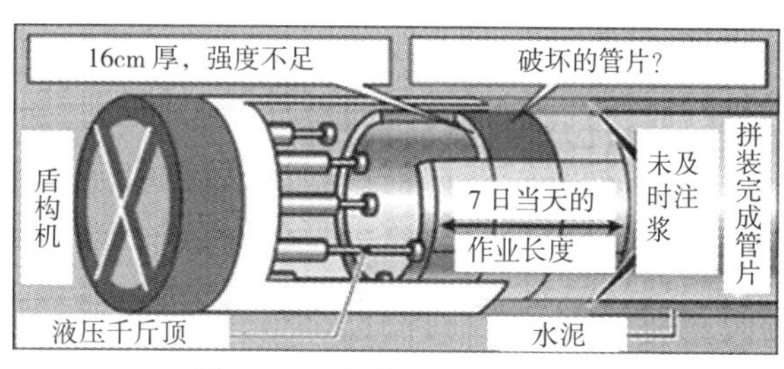

图 7-14 注浆不足破坏原理

7.4.6 盾构机选型

如图 7-15 所示，仓敷隧道采用条幅式土压平衡式盾构。在日本人的概念，条幅式盾构通常适用于“完全开放辐式”的地质情况，就是只有黏土，淤泥和沙子，而没有砾石跟巨石的情况。在切削的同时，土体更加容易进入土仓，提高效率，节省能源。但是这也有一定的风险，如果土仓压力和地层压力失去平衡，那么土和水就很容易进入盾构内，导致整个盾构的崩溃。同时，对于这种“私人隧道”，施工单位往往从小型或不太有经验的供应商购买机器，以降低采购成本，实际上在地铁隧道这些项目，业主都会要求盾构供应商具有一定的知识和制造经验。因此，盾构机选型失当或许成为这次事故的一个“助燃剂”。

图 7-15 D4950 土压平衡式盾构机

7.4.7 造价与工期

按照计划，事故隧道于 2010 年 8 月动工，2014 年 3 月正式完工，工期约 43 个月，而到事故发生时的 2012 年 2 月，工期已经过去了 18 个月，占总工期的 41.9%，但隧道只掘进了 140 ～ 160m，占总长的 17.5% ～ 20.0%，可见施工进度严重落后。据日本当地解释，进度严重落后的原因是 2011 年 3 月日本发生了毁灭性的地震和海啸，灾难引发的福岛核电站事故最终导致全国性的电力短缺，截至事故发生时日本仍有部分核电站处于停机状态，所以日本的很多工程都暂停施工，而水岛海底石油隧道项目在事故发生前刚刚复工不久。从鹿岛建设用长度 1.4m 的隧道管片替代 1.2m 的隧道管片也可以看出其对缩短工期的追求。

针对此次事故，日本早稻田大学社会环境工学科教授首相淳表示:“施工单位过分缩短工期、过度削减开支严重威胁了施工安全。”据了解，事故隧道鹿岛建设以 17.5 亿日元中标，而相比 2001 年的第一输油管线的中标价为 26.8 亿日元减少了 35%。此次隧道施工时用的盾构机也并非川崎重工等企业生产，而是由鹿岛建设旗下的设备公司自行设计制造的，鹿岛建设可能希望通过这种方式来压缩成本，以应对日本土建市场近期的竞争过热和对手之间的相互打压。

仓敷隧道建设期间外部环境不佳，自然灾害和能源短缺均对其产生了不利影响，盲目的市场压价竞争也导致设计和施工单位铤而走险地采用了过于经济的设计，最终导致施工现场故障频发、秩序混乱。混乱的状态也使得管理人员产生麻痹心理，对盾构机前端压力急剧下降和头部下沉等现象没有做出及时的反应，纵容了事态的发展。

7.4.8 现场监管失职

7.4.8.1 人员缺岗

事故发生前，隧道内施工人员已经告知地面电力中断和机械故障的信息，但是机械负责人当时并不在现场，而是之后“骑自行车”赶到此时隧道已经发生坍塌和透水，通过上一部分的分析可知，此次事故与电力中断和机械故障（出土口舱门无法关闭）导致的周围土体长时间处于缺少管片支撑的不稳定状态有着密不可分的联系。

事故发生时，鹿岛建设在隧道内设置了闭路电视监控系统（CCTV），一旦隧道内出现异常情况，地面的监控员即可启动录像功能对异常情况进行实时记录，但事发时监控室内无人监守，未能截取当时隧道内的情况，直接导致事故原因至今不明。

7.4.8.2 救援逃生设备不齐全

日本法律规定，作为唯一的逃生装置，起始井内应设置密封性很强的、可供避难（配备救生衣和氧气瓶）的竖向电梯，而非事故发生时现场使用的螺旋楼梯。此外，日本法律对正在施工的隧道内的紧急报警装置、通讯装置、逃生通道的形式等均作出明确要求，且应配备《紧急应对避难手册》，而鹿岛建设在事后表示，“盾构法是非常安全的施工方法，没有预想到会发生透水事故。”和“确实没有配置警报装置。”公司也没有制定隧道内透水等情况下的避难对策。

由于设备不全，事故发生前 13min，隧道内断电后施工人员是通过移动电话与地面取得的联系，但隧道内信号质量非常差，使得通话记录不清楚，无法了解到通话的全部真实内容和当时隧道内的情况。

7.5 修 复 方 案

事故发生后的第 18 个月，也就是 2013 年 8 月，专家救援打捞队通过测量仪器确定了盾构机的位置，将埋在 26m 海底深的盾构用驳船吊出盾构。整个工作由于附近一个在运行的输油管隧道而变得非常复杂（图 7-16 ～图 7-18）。

图 7-16 打捞现场

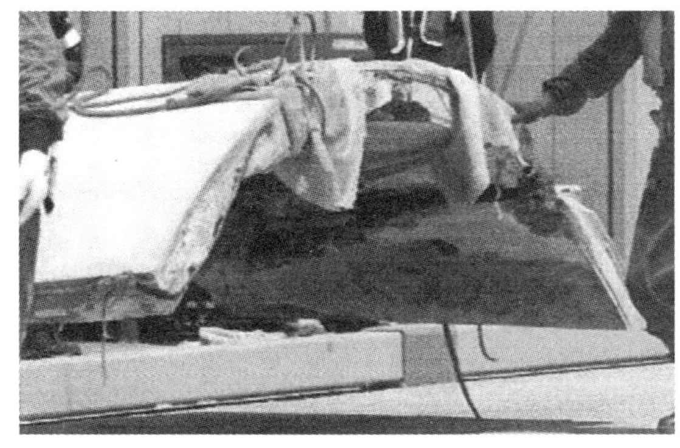

图 7-17 破裂管片打捞

图 7-18 盾构出水

具体打捞方案如下：

（1）TBM 被困在离 B 工厂 150m 的海底，事故发生的时候盾构机上层的土层产生塌陷，形成了一个直径为 20m，深度为 3.5m 的沙坑，造成 5 人的伤亡。

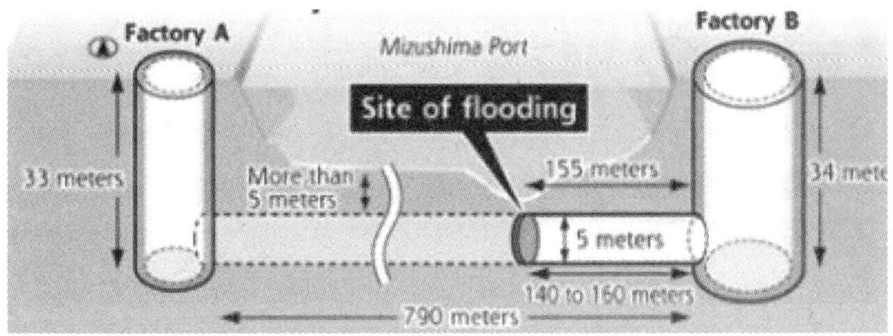

（2）事故发生后第 18 个月，开挖海床至 10.5m 深处，为了分析具体的事故原因，保证衬砌结构不被挖掘机破坏，在疏浚沙坑的土层时，保证挖掘的深度与盾构机和隧道衬砌相距 2m。

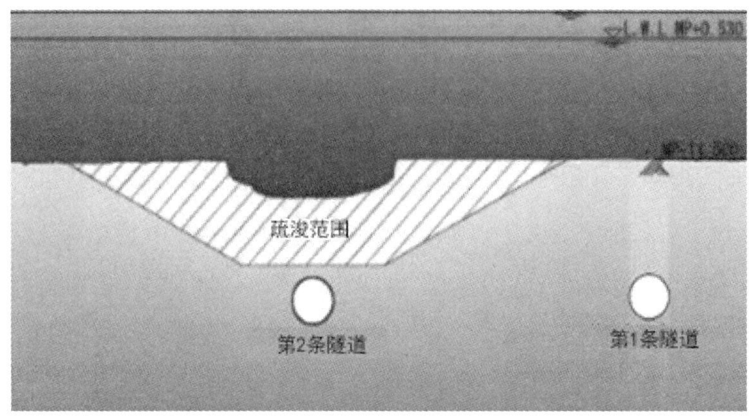

（3）在盾构机两侧打钢管桩，钢管桩直径 700mm，长度 $L = 13.5$m，两侧一共 62 根钢管桩。

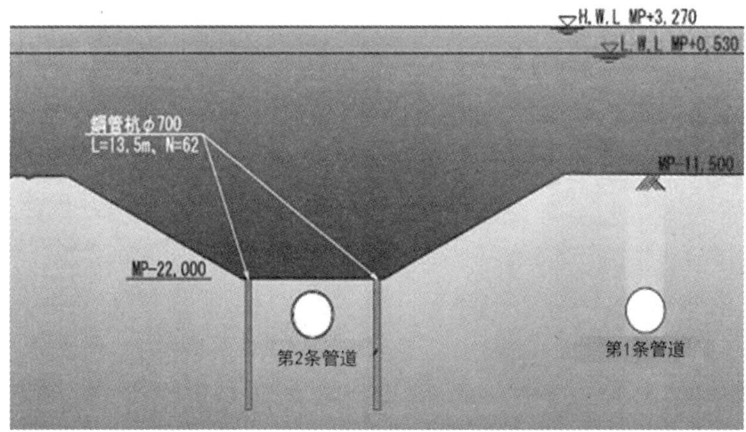

（4）潜水员利用压缩空气和空运管系统小心地将盾构机顶部和周围残余的覆土挖出。

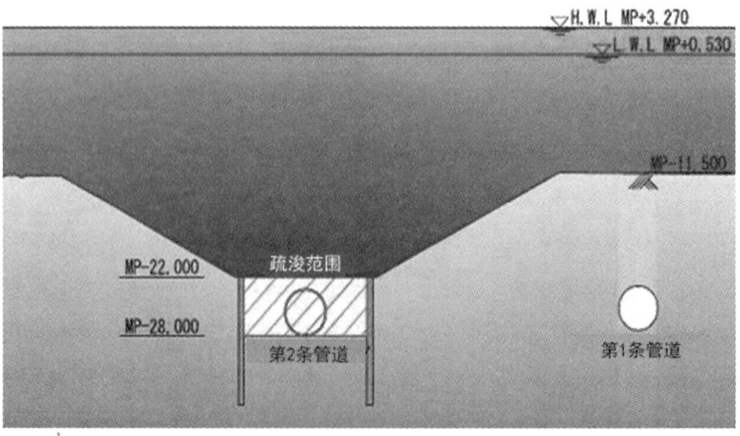

（5）经过上面四步，盾构机和相连的衬砌处在一个周围充满水的环境中，此时用起重机将管片和 TBM 盾构机挖掘出来。

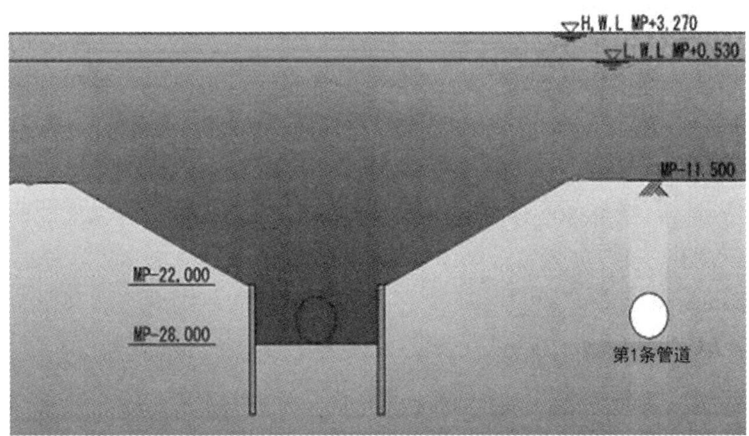

（6）最后回填土，救援打捞作业结束。

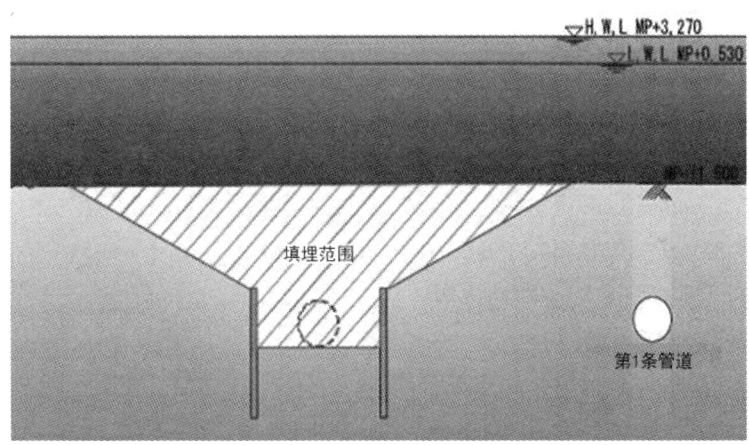

7.6 教训与提高

（1）充分考虑到现场勘探的局限性，不能根据以往的经验或是工程就过于乐观地认为风险几乎为零。设计时，可以借鉴以往成功经验，但决不能忽略工程环境的变化因素。

（2）地下工程是具有时空效应的，随着时间地点的改变，各种设计施工参数都有可能发生改变。工程施工过程中，设计方应结合工程实际进展情况对原设计依据的资料补充调查，详细核实地质资料，应尽快整理和分析实时监测数据，并结合设计经验进行反演分析。

（3）对深海隧道特殊性的无视，会导致隧道设计中的安全性不足，综合考虑相同深度、工况的深海隧道，避免从设计阶段就留下隐患。衬砌破坏实质上是设计时对管片在深海特殊条件下最不利状态的欠考虑。因此，在设计隧道时，需要考虑最不利工况，结合海底隧道的特殊性，适当放大安全系数，以保证安全。

（4）加强施工的管理。不仅仅包含施工数据的检测、现场设施正常运行的保证，还有事故发生后的应急预案与安全保证措施的管理，尽可能保证事故发生时工作人员能够有途径尽快逃生。

（5）在施工过程中，当预警达到一个限制，就要采取必要的措施，封路、封锁现场、停止作业，并且提醒过往行人及车辆绕行，防止此类随时可能发生的事故酿成巨大的人害。

（6）加强安全风险评估与管理。全面地辨识海底隧道建设中各种风险因素，采取合适的措施，进行有效的风险管理和控制，对于减少风险带来的损失具有重要意义[6]。

（7）监管单位在招标阶段应明确中标价的底线，避免出现恶性竞标、超低价中标等威胁工程安全的情况；在设计施工阶段应定期检查，一旦出现异常情况立即叫停，降低事故的可能性。

（8）在暴雨、洪涝等对土体性质影响较大的天气灾害发生之后要及时对施工环境的安全性做出及时的评估和反馈，以及采取必要的排水、固结措施，保证施工场所的安全性。

参考文献

[1] 白云，肖晓春，胡向东．国内外重大地下工程事故与修复技术 [M]. 北京：中国建筑工业出版社，2012

[2] Shani Wallis, March, 2012
URL: http://www.tunneltalk.com/Japan-tunnel-disaster-Mar12-Bodies-found-and-causes-investigated.php , last accessed on Oct. 12th, 2013

[3] wikipedia, , last accessed on Oct. 13th, 2013
URL: http: //ja.wikipedia.org/wiki/%E5%80%89%E6%95%B7%E6%B5%B7%E5%BA%95%E3%83%88%E3%83%B3%E3%83%8D%E3%83%AB%E4%BA%8B%E6%95%85#.E3.81.8F.E3.81.BC.E3.81.BF.E3.81.AE.E8.AA.BF.E6.9F.BB

[4] Peter Kenyon, Feburary 2012
URL: http: //www.tunneltalk.com/Japan-Mizushima-refinery-Feb12-JX-Nippon-subsea-tunnel-collapse.php, last accessed on Oct. 12th, 2013

[5] Feburary 2012, last accessed on Oct. 12th, 2013
URL: http: //japan.people.com.cn/35467/7724849.html

[6] 孙华，钟志全．泥水盾构在淤泥层中掘进的问题及对策．石家庄铁源工程咨询有限公司

[7] 王燕，黄宏伟，李术才．海底隧道施工风险辨识及其控制．同济大学地下建筑与工程系

第 8 章　德国 Rastatt 隧道工程事故案例

8.1　概　　述

鹿特丹至热那亚的货运走廊（图 8-1）连接了大西洋与地中海，是欧洲最重要的货运通道之一，在全欧运输网络（Trans-European Networks，简称 TEN）中扮演重要角色。卡尔斯鲁厄到巴塞尔的线路全长 182km，由于其关键的地理位置，是整条货运走廊的核心。该铁路线始建于 19 世纪中叶，共两条轨道，每天可以提供 250 列客运以及货运列车通过[1]。然而，陈旧的设施与有限的运力，成为限制鹿特丹—热那亚货运走廊进一步提高运输能力的瓶颈。从 2000 年起，德国铁路公司（Deutsche Bahn）开始了卡尔斯鲁厄—巴塞尔铁路新建扩建工程。该工程将新增两条轨交线路，将客运货运列车分离，避免互相干扰，提高运输效率，以适应未来不断增长的交通负荷。

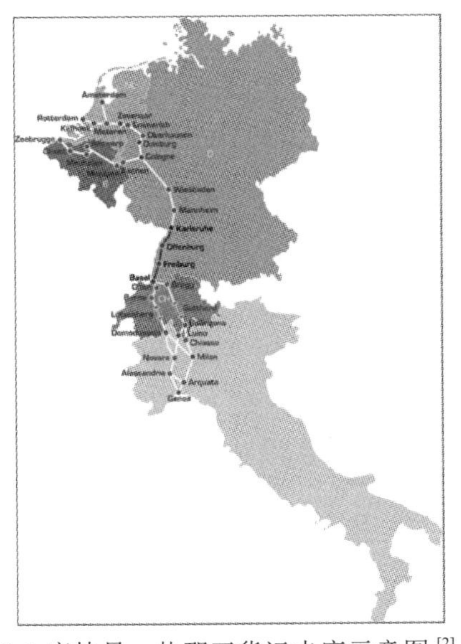

图 8-1 鹿特丹—热那亚货运走廊示意图[2]

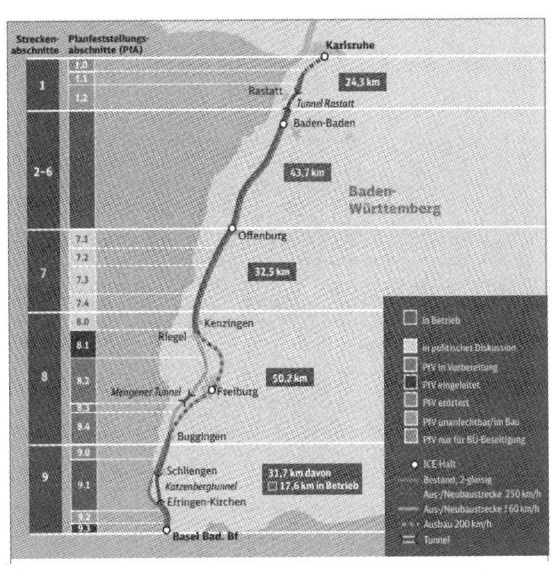

图 8-2 卡尔斯鲁厄—巴塞尔铁路新建扩建工程示意图[3]

由图 8-2 可见，整个新建改建工程共有三条隧道，其中 Rastatt 隧道位于卡尔斯鲁厄与巴登巴登间的 Rastatt 市，全长 4270m，是整个项目中的重要部分。该工程使用两台海瑞克加气泥水平衡盾构。2016 年 5 月，东线隧道开始掘进。同年 9 月，西线隧道始发。由于覆土较浅，且要下穿已有铁路线，为保障施工安全，在工程中采用了多种地基加固方法，包括钢板桩、地下连续墙、喷射混凝土以及冻结法支护。

2017 年 8 月 12 日，在使用冻结法下穿莱茵河谷铁路时，施工现场监测仪探测到地面铁路出现沉降，轨道出现扭曲，该线路的铁路随即全面暂停。事故直接原因是盾构后方衬砌出现位移，导致水土渗漏。施工方不得不大量回填混凝土，并建造混凝土底板用来稳固铁轨地基。被影响的莱茵河谷铁路直到 10 月 2 日才重新开放。估计共造成直接间接经济损失约 20 亿欧元。截至 2018 年 9 月，德铁官方还在进行调查工作，事故的具体原因预计将于 2019 年春季公布。

8.2 工 程 概 况

Rastatt 隧道始于 Ötigheim 以东，从地下穿过 Rastatt 市区，在市区以南 Niederbühl 地区结束（图 8-3）。隧道通行时速最高可达 250km/h。除了提高通行效率，客运与货运列车转从长达四公里的隧道通过，也将大大缓解当地的噪声污染。隧道的建造有着诸多挑战，当地水文地质条件复杂，除了下穿已有的莱茵河铁路外，还有穿过 Murg 和 Federbach 两条河流，并且不能影响当地脆弱的生态系统。

图 8-3　Rastatt　隧道位置示意图

Rastatt 隧道位于整个工程的 1.2 标段。该标段于 1998 年 8 月 11 日便取得了建造许可。在 2012 年 11 月，德国铁路部门批准了新的设计方案。主要变化在于缩短了旁通道间的距离，扩大了救援通道以及两个出入口的地下水蓄水池。2014 年底，Rastatt 隧道集团得到了隧道主体结构的总包合同。技术部分由 Ed Züblin AG 公司负责，Hochtief AG 负责项目的商业管理。整个项目总预算为 6.94 亿欧元，主体结构的项目预算为 3.12 亿欧元。

整个工程 2015 年 4 月开始动工。首先建造了位于南北出入口的两个地下水蓄水池，分别长 800m 和 895m，如图 8-4 所示。由防水混凝土浇筑，旨在保护隧道线路不受地下水影响。在隧道两端出入口，采用明挖法施工。出入口出采用特殊音波弥散结构设计，来缓解隧道音爆效应（图 8-5）。

图 8-4 隧道出入口的地下水蓄水池[4]

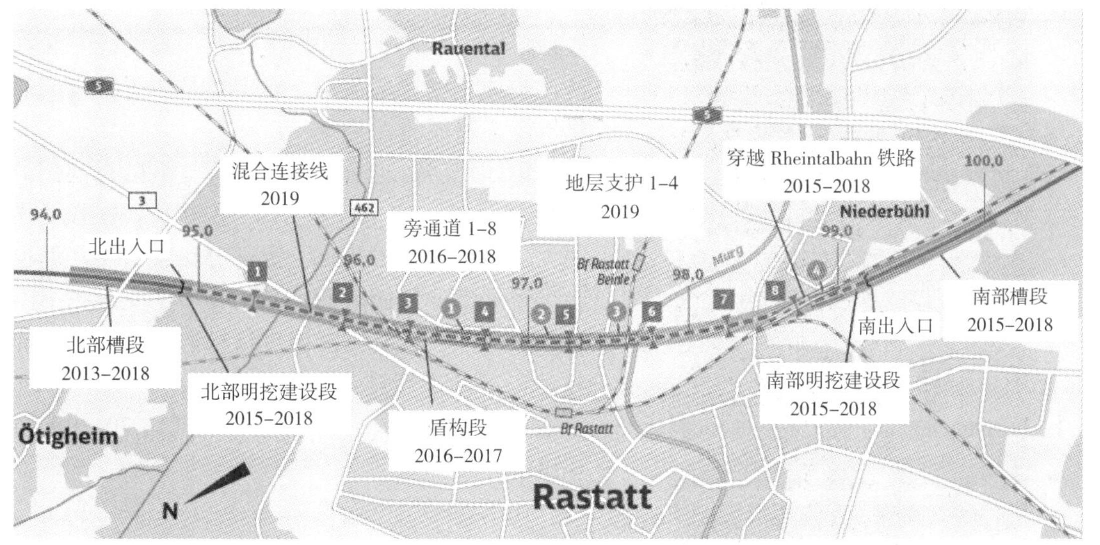

图 8-5 Rastatt 隧道各工程段示意图[1]

工程采用两台海瑞克公司的加气泥水平衡盾构机（图 8-6）。2016 年上半年，第一台盾构机开始组装。盾构机的造价每台 1800 万欧元。每台全长 86m，重 1750t。隧道外径 10.97m，内径 9.6m。每环由七片管片组成，宽 2m，厚 50cm。每环重约 80t。隧道开挖土方量共 71 万 m^3[5]。

图 8-6 Rastatt 隧道项目所使用的盾构机[5]

东线隧道于 2016 年 5 月 25 日始发。9 月 27 日，西线隧道始发。大约四个月的时间差可以减少隧道同时掘进时的互相影响。隧道全长 4270m，其中 4030m 为盾构掘进，明挖段 240m。覆土层最深处 20m，最浅仅 4m。截至 2017 年 12 月 11 日，东线隧道共掘进了 3947m，完成 98.6%。西线隧道 3672m，完成 91.1%。隧道掘进 7×24h 无间断工作。2017 年 3 月 18 日西线隧道共推进了 23.3m，创造了该项目的最快记录 [1]。

8.2.1　地质条件

对隧道建设来说，当地的水文地质条件至关重要（图 8-7）。Rastatt 位于上莱茵河谷地区，地质条件复杂，地下水位很高，这是工程最大的难点之一。

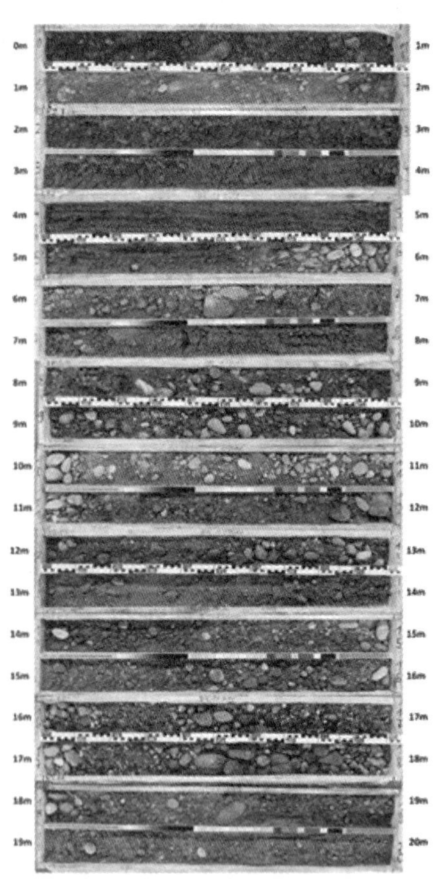

图 8-7　当地土质试样 [7]

隧道位于莱茵河谷中地势更低的盆地。由于莱茵河的沉积作用，遍布着第三纪和第四纪的松散砾石。砂质黏土和淤泥以及大量的砾石和细沙，构成了紧密覆盖层，这主要是由于莱茵河的洪水泛滥造成的。

第四纪层在北面有约 40m 厚，到隧道南部减少到 15m 厚左右。主要由砾石层构成，粒径变化很大，细颗粒约占 35%。大部分比较密实，但也会出现局部非常松散的细黏土和砂土交织的中间层。任何深度都有可能出现很松散或很密实的部分。在第四纪层底部有一些碎石，直径在 30cm 左右，但根据勘探结果，也有直径达 70cm 的石块出现 [6]。

在第四纪层下面是第三纪层。主要由黏土细砂构成，局部区域还有有机物残留。砂质区域较密实，较少出现中等密实的区域。在第三纪层多处钻探出木头残留物，其中部分已经碳化，未碳化的部分仍有一定的承载能力。

地质研究表明，整个隧道在约 2km 长的范围内位于第四纪层中密度到密实的砾石层。在约 2km 长的范围内穿越第四纪和第三纪层的交界处。然而，第三纪和第四纪层之间的边界交错，并不清晰。在下穿 Murg 河区域，将穿过第三纪层 [6]。

在隧道穿过的区域中，主要有两个地下水层。上层由排水性良好的砾石层构成。它的厚度从北部（Ötigheim）约 40m 减少到南部（Niederbühl）约 20m。根据现场测试得到的最高地下水位估计，隧道底承受的最大水压可达 2.8 个大气压。地下水流向大至为从东南向西北。在 Murg 河地区，河水会渗透到地下水中。在 Niederbühl 地区，隧道轴线与地下水流向夹角约为 30°～ 40°，在 Ötigheim 地区约为 0 ～ 10° [7]。

在隧道区域内，地下水位海拔高度在东南部约为117m，在西北部约为112m。地表河地下水表面间的距离会随着季节变化。在Federbach河区域最小为半米，在Ötigheim附近的盆地变化最大可达10m。当隧道建成后，隧道结构将会完全位于地下水中[7]。

在隧道建设区域内，从1982年开始，工程人员已经测试了大约90个钻孔土样，以及250个地下水测量点来研究水文地质情况。此外，还在隧道区域建立的大量测试井，进行污染测试，并使用压力探针进行测量。大量的测量结果，对于确定隧道的掘进方案至关重要，并有助于在施工阶段正确评估现场各自的情况。

8.2.2 冻结法施工设计

8.2.2.1 初始段顶棚结构冻结

在隧道初始段下穿Federbach河时，覆土最小只有4m。使用传统的掘进方法而没有特殊措施无法为土体提供足够的支撑。因为Federbach河流域是特殊的动植物及生存空间自然保护区，加固方法不能对环境造成过大的影响。因此，设计者采用了顶棚结构冻结法（图8-8～图8-10）。

（*a*）

（*b*）

图8-8 施工中使用的冷冻管

图8-9 隧道穿越Federbach河纵向剖面图

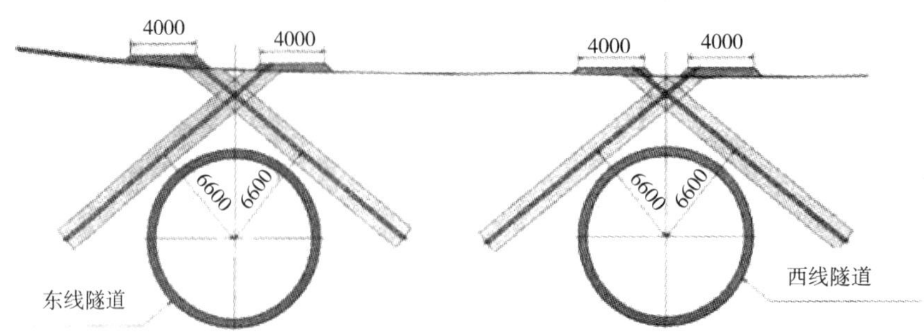

图 8-10　Federbach 河区域隧道断面顶棚结构示意图 [6]

西线隧道上方的冻体长 290m，东线隧道 190m。顶棚最高的交叉处深 1.5m，因为要承受更大的弯矩，因此冷冻管也在此交叉，形成更厚的冷冻层。冷冻层厚至少 1m，顶部交叉处至少 2m，温度保持在 -10℃以下。地下水从东南流向西北，流速约每天 0.5m。设计时采用热力学和力学耦合的有限元法（FEM）进行分析（图 8-11）。

冷冻管的铺设使用的是非定向钻孔，长 16 ～ 19m，外径 101.6mm。冷冻管间距为 1.4m。西线共有 408 根冷冻管，东线则有 272 根。东线隧道每 10 根管中有 3 根测温管，西线则是 16 根管中有 3 根。此外，东线中共有 6 根，西线中有 9 根长 5m 的可加热的减压阀，以防止出现应力过高的情况 [6]。

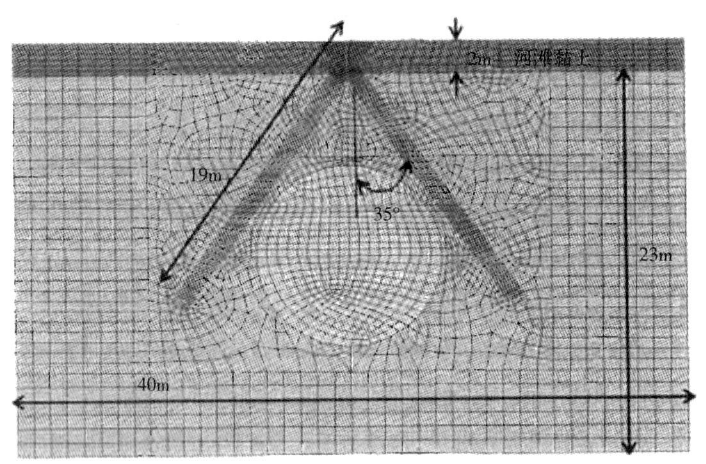

图 8-11　用于分析的 FEM 网格示意图 [6]

8.2.2.2　下穿莱茵河谷铁路冻结帷幕套筒

在隧道南侧接近末段的 Niederbühl 区域，由于周围松散的砾石土体支撑作用非常有限，隧道下穿既有的莱茵河谷铁路，整个隧道基本位于地下水位以下，且覆土仅不到 5m[9]。在最初的设计中，工程计划在接近铁轨时停止使用盾构机，使用传统的开挖方法（喷射混凝土）继续施工。但因为成本等因素，最终承包商建议进行一项技术革新，决定用水平冻结法在盾构四周形成冻土帷幕套筒，直接使用 TBM 穿越冻结地层，下穿莱茵河谷铁路（图 8-12）。该部分位于隧道南侧最末端，贯通后将使用明挖法施工 [10]。

这片冻结区域长约 205m。冻结帷幕套筒大部分位于第四纪砾砂层的下沿部分位于第三纪层。地下水由东南流向西北，在此处因通道变窄而流速显著提升，平均流速每天 1.3m。顶部大部分位于透水性较差的黏土层。地下水位北高南低，因此地下水对冻结影响整体向南逐渐减小[6]。

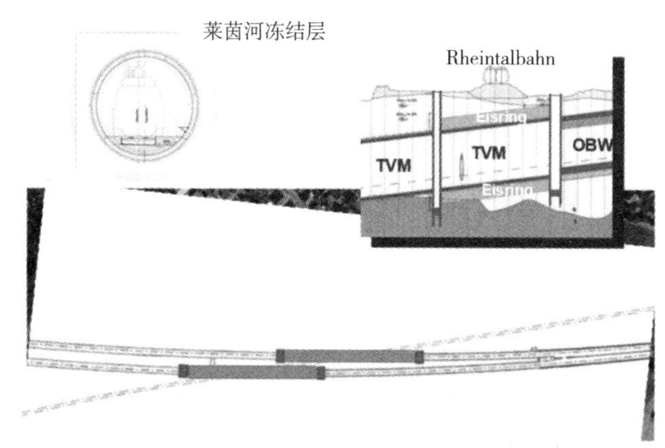

图 8-12 隧道下穿莱茵河谷铁路及冻结层示意图[11]

冻结层的设计厚度为 2m，温度保持在 -10℃以下。在封闭的冻土帷幕套筒中，理论上将不受地下水压的影响。设计时，对东西线隧道分别选取了 4 个及 5 个断面进行有限元分析。根据理论计算，在整个冷冻层的掘进过程中，作用在 TBM 轴线上的压强基本不变，约为 0.9 个大气压。这个理论值比液压系统所需压力要小。为保证开挖时土体稳定，泥水泵所需压强为 1.2 个大气压。因此，在开挖时将由刀盘提供额外支撑力[6]。

除了力学分析，设计者还对开挖过程进行了热力学水力学耦合的 FEM 分析，旨在考虑地下水对冻结层的影响。在分析中部分边界条件如下：低温盐水介质的初始温度为 -32℃，地下水温 13℃，地表温度取常量为 15℃。计算中对东线隧道取了 3 个断面，西线隧道 1 个断面进行分析（图 8-13）[6]。

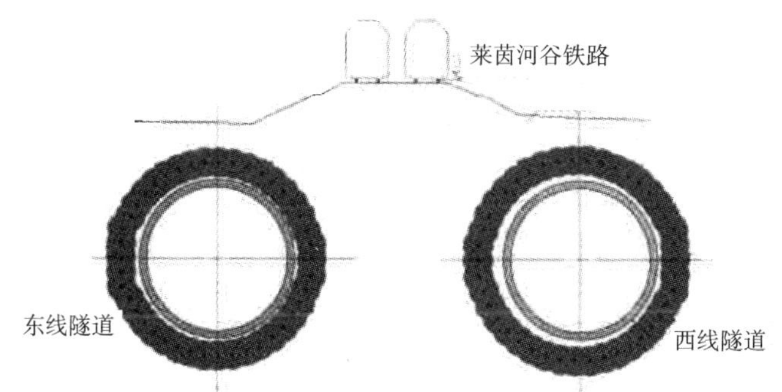

图 8-13 冻结法施工隧道断面图[6]

计算表明，冷冻管的平均间距在 1m 左右，便可以保证分两步冻结土体，形成冻土帷幕套筒。第一步，先在环的两侧激活冷冻管，形成两个冻结体，在这个过程中，套筒内的地下水还可以从上方和下方流走。第二步再冷冻环顶和环底的土体，从而形成封闭的冻土帷幕套筒。

设计人员还对一些不利截面进行分析，冻结环与透水性差的第三纪层相交处，以及顶部黏土层，在这些局部将采用 1.2m 的冷冻管间距，可以保证在三个月长的冷冻时间内，形成完整封闭的冷冻层。

实际施工时，先在东线和西线隧道两侧建成两个中间井，使用水平定向钻机。钻出 42 根，间距为 1m，长约 110m 外径 178mm 的冷冻管孔。为了使东西两线隧道重叠处的冷冻管不互相影响，在这片区域对钻孔进行了复杂的设计（图 8-14）。因此一共有 168 个控制性冷冻钻孔。除此之外，还有 40 根测温管来监测土体温度 [6]。

除了对冻结管幕进行精心的设计分析，施工方还做了大量的研究和准备工作。分析了盾构机作业时，所释放热量对冻结层的影响。并对盾构所需的泥浆，膨润土悬浮液，盾尾油脂，壁后注浆等进行研究测试，确保其在 0°C 以下的低温也能够正常工作。对此，工程人员设计了以整套措施，来保证这一项技术革新的顺利实施 [10]。

图 8-14　水平冻结管下穿莱茵河谷铁路示意图

8.3　事故发生与对策

2017 年 8 月 12 日，东线隧道盾构机运行至莱茵河谷铁路下方的冻土层中，距离最后贯通只有几十米的距离。

10 点 53 分，隧道衬砌发生位移，有水土渗入，盾构机上的传感器发出警报。11 时左右，位于 Niederbühl 的传感器监测到隧道上方莱茵河谷铁路地基有沉降发生。十分钟后，整条莱茵铁路线被封锁。在 6 ～ 8m 的长度内，轨道下降最大达到半米。周围四栋住宅中的居民被紧急疏散 [12]。

随后德铁公司与施工方紧急抢险，研究方案进行补救（图 8-15 ～图 8-18）。8 月 15 日，终于决定采用回填混凝土的方式对下陷的土体进行加固。并且对之前掘进的 3800m 长未受影响的隧道用混凝土栓塞分隔开。8 月 16 日，施工方从地表钻了三道钻孔，共注入约 2000m^3 的混凝土形成混凝土栓塞，直至 8 月 17 日晚施工完毕 [12]。

图 8-15 变形的莱茵河谷铁路铁轨

图 8-16 通过钻孔向隧道回填混凝土栓塞

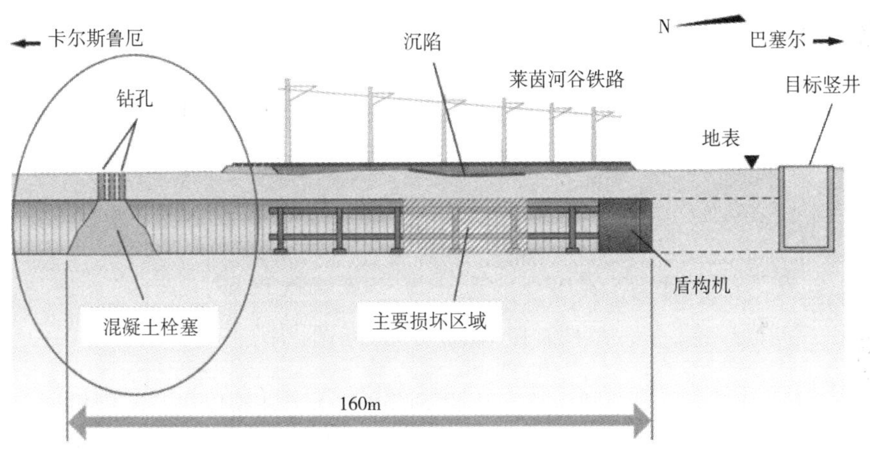

图 8-17 事故发生后补救措施示意图 1[12]

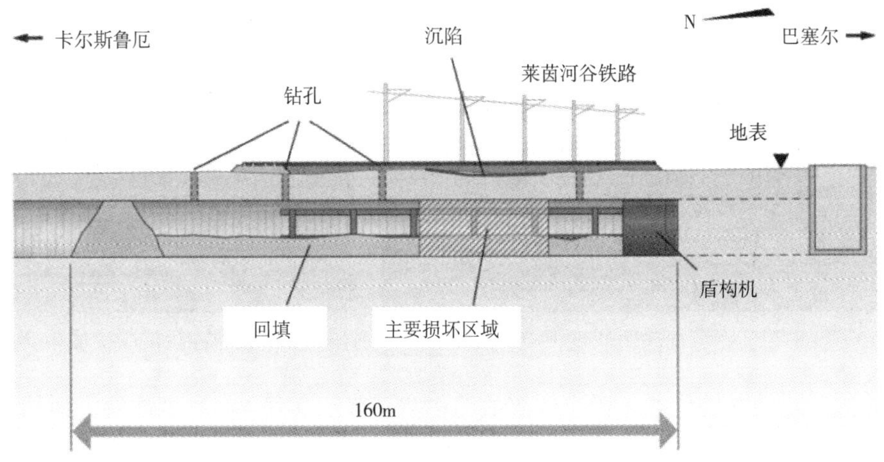

图 8-18 事故发生后补救措施示意图 2[12]

紧接着要在长达150m的隧道范围内回填混凝土，以保证土体稳定。预计将使用10500m³混凝土，相当于约1300辆混凝土车的运量。这也意味着，价值1800万欧元的盾构机被放弃。截至8月20日，完成了5000m³的回填工作。

8月22日，德铁公司主管线路规划及大型项目的董事，Rompf教授在新闻发布会上接受了媒体采访。介绍了接下来的抢救措施，除了向隧道回填混凝土，150m长的莱茵河谷铁路包括石碴道床将被拆除清理。并建造一块长约120m，宽10m，厚1m的混凝土底板作为路基，并在其上重新铺设铁轨（图8-19）。莱茵河谷铁路重新通车的日期从最初发布的8月26日，被推迟至10月7日（最终于10月2日通车）[12]。

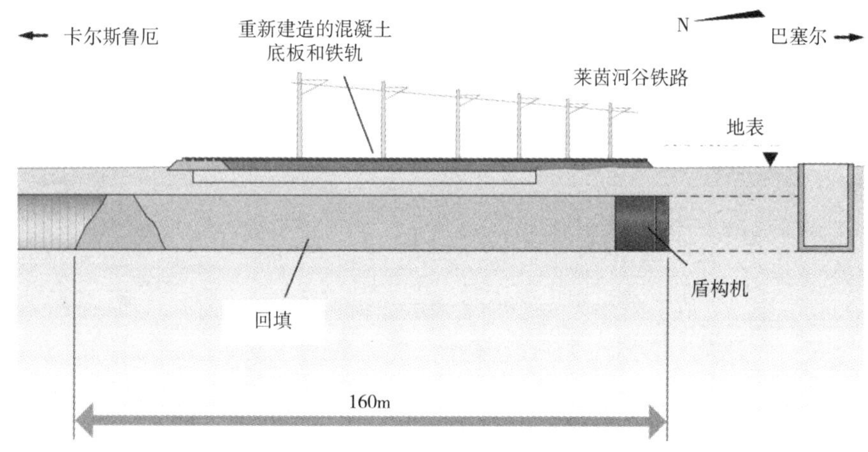

图8-19 最终方案示意图[12]

8月25日，混凝土回填全部完成。至此下陷区域上方才得以进驻重型机械，拆除铁轨的工作随即展开，共有2500t的石碴和下面的泥土需要清理。8月27日，拆除和清理工作完毕，开始开挖地基，用于浇筑混凝土底板，并于29日完成（图8-20、图8-21）。

图8-20 浇筑混凝土底板1[12]

图8-21 浇筑混凝土底板2[12]

与此同时，西线隧道并未受东线事故的影响。截至9月4日，西线隧道盾构机距离莱茵河谷铁路事故地点约800m，未来2～3个月也将推进至此处。为了使西线隧道穿越莱茵河谷铁路时更加安全，保证悲剧不会再次重演，项目负责人决定在第一块混凝土底板北面的铁轨下方，再建造第二块大小相仿的混凝土底板（图 8-22）。两块混凝土板同时施工，不会影响总的工期 [12]。

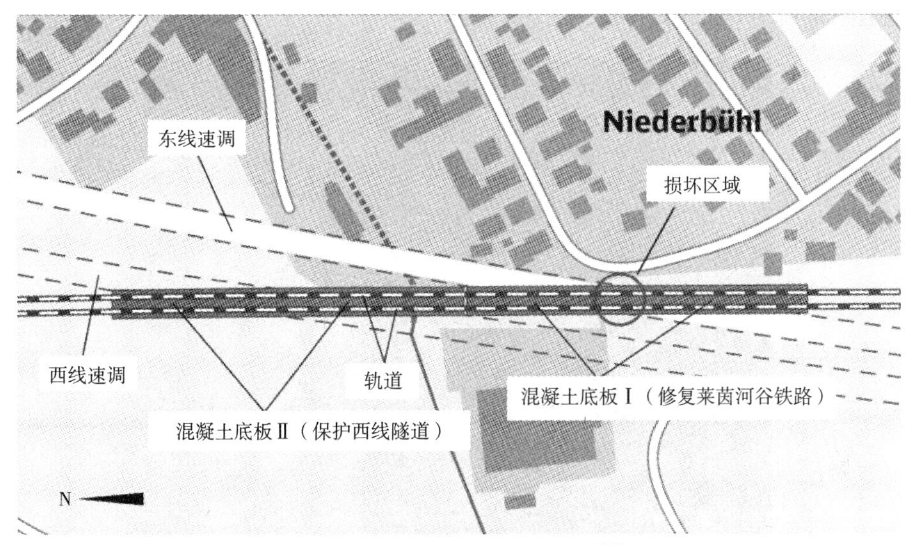

图 8-22 混凝土底板示意图 [12]

9 月 6 日，第二块西线隧道上方的混凝土底板开始拆除轨道石碴的工作。9 月 7 日东线隧道上方的混凝土浇筑开始。9 月 12 日开始铺石碴道床。9 月 14 日，德铁公司宣布通车时间提前至 10 月 2 日。15 日，北侧的第二块混凝土板开始浇筑。两块底板总长 275m，共耗费约 540t 钢筋，3000m^3 混凝土。随后进行了安装轨道，输电线以及铁轨的位移和震动监测器等后续工作。

10 月 2 日 0 时 01 分，历经 51d 的日夜抢修，中断的莱茵河谷铁路终于再次通车。但是盾构机已经被混凝土埋于地下，Rastatt 隧道的建设任务依然艰巨。

8.4 事故后续及影响

2017 年 12 月，西线隧道中的盾构机在穿越莱茵河谷铁路段之前的一处中间站停机等候。等待最新的地质勘探测试结果出炉，以此为依据制定后续的施工方案。至此共掘进了 3672m（总长 4030m）。

2018 年 2 月 5 日，施工方开始拆除东线隧道内的混凝土栓塞以及回填的混凝土（图 8-23）。与此同时，Rastatt 隧道的其他部分施工正在同步进行。隧道南出入口的明挖段，在开挖后，使用钢板桩支护并密封，随后基坑内灌入地下水。5 月 26 日，潜水员下水安装混凝土基板。待侧面和底部均密封后，再将水泵出，并进行下一段施工。截至 2018 年 9 月，南出入口的施工已经完毕，正在安装音波弥散结构。列车通过匝道来到地面时，该结构组成的通风槽可以让空气逃逸至地面，防止其形成压力波而发生音爆。

5 月中旬，德铁公司主持开展了新一轮的地质钻探取样测试。在事故铁路线附近总共 60 个钻孔中，其中 9 个作为地下水压测量点。每个钻孔需要 2 ～ 4d 的时间，最深钻孔达到 25m。取芯钻探完成后，地质学家将对土样进行测试分析，旨在帮助研究确定 2017 年 8 月 12 日事故发生的具体原因。并且基于分析结果，设计人员将确定东线隧道最后 60m 以及西线隧道余下约 360m 的具体施工计划。

图 8-23　铣挖机拆除混凝土栓塞

截至 2018 年 8 月初，事故发生一周年时，混凝土栓塞已经全部拆除，并向后挖掘了 6m，准备在此处建造一个通往地面的工作井，作为以后施工中的紧急逃生通道和运输通道使用。原计划 7 月底结束的钻探取芯工作被一再延后，目前计划于 9 月底完成。

受事故影响，Rastatt 隧道通车时间由原计划的 2022 年推迟到 2024 年。而整个卡尔斯鲁厄至巴塞尔的铁路扩建改建工程预计要到 2035 年完工 [15]。

事故发生后，莱茵河谷铁路中断，德铁公司紧急发布了交通计划。乘客需在 Baden-Baden 和 Rastatt 之间改乘巴士接驳，每 6min 一班。虽然单程仅需 20min，但总体所需时间延长了近一个小时。巴士运量约为每天 3 万人次，从 8 月 14 日至 10 月 2 日的 49d，共运送了约 147 万人次。

损失更大的是众多货运公司工厂等，作为从鹿特丹直至热那亚的铁路动脉上的关键线路，铁路中断意味着货运列车必须绕道行驶。然而很多绕行线路运力不足，且因施工等原因完全或部分受阻，实际运力只达到莱茵河谷铁路的四分之一左右 [13]。大量列车晚点数天，或者取消而改走公路和水路运输。

2018 年 4 月，由欧洲铁路货运协会（ERFA），欧洲铁路网协会（NEE）和国际铁路公路联合运输协会（UIRR）共同发布了一份调查报告，研究了 Rastatt 隧道事故对铁路运输造成的经济影响。51d 的铁路中断，造成了约 20 亿欧元的经济损失。是 Rastatt 隧道工程造价 6.93 亿欧元的近三倍。共有 8200 辆列车被取消，给货运物流公司带来了 9.69 亿欧元的损失，并给客户，制造公司等造成 7.71 亿欧元的损失。此外，自然环境也遭受损害，该事故还造成了约 3.9 万吨的二氧化碳排放 [14]。

此次事故，暴露出来德铁公司，乃至整个欧洲铁路，缺乏危机管理意识。既没有紧急预案，也没有提供切实可行的绕行线路规划。很多货运公司也过分依赖莱茵河谷铁路，没有准备自己的 Plan B，导致一旦出现问题，造成无法挽回的损失。对此，多家欧洲媒体发声，批评德国铁路系统被德铁公司一家垄断带来的严重后果。

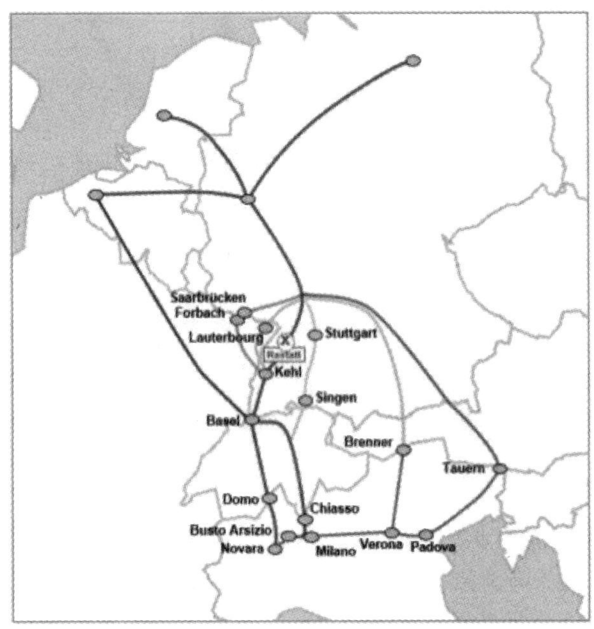

图 8-24 事故发生后货运列车的绕行线路

8.5 事故原因分析

德铁公司与 Rastatt 隧道公司于事故后一个月，即 2017 年 9 月便展开调查，试图揭开事故的真正原因。调查的内容包括冻结法施工中的管理，监测仪器的数据，盾构推进操作以及驾驶员作业记录等。同时，德铁宣称原定路线是安全可靠的 [10]。德铁原定计划为 2018 年夏天公布调查结果，然而在 2018 年 9 月，其发布官方消息称，这一时间将延后至 2019 年春天。在官方调查报告公布之前，仅有一些零星采访透露出一些事实和细节，辅以业内专业人士的点评，在此对事故的可能原因做一个推测。

事故发生后，负责施工的 Züblin 公司的董事 Klaus Pöllath 接受采访时称，在事故发生前后，冷冻设备和冷冻管均正常工作 [16]，土层理应冻结完整，形成有效的防水。但目前可以确定的事实是，事故发生前 8 月 12 日 11 时左右，有地下水渗入，触发盾构机警报。地下水渗入的原因在于，盾构机后方约 40m 处有数片衬砌向下位移了约 10cm，之后扩展到 25cm 左右 [17]。

上海申通地铁集团有限公司技术中心李福清认为，泥水盾构推进时，泥水盾构推进时，泥水循环将消耗大量冷量，冻结帷幕将遭受较大削弱，如此情况下，若冻结管实际间距过大，冻结帷幕失效的可能性较大。如果暴雨导致地层内地下水流速过大，对冻结的影响也将是致命的。因地下水流动条件下，单圈冻结可能无法交圈，即使交圈，上游的冻土厚度会比设计小的多，在持续高温及暴雨等恶劣天气不利影响下，发生坍塌事故的概率较大 [18]。

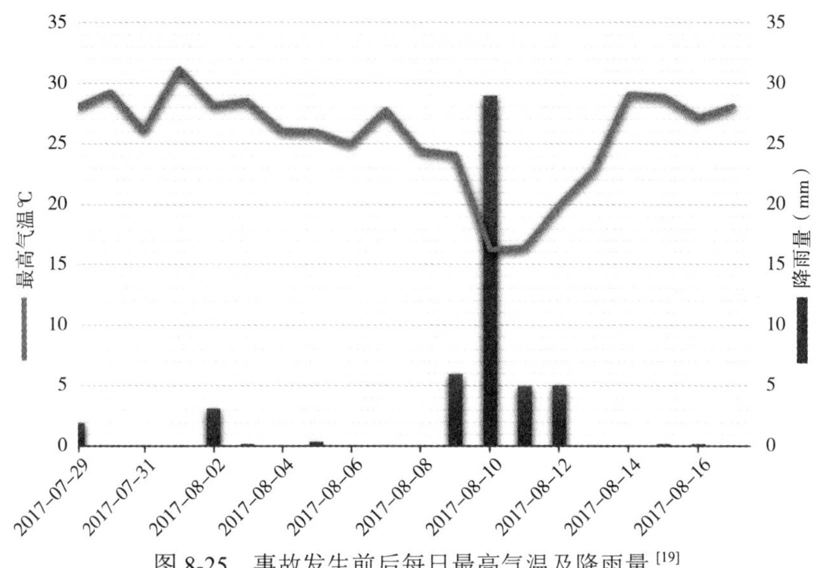

图 8-25　事故发生前后每日最高气温及降雨量[19]

如图 8-25 所示，是位于事故地点以北约 15km 处的 Rheinstetten 气象站所记录的事故发生前后每日最高气温及降雨量。可见在 8 月 1 日经历了一次 31℃的高温，7 日最高气温也达到 28℃。事故前两天降雨量达 28mm，已经算得上是大雨级别。由此可见，高温和大雨大雨带来的热量，和地下水上涨，流速增大，对冻结层的影响是不容忽视的。因为隧道北出入口旁边的一座公路桥的地基需要加固，盾构始发比预计晚了 4 个月。也就是说在最初的设计中，东线隧道盾构应该是在 4 月左右下穿莱茵河谷铁路。但即便如此，在工期拖延四个月后，设计方也理应考虑到夏天有高温和暴雨的情况出现，做出应对措施。

造成衬砌位移破坏可能的因素有很多，盾构的掘进速度过快，以及壁后注浆和超挖出现问题等。据项目内部人士称，明显施工人员在隧道即将贯通之际有些心急[20]。已经铺设完毕的衬砌要为向前推进提供支撑，因此盾构机驾驶员必须精准控制掘进速度。

Stern Consult 地下工程咨询公司的 Rupert Sternach 对事故发表评论，认为衬砌环的间隙没有正确地进行回填注浆，可能盾构穿越冻结土层时，注浆操作过程发生了某些特殊问题。穿越冻结土层时，和在硬岩中掘进类似，需要进行部分超挖，才能保持盾构机的正常掘进。大部分护盾式盾构使用的注浆管线，是通过盾尾填满盾尾密封件正后方的壁后间隙。在硬岩地层中，由于超挖，砂浆倾向于在盾构周围盾体流动并向盾构前部流动，就会进入工作舱并且在管片衬砌外部留下空洞。这些空洞一般通过二次注浆填满，据 Sternach 推测，如果间隙外部是冻土，或许空洞便会被地下水填满，随后冻结，形成所谓的“冰窖”；而挖掘过程时隧道内部热量释出，间隙内的冰会融化，导致管片失去支撑[21]。

Arup 公司的 David Caiden 认为，流动性土层是导致灾难的罪魁祸首。混凝土预制管片是为了承受静态土压力设计的，并不能承受乱石带来的动态土压力，解决这个问题的关键在于防止土体流动[21]。

另有观点认为，大雨不仅不会导致冻土消融，反而会导致浅层地下水充分补给，引起过量冻胀，进而使盾构管片顶部超载，因围压失衡导致衬砌破坏。另外，如果冻结板块把列车动载直接传递给衬砌。那么衬砌在不均受力条件下容易环向受拉开裂。在管片铺设过程中，当壁后注浆完成后，管片间的连接螺栓会被取出，重复使用。无连接管片对于承受超压荷载也是十分不利的。

总之，在调查结果公布之前，一切都是基于已知事实的推测。具体情况目前仍不得而知，在调查报告发布后，笔者将会对本章进行进一步的修订。

参考文献

[1] DB Netz AG, Ausbau- und Neubaustrecke Karlsruhe–Basel: Rohbau Tunnel Rastatt, Karlsruhe, 2016. 09.

[2] DB Netz AG, Ausbau- und Neubaustrecke Karlsruhe–Basel Planfeststellungsabschnitte 1. 1 und 1. 2Abzweig Bashaide–Rastatt-Süd, Karlsruhe, 2016. 03.

[3] DB Netz AG, Die Ausbau- und Neubaustrecke Karlsruhe-Basel, 2018. 07. 14. [Online]. URL: https: // www. karlsruhe-basel. de/kurzbeschreibung. html.

[4] DB Netz AG, Ausbau- und Neubaustrecke Karlsruhe–Basel: Starke Verkehrsachse für Europa, Karlsruhe, 2017. 02.

[5] DB Netz AG, Ausbau- und Neubaustrecke Karlsruhe–Basel Tunnel Rastatt: Der Tunnelvortrieb, Karlsruhe, 2016. 03.

[6] M. Gelger, M. Kemmler, J. Wehner, T. Grundhoff, H. Neher, A. Schaab, W. Orth und G. Wehrmeyer, Tunnel Rastatt: Schildvortriebe in Kombination mit Baugrundvereisungen, Taschendbuch für den Tunnelbau 2017, p. 61, 2017. 10. 13.

[7] DB Netz AG, Ausbau- und Neubaustrecke Karlsruhe–Basel Tunnel Rastatt: Geologie und Hydrologie 1, Karlruhe, 2017. 03.

[8] DB Netz AG, „Ausbau- und Neubaustrecke Karlsruhe–Basel: Sonderbauverfahren beim Tunnelbau, Karlsruhe, 2017. 03.

[9] Dr. Ing. Orth GmbH, Bericht zur geotechnische Beratung zur Vereisung ABS/NBS Karlsruhe-Basel, Pfa1. 2, Frosttunnel am südlichen Tunnelbereich, 2013. 09. 25.

[10] 黄嘉伦，冻结法挑战穿越运营铁路 - 德国莱茵河谷铁路 Rastatt 隧道工程，盾构隧道科技，Issue No 6, 2017.

[11] TT-Freunde Schweiz, Rastatt-Debakel der Deutschen Bahn, [Online].
URL: http: //www. spurweite-tt. ch/Rastatt. html. [Zugriff am 2018. 09. 01].

[12] DB Netz AG, Ausbau- und Neubaustrecke Karlsruhe–Basel: Tagebuch Reparatur Rheintalbahn, [Online].
URL: https: //www.karlsruhe-basel.de/tagebuch-reparatur-rheintalbahn.html?PG = 48.[Zugriff am 2018.09.02].

[13] Netzwerk Europäischer Eisenbahnen e. V. , Offener Brief: Krise des Schienengüterverkehrs – Krise der Wirtschaft, 2017. 09. 07. [Online].
URL: https: //www. netzwerk-bahnen. de/news/krise-des-schienengueterverkehrs-krise-der-wirtschaft. html. [Zugriff am 2018. 09. 12].

[14] ERFA - European Rail Freight Association Asbl; NEE - Netzwerk Europäischer Eisenbahnen e. V. ; UIRR - Internationale Vereinigung für den Kombinierten Verkehr Schiene-Straße s. c. r. l. , Volkswirtschaftliche Schäden aus dem Rastatt-Unterbruch, Hamburg, 2018. 04. 07.

[15] A. Wiedemann, Tunnel Rastatt: Immer noch kein Licht im Schacht, 2018. 01. 14. [Online]. URL: https://www. swp. de/suedwesten/landespolitik/tunnel-rastatt_-immer-noch-kein-licht-im-schacht-24547666. html. [Zugriff am 2018. 09. 11].

[16] T. Faltin, Rheintalbahn: Gleisreparatur rund um die Uhr, 2017. 08. 22. [Online]. URL: https: //www. stuttgarter-zeitung. de/inhalt. abgesackte-gleise-in-rastatt-gleisreparatur-rund-um-die-uhr. 220bb9d0-f12a-4089-a9e3-16e555641e06. html. [Zugriff am 2018. 09. 18].

[17] DB Netz AG, Tagebuch Reparatur Rheintalbahn, 2017. 08. 22. [Online]. URL: https: //www. karlsruhe-basel. de/tagebuch-reparatur-rheintalbahn. html?PG = 48. [Zugriff am 2018. 09. 05].

[18] 科技地铁，德国下穿铁路盾构隧道突然发生坍塌，铁路中断、盾构被弃！，2017. 11. 08. [Online].

[19] Wetteronline GmbH, Wetterstation Rheinstetten, [Online]. URL: https: //www. wetteronline. de/wetterdaten/rastatt?pcid = pc_rueckblick_data&gid = a7643&pid = p_rueckblick_diagram&sid = StationHistory&iid = 09731&metparaid = TXLD&period = 12&month = 09&year = 2017. [Zugriff am 2018. 09. 18].

[20] D. Hipp, M. U. Müller und A. Wassermann, Rastatt-wo alle Züge halten, Spielgel, p. 2017/34, 2017. 08. 21.

[21] Tunneltalk, Ground freezing TBM drive collapse in Germany, 2017. 08. 22. [Online].
URL: https: //www.tunneltalk.com/Germany-21Aug2017-Rastatt-TBM-rail-tunnel-collapse-brings-rail-traffic-to-a-halt.php.[Zugriff am 2018.09.15].

[22] DB Netz AG, Ausbau- und Neubaustrecke Karlsruhe–Basel Gesamtprojekt- Eine Verbindung für Europa, [Online].
URL: https: //www.karlsruhe-basel.de/europaeische-dimension.html.[Zugriff am 20. 07. 2018].

[23] Netzwerk Europäischer Eisenbahnen e.V., Rastatt-Delle verursacht zwölf Millionen Euro Umsatzausfall pro Woche, 2017. 08. 14. [Online].
URL: https: //www. netzwerk-bahnen. de/assets/files/news/2017/rastatt-delle-verursacht-zwoelf-millionen-euro-umsatzausfall-pro-woche. pdf. [Zugriff am 2018. 09. 15].

[24] T. Wüpper, Rastatt wird nicht nur für die Bahn teuer, Stutttgarter Nachrichten, Bd. 72, p. 7, 2017. 08. 24.

[25] Deutsche Bahn AG, Tunnel Rastatt bei Niederbühl: Unterfahrung der Rheintalbahn in Vorbereitung, Berlin, 2017. 05. 24.

第9章　总　　结

没有一篇文献能够对所有的地下工程事故进行总结，因为新的工程事故总会随时出现。然而反思已经发生的地下工程事故，我们可以找到一些事故工程的共性，本章试图从技术和管理两个层面对事故工程的共性进行总结。

9.1　技术总结

（1）细节决定成败

纵观本书的案例，我们可以看到，几乎所有事故都是因为忽视了细节或处理不当引起的。

（2）忽视监测结果

工程事故往往是有前兆而且是可以被监测到的，而工程监测已经成为地下工程施工过程中一项不可缺失的内容，然而对工程异常监测数据的忽视，导致了对工程事故前兆的“视而不见”。

（3）技术认知肤浅

对所使用的技术方法缺乏深刻的认识也是导致地下工程事故的一个常见原因。我们发现，有些工程发生事故不是事先没有风险分析和应急预案，而是所发生的事故没有被事先预知。

9.2　管理总结

（1）对风险缺乏过程控制

地下工程的阶段性和动态特质，客观上要求我们对工程的风险实施过程控制。

（2）对风险准备不够充分

很多地下工程事故的程度是由小逐渐演变到大的，对风险准备的不足会丧失处理事故的时机，从而酿成“小病不治大病难治”的局面。

（3）人为失误导致事故

很多事故时不应该发生的，现场人员的疏忽和不负责任使得不应该发生的事故也照样发生，这样的例子并不少见。